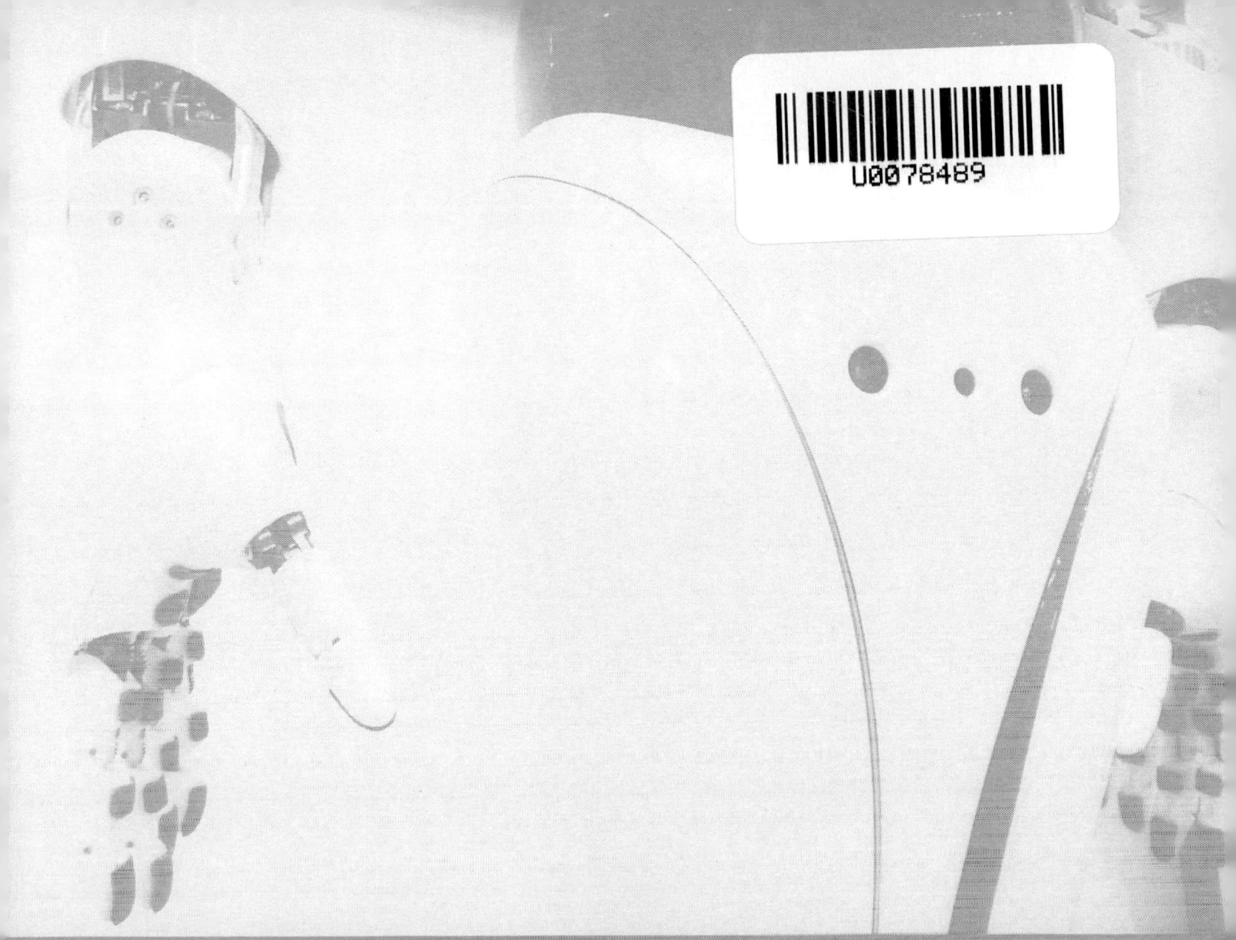

機器人環境感知與控制技術

王耀南，梁橋康，朱江 等編著

崧燁文化

智慧製造

前言

機器人是集感測技術、控制技術、資訊技術、機械電子、人工智慧、材料和仿生學等多學科於一體的高新技術產品，是先進製造業中不可替代的高新技術裝備，是國際先進製造業的發展趨勢。機器人的發展水準，已經成為衡量一個國家或地區製造業水準和科技水準的重要標誌之一。隨著人口高齡化和都市化進程的加速，服務機器人相關技術獲得了飛速發展。中國機器人産業發展迅速，但在研發試驗、關鍵零部件產業化、系統集成技術以及服務等方面與國外尚有差距。

本書詳細介紹智慧機器人的環境感知與控制技術及其應用——將機器人理論知識和實際應用相結合，透過典型應用實例的講解使讀者對智慧機器人環境感知與控制技術的理解更加深入和具體。全書共 6 章，第 1 章主要介紹了行動機器人的研究現狀，對行動機器人的應用場景和主要科學技術問題進行了綜述。第 2 章對智慧機器人力覺技術的研究現狀、常見的檢測原理和發展趨勢進行了論述。第 3 章介紹了基於視覺感知的行動機器人環境感知方法，重點闡述了障礙物即時檢測和識別、地形表面類型識別和非結構化環境下可通行性評價方法。第 4 章和第 5 章主要討論行動機器人的自主導航和運動控制方法，其中包括反應式導航控制方法、基於混合協調策略和分層結構的行為導航方法、基於模糊邏輯的非結構化環境下自主導航、基於運動學和動力學的行動機器人同時鎮定和追蹤控制、基於動態非完整鏈式標準型的行動機器人神經網路自適應控制方法等。第 6 章主要介紹了環境感知與控制技術在無人機系統中的應用。

參與本書編著工作的有朱江、王耀南（第 1 章、第 3 章和第 4 章）、梁橋康（第 2 章）、繆志強（第 5 章）和譚建豪（第 6 章）。全書由王耀南和梁橋康負責統稿和審校。鑒於編著者水準有限，書中難免有不足之處，敬請廣大讀者批評指正。

編著者

目錄

第6章　環境感知與控制技術在無人機系統的應用

第1章

緒論

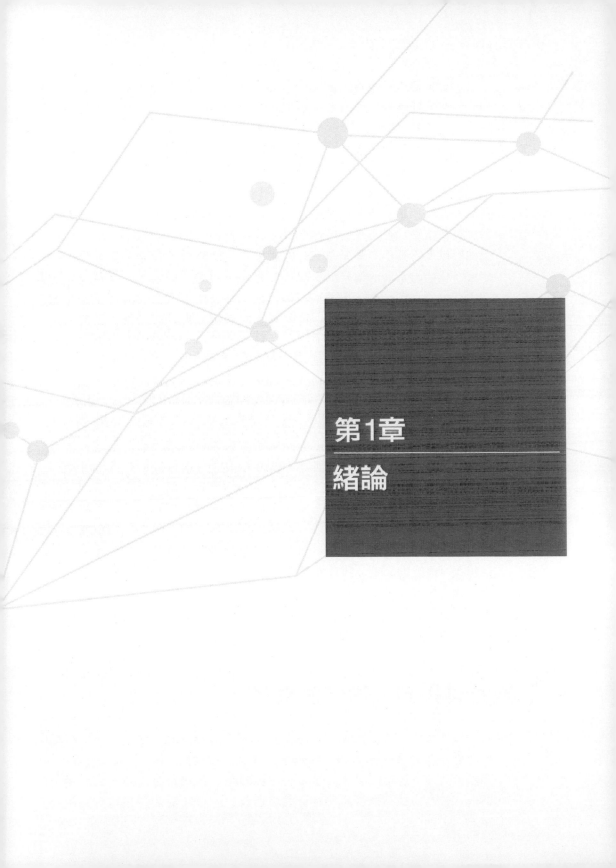

行動機器人（mobile robot）是機器人學中的一個重要分支，是能透過自身感測器獲取周圍環境的資訊和自身狀態，實現在有障礙物的環境中自主向目標運動，進而完成特定任務的機器人。行動機器人與其他機器人的最大區別在於它具備在工作環境中「移動」的特性。

1960 年代以來，機械加工製造、裝配、噴塗、檢測、焊接等各種類型的機器人相繼出現在工業生產中並實用化，大大提高了各種產品的品質、一致性和生產效率。儘管這些固定在某一位置的機器人具有速度快、精度高的優點，但有限的活動範圍使得其應用領域大大受到限制。隨後，美國、歐洲、日本等國家和中國相繼有計劃地開展了行動機器人技術的研究。從結構不同的輪式機器人到形態各異的人型機器人，從巡邏安防的護衛機器人到日常家用的服務機器人，行動機器人的研究領域及其應用範圍在不斷地延伸和拓展。隨著技術的飛速發展，行動機器人開始逐步從室內環境擴展到複雜、不規則的室外非結構化環境，如戶外無人駕駛車輛、空間自主移動探測機器人、礦井搜救機器人、無人作戰移動車等，極大地拓展了人類在危險、救援、軍事和空間探測等極限環境下的工作能力。

環境認知和導航避障能力直接決定了行動機器人在室外非結構化環境下的自主工作能力。其中環境認知是研究如何在所獲得的環境數據基礎上，從計算統計、模式識別以及語義等不同角度探勘數據中的特徵與模式，從而實現行動機器人對場景的有效分析與理解；而自主避障是在理解環境的基礎上研究機器人如何快速、無碰撞地向目標運動。隨著火星探測、月球探索、無人駕駛汽車越野大賽等計劃的實施，人們開展了很多基於視覺的複雜地貌下認知與導航避障研究，取得了一些進展，但是仍沒有滿意的結果。與世界已開發國家相比，目前中國在這一領域的研究尚處於起步階段。為了提高中國在智慧行動機器人領域的技術水準，亟需開展行動機器人在非結構化環境下的認知與自主導航避障方法的研究，從而更好地服務於國民經濟和國防建設。

1.1 行動機器人的研究現狀

行動機器人的種類繁多，可從不同角度出發對其分類：①按工作的場合可分為室內機器人和室外機器人；②按移動機構可分為輪式機器人、多足機器人、履帶式機器人等；③按控制體系結構可分為功能式結構機器人、行為式結構機器人和混合式機器人；④按功能和用途可分為服務機器人、搬運機器人、清潔機器人、行星探測機器人等。本節將介紹一批典型的行動機器人。

(1) 教學科研用行動機器人通用平臺

此類行動機器人主要面向教學和科研，通常為輪式結構，配備有視覺系統、雷射測距儀、聲納、電子羅盤等豐富的感測器，具備串行、無線網路等通訊介面，並可根據需要配置控制設備。這些機器人不僅提供了方便完善的控制平臺，還提供較為友好的軟體開發環境，可滿足室內行動機器人研究或適應各種地形的室外行動機器人研究的需要。其典型代表主要有 Active Media 公司 Pioneer 系列行動機器人、Nomadic Technology 公司開發的 Nomad 系列行動機器人和 iRobot 公司的 iRobot 系列行動機器人等，如圖 1-1 所示。

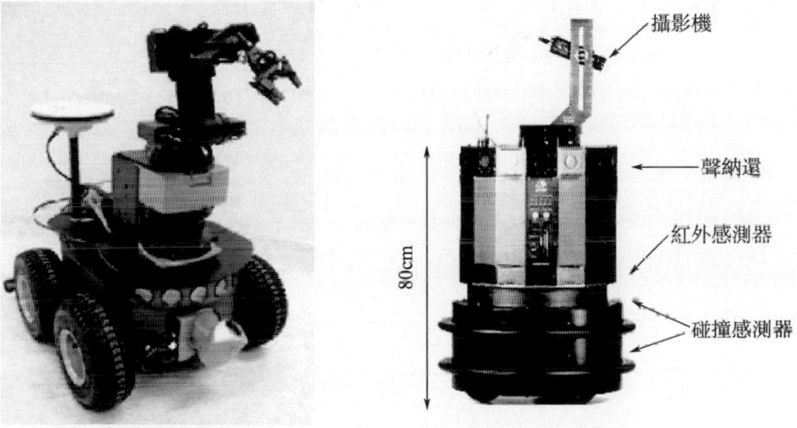

(a) Pioneer AT爬坡移動機器人　　(b) Nomad 200 機器人

圖 1-1　典型的通用行動機器人科研平臺

這些成熟的行動機器人通用平臺，使研究人員不用在開發行動機器人硬體平臺上耗費過多的時間，而是將精力集中在研究針對特殊環境、特定功能的智慧控制算法上。

(2) 服務機器人

歐美國家於 1970 年代中期就開始了對以復建機器人為代表的服務機器人的研究，主要有美國麻省理工學院的 Wheelesley［圖 1-2(a)］專案、法國的 Vahm［圖 1-2(b)］專案、德國烏爾姆大學的 Maid［圖 1-2(c)］專案、西班牙的 Siamo 專案、加拿大 AAI 公司的 Tao 專案、KISS 學院的 Tinman 專案等。這些輪椅機器人產品基本上採用類似於行動機器人的控制系統，採用通用電腦作為上位機，驅動控制系統、感測器系統作為下位機。如麻省理工智慧輪椅實驗室的輪椅機器人威爾斯利，這個輪椅機器人有三種控制方法：功能表、操縱桿和用戶介面。功能表模式下，輪椅的操作類似一般的電動輪椅；在操縱桿模式下，用戶透過操縱桿發出方向命令來避障；用戶介面模式下，用戶和機器之間僅需透過用戶眼睛運動來控制輪椅，即用鷹眼系統來進行驅動。西班牙 Siamo 項目是根據用戶的殘障程度及特殊需求建造的多功能系統。項目初期成果是一個輪椅原型，包括運動和駕駛控制（低級控制），基於語音的人機介面、操縱桿，由超音波和紅外感測器組成的感知系統（高級控制），輪椅可以探測障礙及突兀不平地帶。

目前在歐美、日本等國家，一些公司已經研製開發出了一些智慧程度高、自主能力強的輪椅機器人概念產品。美國的奧林巴斯最近研發出一種名為 Whill 的新型輪椅，如圖 1-2(d) 所示。美國麻省理工學院研製出了一種語音控制的機器人輪椅，可以在基於導航的情況下完全透過語音控制的方式在空間內移動，如圖 1-2(e) 所示。德國人工智慧研究中心也研發了一款輪椅機器人，如圖 1-2(f) 所示，該機器人可在社區內完成自主行駛、自動避障和語音識別等。日本身障人士國家復建中心開發了針對物理殘疾者使用的輪椅機器人 Orpheu，如圖 1-2(g) 所示，它可以透過使用者的手勢來導航，還可以藉助 Wi-Fi 技術將當前獲取到的全景圖像傳輸出去，提供給遠端的監護者。日本汽車生產商豐田公司近年來也開始專注輪椅機器人的研發，推出了一款輪椅機器人的概念產品，外形酷似未來的個人汽車，如圖 1-2(h) 所示。

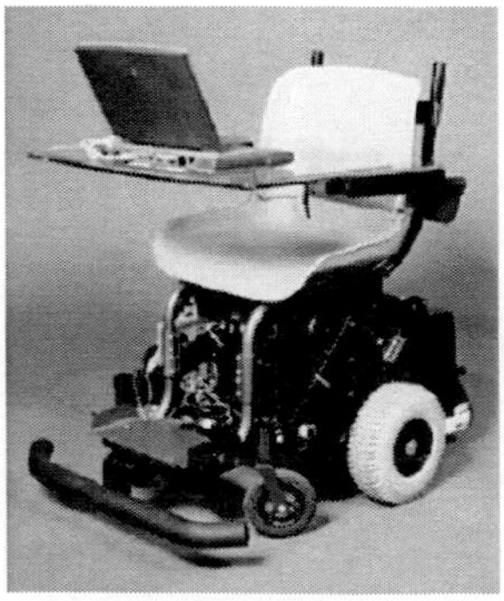
(a) Wheelesley

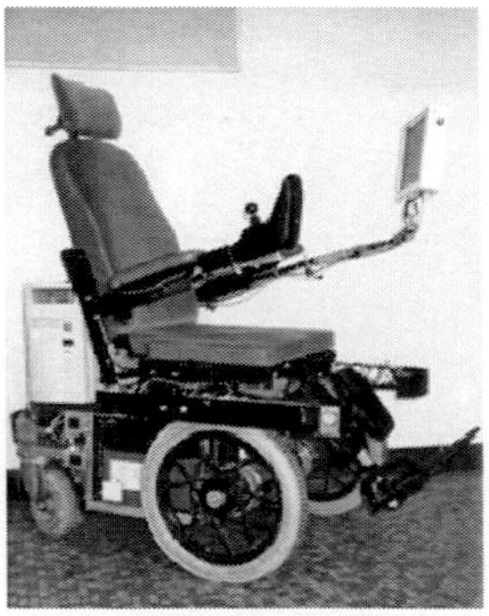
(b) Vahm

(c) Maid

(d) Whill

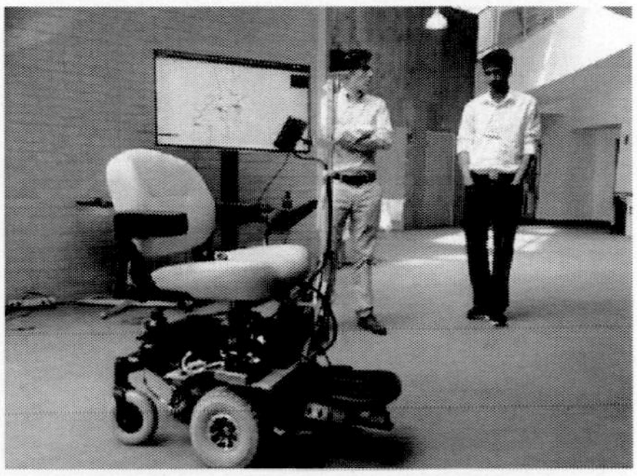

(e) 美國麻省理工學院輪椅機器人

(f) 德國人工智慧
研究中心輪椅機器人

(g) Orpheu

(h) 豐田概念輪椅機器人

(i) 上海交通大學「交龍」輪椅機器人

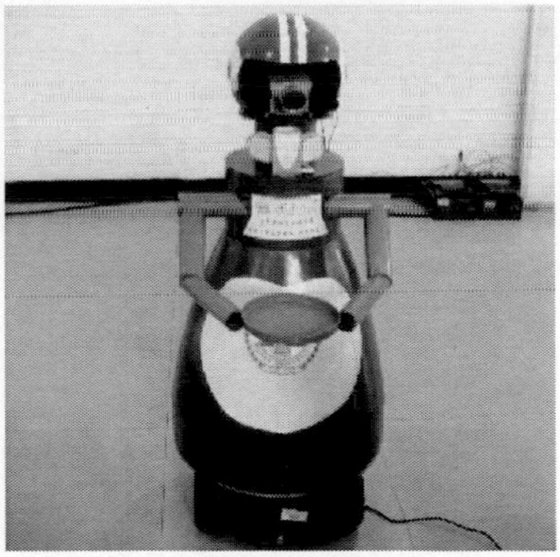

(j) 服務機器人

圖 1-2 典型的服務機器人

在中國「863」計劃的支持下，自 1990 年代起，中國在該領域開展了大量研究工作，中國科學院自動化研究所研製出護理師助手機器人「艾姆」、智慧保全機器人等。2009 年 6 月，哈爾濱工業大學繼研製出「青青」服務機器人後，又研製出一種智慧陪護機器人，該機器人可以自主行走、避障，為老年人、身障人士提供各種輔助操作。上海交通大學研製的「交龍」輪椅機器人［圖 1-2(i)］，具備自主避障、穿越狹窄通道及門口等功能，並提供觸控螢幕和語音互動功能，能實現多種運動指令的識別，且其識別速率較高，滿足輪椅在運行中的即時性要求，已在上海世博會中用於服務行動不便的人士。該項目組自主研製的一種服務機器人［圖 1-2(j)］，具備自主導航避障的能力。目前，家用服務機器人已成為中國機器人領域的重要發展方向。

(3) 無人駕駛智慧車輛

美國卡內基梅隆大學（Carnegie Mellon University，CMU）研製的 Navlab 系列智慧車輛已發展有數十代，幾乎集成了室外行動機器人所有關鍵技術，非常具有代表性。自 2004 年起，美國國防部高級研究計劃局（Defense Advanced Research Projects Agency，DARPA）開始舉辦無人駕駛比賽，在第一次比賽中參賽隊伍被要求在沙漠裡行駛 200 多公里，但是沒有一支隊伍取得成功。2005 年的比賽有 5 輛車完成所有賽程，冠軍由史丹佛大學獲得，他們的比賽用車為一輛改裝過的大眾途銳 R5 柴油車。2007 年的比賽最終勝利者為卡內基梅隆大學。

1980 年代歐洲啓動了研究智慧車輛的 Eureka-PROMETHEUS 專案。在此背景下，賓士公司與德國國防軍大學自 1987 年開始聯合研製 VaMoRs 系列無人駕駛智慧車輛，其追蹤道路標誌線的時速在當時可達 96km/h。近年來，VaMoRs 系列在不斷挑戰新的速度紀錄的同時，還擁有了適應各種氣象環境以及自動超車換道的能力。

中國無人駕駛智慧車的研究還處於初級階段，整體研究工作和水準與歐美國家相比還有一定的差距。清華大學從 1988 年開始研製 THMR 系列無人駕駛車輛，其 THMR-V 能自主完成資訊融合、路徑規劃、行為與決策控制、通訊管理、駕駛控制等功能，在高速公路上自主駕駛的最高時速可達 150km/h。此外，國防科技大學的 CITAVT-N、西安交通大學的 Springrobot、吉林大學的 JLUIV 系列和 Cybercar 也很有代表性。為了推進中國在無人駕駛智慧車領域的研究，中國自然科學基金委員會近年來將此列入重大研究計劃。自 2009 年起開始舉辦中國「智慧車未來挑戰」比賽，比賽內容包括交通號誌、標識和標線的識別及障礙物規避等無人駕駛車輛基本行駛功能測試，模擬城區道路及高速路上的行駛性能測試等。在首屆比賽中，上海交通大學、湖南大學、西安交通大學、清華大學、國防科技大學、義大利帕爾馬大學等 7 所大學的隊伍、10 餘輛無人駕駛車輛參加了比賽，如圖 1-3 所示。該賽事的開展對中國智慧車研發從實驗室走向現場交流、推動和促進無人駕駛車輛的創新與發展具有重要意義。

(a) CMU Navlab-11　　(b) 清華大學無人駕駛車

(c) Springrobot在「智慧車未來挑戰」比賽中　　(d) 湖南大學無人駕駛車

圖 1-3　無人駕駛智慧車輛

(4) 自主工業機器人

自主工業機器人在工業生產中滿足了保證產品品質、提高生產效率、節約材料消耗以及保障人身安全、減輕勞動強度的要求，因而受到許多學者的廣泛關注。

在工廠、醫院等場合，為了將大宗物品從某一位置搬運到另一位置，Humberto 等在前人成果的基礎上研製了自主導航車。如圖 1-4(a) 所示，該車配置有雷射感測器，具備導航避障、路徑識別追蹤等能力，能夠節省大量的人力和物力，提高工作效率。

面對各種各樣的清洗需求，日本率先開展壁面行動機器人的研究工作，開發出各種各樣的壁面行動機器人，並以壁面行動機器人技術為核心，結合專門的清洗機構，形成多種形式的壁面清洗機器人。中國的壁面行動機器人研究起步較晚，但發展很快，哈爾濱工業大學、北京航空航天大學在該領域處於中國領先地位。針對火電、核電等行業的關鍵設備——大型冷凝器的清洗需求，自主研製了面向大型冷凝器清洗作業的智慧移動清洗機器人。如圖 1-4(b) 所示，該機器人採用履帶式移動機構，根據冷凝管的座標，在冷凝器水室中自主移動到清洗區域，兩關節清洗機械臂配合運動完成冷凝管管口的定位，實現了冷凝器的自動清洗。

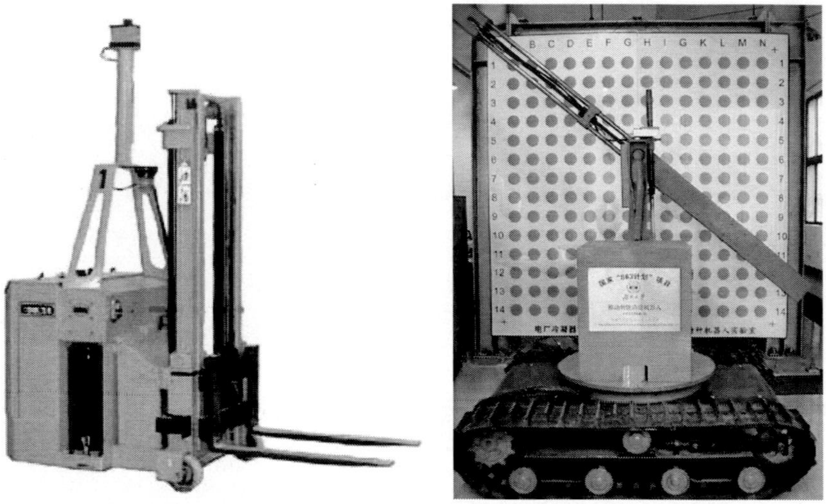

(a) 自主導航搬運機器人　(b) 大型冷凝器智慧清洗機器人

圖 1-4　面向工業應用的自主機器人

（5）搜救機器人

根據搜救機器人的工作場合及方式可分為三種類型：表面進入（surface entry，SE）、縫隙進入（void entry，VE）和鑽孔進入（borehole entry，BE）。SE 類型的搜救機器人是最為常見的一種搜救機器人，沿原有礦道進入礦井，MSHA（Mine Safe and Health Administration）開發的 Wolverine V-2 和美國 Stanford 大學研製的 Groundhog 煤礦探測機器人都屬於此類型機器人。Wolverine V-2 經光纖遠端操作，而 Groundhog 機器人透過雷射測距儀感測器，構建礦井內的三維環境，能在礦井通道內自主探索和導航，如圖 1-5 所示。VE 類型機器人適用於不規則、空間狹小的環境，從廢墟中的夾縫鑽入人類無法抵達的環境。礦難會導致礦井的原有道路堵塞，需要另外開闢新通道進入礦井，BE 類型機器人可以從地面新鑽開的管道直接抵達井下。

近年來，哈爾濱工業大學、中國礦業大學和東南大學等大學及相關科研機構也開展了這方面的工作，並開發出原型樣機，但是可靠性和功能方面還沒有真正達到實際應用的要求，仍處於實驗室研究階段。

圖 1-5　Groundhog 搜救機器人

(6) 軍用自主式地面無人車輛

出於戰爭零傷亡的需要，美國等西方已開發國家研製了具備一定自主能力，機動靈活地執行監視、偵察、攻擊和後勤支援等高難度任務，在危險環境下出入的軍用地面自主式車輛。

美國的無人地面車輛（UGV）系統由 ARPA 發起，旨在加強部隊的作戰能力，代替戰士在高危險環境下完成掃雷、探雷、布雷、排爆和偵察等任務。為此，美軍在輪式車輛的基礎之上研製了 Demo 系列自主無人車輛，Demo Ⅲ 在覆蓋植被的野外環境中行駛速度可達 35km/h。Lockheed Martin 公司研製的多功能通用/後勤無人車 Mule，在攜載滿負荷的情況下，能爬越 1.5m 高的臺階，翻過 1.5m 寬的壕溝，涉水深為 1.25m，可為步兵班攜帶裝備和補給品，運送傷員，探測清除地雷。iRobot Packbots 無人地面車由探測模組、搜索模組和爆炸處理模組組成，先後用於搜索「9・11 事件」的倖存人員、阿富汗戰爭時藏於山洞的基地組織和伊拉克核武器。Boston Dynamics 研製的 BigDog，主要用於為士兵搬運重物，該機器人沒有採用常規的輪式等結構，而是直接模仿動物四肢設計四條腿，整體約 1m（長）×0.7m（高），可在崎嶇不平的山地或斜坡上行走，具有良好的平衡能力，由本身的立體視覺或遠端遙控系統確認路徑，如圖 1-6 所示。

(7) 外太空星球探測機器人

美國國家航空暨太空總署於 2004 年先後成功發射了「勇氣號」火星

探測機器人和「機遇號」火星探測機器人。該火星探測機器人採用 6 輪獨立驅動，每個車輪都有獨立的懸掛系統，感測系統以視覺為主，包括全景攝影機、導航攝影機、校準目標全景攝影機等，得到的圖像除了透過衛星通訊系統傳回地球表面，還用於探測車的自主檢測障礙物和路徑規劃。整車由太陽能面板提供動力，最高速度可達 5cm/s，但因為受避障等因素影響，其實際平均速度僅有 1cm/s，每天行走距離為 100m。

(a) Demo Ⅲ

(b) Mule

(c) Packbots

(d) BigDog

圖 1-6　軍用自主式地面無人車輛

中國探月工程二期計劃發射月球巡視勘測器（俗稱「月球車」）登陸月球。月球車是一種能在月球表面移動，並完成探測、採集和分析樣品等複雜任務的行動機器人。中國於 2004 年 2 月宣布探月計劃進入實施階段以來，中國眾多科研機構和大學相繼開展了月球車的方案設計和研製工作，在學習美國火星探測機器人的基礎上，加大自主創新能力，研製的月球車頗具特色。2013 年 12 月 2 日 1 時 30 分，中國在西昌衛星發射中心成功地將「嫦娥三號」探測器送入軌道。2013 年 12 月 15 日 4 時 35 分，「嫦娥三號」著陸器與巡視器分離，「玉兔」號巡視器順利駛抵月球表面。「玉兔」號是中國在月球上留下的第一個足跡，意義深遠，它一共在月球上工作了 972 天。

1.2 行動機器人應用中的科學技術問題

行動機器人應用場合眾多，工作環境惡劣、複雜，要提高行動機器人在各種環境下的自主工作能力，除了在行動機器人的本體設計上有所突破外，更重要的還要提高所構建導航系統的智慧性。設計行動機器人自主導航系統的難點突出表現為四個方面：高自適應性、高即時性、高可靠性和高移植性。

(1) 高自適應性

因為室外非結構化環境具有多樣性、複雜性、隨機性和不確定性，景物在不同地形中還有相互組合與耦合關係，如地錶表面混亂、起伏不定，障礙物隨機分布甚至相互間存在遮擋，光照、景物、天氣的動態變化，這些都要求算法能對不同場景有良好的自適應性，它是決定行動機器人的工作範圍和自主能力的重要因素。

(2) 高即時性

由於獲取的感測器資訊本身的不穩定和場景的複雜性、隨機性，如果要提高認知效果和導航決策性能，就會造成資訊處理與形成決策的時間開銷過大，很難兼顧算法有效性和降低計算複雜度。設計性能良好、有效性高的算法的同時能降低計算複雜度，是認知與導航中的難點問題。

(3) 高可靠性

行動機器人工作環境惡劣、危險，很多時候是人類無法抵達的區域，錯誤的決策可能導致行動機器人發生碰撞或陷入死區，甚至發生傾覆、損壞等嚴重的事故。因此，要求行動機器人的自主導航系統從環境認知到導航決策等環節必須具備高可靠性。

(4) 高移植性

行動機器人種類繁多，配置的感測器、執行器各異。應提高機器人軟體開發的開放性，不同機器人之間的程式應具備較高可移植性，使得在新設計一臺機器人時，可以充分利用現有的軟體系統，從而縮短機器人軟體的開發週期，降低維護成本。

1.3 行動機器人自主導航關鍵技術的研究現狀

適用於未知環境的行動機器人導航系統應具備環境感知、行為決策等能力，其關鍵技術主要涉及環境資訊獲取、環境建模與定位、環境認知、導航避障等方面。

1.3.1 環境資訊獲取

行動機器人要實現在未知環境中的自主導航，必須即時、有效、可靠地獲取外界環境資訊。常用的感測器包括聲納感測器、紅外感測器、雷射測距儀和視覺感測器等，它們獲取的資訊通常為一維距離資訊或二維圖像資訊，面對越來越複雜的場景，難以完全描述環境。為此，相關研究人員採用基於立體視覺技術的三維資訊獲取、基於雷射掃描儀的三維資訊獲取、基於飛行時間（time of flight，TOF）攝影機的三維資訊獲取等方案。

立體視覺技術是模擬人類視覺系統獲取三維資訊的最直接形式。該方法透過兩個視點觀察同一景物以獲取立體像對，匹配相應像點，計算出視差並獲得三維資訊，具有精度高、獲取資訊豐富等優點。該方法對攝影機標定要求較高。在結構化環境中，可透過尋找特徵資訊、進行特徵點匹配的方式減少計算量；但是在室外非結構化環境下，特徵資訊難以提取，匹配過程將非常複雜，計算量巨大。此外，由於物體必須同時在兩個攝影機中分別成像或者同一個攝影機對同一場景兩次成像，才能實現對空間點三維資訊的恢復，如果攝影機成像視野加大，必然成像畸變明顯，匹配準確度下降，因此每次可恢復的環境範圍有限。當環境光線變化巨大，且空間環境中的特徵資訊相對較少時，匹配過程更為困難。基於立體視覺技術獲取非結構化場景、光線多變複雜場景下的即時三維資訊存在很大困難。

Fruh 等[1]、Thrun 等[2] 先後採用左右兩個二維雷射掃描儀實現三維地貌重構。其中左掃描儀掃描水平方向，用於電腦器人當前的姿態；右掃描儀掃描垂直方向，測量環境的深度資訊，然後將掃描獲取的數據進行匹配融合，實現三維地圖的構建。Surmann 等[3] 利用伺服電機驅動二維雷射組成三維雷射，並對室內通道場景進行了重建。Nuchter 等[4] 利用了三維雷射重建了礦井通道的場景。這種方案的優點在於對環境適應性比較強，測量精度高，受光線和環境影響較小。但是雷射掃描測距儀透過旋轉的鏡面掃描某個平面上的雷射光束，對整個場景則需多次掃描，因此影響了獲取數據的即時性。在測量數據融合匹配過程中計算量和消耗的儲存空間巨大，相對來說處理效率低，影響了即時性。另外，需要消耗大量能源去發射主動訊號、對能源供給要求比較高、體積龐大等原因也限制了其在行動機器人上的應用。

基於 TOF 原理的攝影機屬於主動式攝影機，由 LED 陣列或雷射二極管產生的近紅外光經調幅後作為光源，發射光經場景中的物體反射後返回攝影機，並透過攝影機中的光學感測器檢測反射光的亮度和發射光與反射光之間的相位差，分別得到空間點的灰度資訊和深度資訊。近幾年來，已有數款 TOF 原理的 3D 攝影機問世，典型技術產品代表有微軟 Kinect 攝影機、Swiss-Ranger、Canesta、PMD 等。由於 TOF 攝影機能即時獲得空間的圖像灰度資訊及每個像素點對應的深度資訊，因此被稱為 3D 攝影機，它具有即時性好、測量精度適中、體積小、重量輕等優勢，獲得了空前關注，迅速應用於機器人的導航與地圖創建、工業先進加工製造、目標識別與追蹤等領域研究。其缺點在於攝影機本身獲得的圖像解析度較低，只有 20000 多個像素點，圖像品質一般。為提高三維攝影機的深度資訊精度，解決解析度低的問題，Linder 和 Kahlmann 等[5] 先後提出了三維攝影機標定改進方案，以提高測量精度和可靠性，Falie 等[6] 針對深度資訊誤差進行了分析，針對結構化環境提出了一些解決方案。近期，微軟、Intel、蘋果和 Google 公司在三維視覺領域的積極投入，必將推動三維視覺成像領域的飛速發展，將機器人感知和地圖創建等研究帶入模擬人類視覺感知的全三維空間。

綜上所述，對比幾種三維資訊獲取方案各自的優缺點如表 1-1 所示。

表 1-1　三維資訊獲取方案對比

方案	優點	缺點
立體視覺	成像品質高，技術方案成熟，精度高（可達 mm 級）	①在圖像特徵少的環境下難以實現匹配 ②三維恢復誤差大且複雜耗時，可靠性和即時性差
雷射測距儀方案	受外界環境干擾小、穩定，準確性高，精度高（可達 mm 級）	①需藉助額外裝置和多次掃描，透過特定算法實現資訊匹配，計算複雜 ②缺乏紋理特徵等，資訊不完整 ③昂貴，體積大
3D 攝影機	可迅速獲取環境三維資訊，尺寸小巧	①可成像距離較近（一般小於 7.5m） ②像素解析度低，後期處理困難 ③精度一般，只有 cm 級

1.3.2 環境建模與定位

行動機器人自定位與環境建模是導航中的關鍵問題，環境模型的準確性依賴於定位精度，而定位的實現又離不開環境模型。

從環境地圖的形式出發，行動機器人的環境模型可分為柵格、幾何資訊、拓撲資訊、三維資訊的環境模型。為了提高地圖模型的效率，有學者將拓撲資訊與柵格或幾何資訊相結合，建立混合地圖模型，用於室外結構化環境中無人駕駛車輛的導航，這種混合模型充分利用了每種模型的優點，並克服了各自的缺點，取得了較好效果。隨著行動機器人的應用向室外非結構化環境下拓展，只包含了二維平面資訊的地圖已經不能滿足要求，具有更豐富環境資訊的三維地圖越來越得到人們的重視。但是，資訊量的增加意味著更高的儲存要求、更複雜的資料處理算法和更大的計算量。為此，Moravec 提出在二維柵格地圖中透過高度方向離散化構建三維柵格地圖的方法。Thrun 等在創建二維柵格地圖時，還保存了每個柵格內地形的平均高度或最大高度，這種地圖被稱為 2.5 維柵格地圖。它不僅能實現三維柵格地圖的表現效果，同時還減少了資料量。Chilian 等[7] 在此基礎上，用區間［0,1］內的數表示通過柵格內地形的難易程度，並以此取代二維柵格的高度，更能客觀反映環境。

由於感測器所獲得的資訊存在局限性和不確定性誤差，而且行動機器人在運動過程中由於機械、地面不平整等原因也會使運動本身存在不確定性，對於各種環境建模與定位而言，關鍵就是如何處理這些不確定性。為此，擴展卡爾曼濾波器、最大似然估計、粒子濾波器等機率算法被引入用於解決此類問題。

1.3.3 環境認知

為了能有效地理解非結構化環境的整體或各局部區域，環境認知的研究從早期的環境中單一形式物體分割辨識逐漸過渡到對類內多形式物體的快速識別和場景的全局理解。

模糊邏輯、神經網路、支持向量機、Adaboost 分類器等人工智慧技術廣泛應用於環境中的物體辨識中。其難點在於非結構化環境下區域的模糊性無法找到類似的規則化特徵，因此特徵的選擇對非結構化環境的描述至關重要。Angelova 等[8] 採用顏色均值、顏色直方圖及紋理分層變長特徵表徵不同地表的物質類型。Brooks 等[9] 不再局限視覺特徵，透過分析振動訊號，採用訊號識別的方法來識別地表類型。振動訊號由加速度感測器檢測的輸出為電壓訊號，將振動訊號從時域變換到功率譜密度，運用 Log 尺度分解減少高頻分量的影響，對得到的特徵向量運用主成分分析（PCA）方法降維，再訓練分類器識別地表類型，克服了視覺感測器易受光線影響等缺陷。Lowe[10] 受生物視覺模型啓發，提出尺度不變特徵變換（SIFT），認為該細胞對場景中特定取向和空間頻率的梯度資訊敏感。SIFT 描述了某一場景的不變數，該特徵對環境的尺度、平移、旋轉變換具有較好的不變性。Valgren 等[11] 採用 SIFT、加速穩健特徵（SURF）等特徵描述局部環境，完成行動機器人室外自定位和地理資訊識別。Schafer 等[12] 針對有植被的室外環境，在考慮植被環境中障礙物的種類特性基礎上，提出了基於 3D 雷射雷達的障礙物識別方法，透過短期記憶與虛擬感測器等手段以增強雷射數據的分布層次和範圍，提高了識別的精度。

為提高算法的即時性，研究人員採用提取感興趣區域的方法，縮小分析範圍，以減小計算量。文獻［13］利用視覺局部顯著區域對非結構化環境進行識別和理解，在此過程中首先提取了感興趣區域。為了提高算法對複雜環境的適應能力，有學者在認知過程中引入學習策略，包括有監督學習、自監督學習、半監督學習和主動學習等方法。後三種學習方法具有線上學習的能力，是今後的發展趨勢，但是如何提高這些學習策略的穩定性是亟需解決的問題。文獻［14,15］將學習的方法用於非結構化環境下的可通行區域或未知障礙物區域的檢測與識別中，取得了初步研究成果。

對於場景的理解上不再局限於場景內個別物體的識別，而是對場景整體上認識。Oliva 等[16] 採用自然度（naturalness）、開放度（openness）、粗糙度（roughness）、擴展度（expansion）和不平整度（ruggedness）五個特徵從整體的角度描述場景，從而不必局限於場景的局部特徵和場景中的物體分布，從全局資訊出發實現山地、森林、沙灘等 6 個類別場景的劃分。

1.3.4 導航避障

根據在導航過程中是否存在環境地圖，可將導航策略概括為兩大類：基於地圖的導航和無地圖的導航。其中前者需要先驗知識；後者指行動機器人識別並追蹤某個目標，從而完成特定目的的導航任務。根據其策略，每種方法又可細分為若干子類，具體分類情況如圖 1-7 所示。

（1）基於地圖的導航

基於地圖的導航方法是一種使用/創建地圖的導航技術，需要環境的先驗知識。可以在導航任務開始前提供完整的環境地圖，如 CAD 環境模型；也可以在導航過程中利用自身感測器線上自動構建 2D 或 3D 環境模型。在導航開始之前，需要解決精確定位的問題。

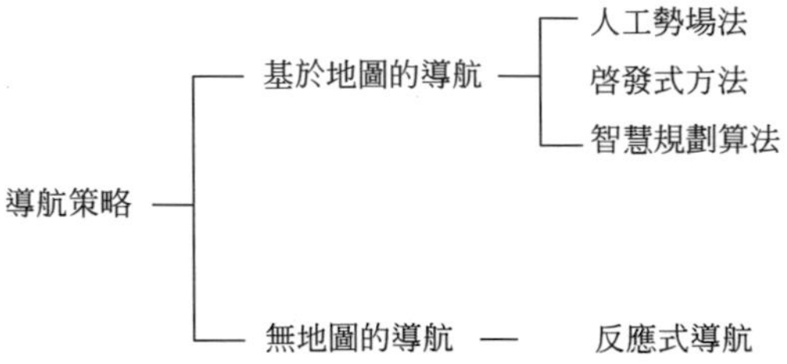

圖 1-7 導航方法分類

① 人工勢場法　文獻［17］在 2D 柵格表示環境基礎上，採用虛擬力場法（virtual force field），即假設每個包含有障礙物的柵格存在排斥行動機器人往該方向運動的虛擬力，所有的排斥力以向量方式合成為一個總的力，排斥行動機器人繞開障礙物，而目標產生吸引力使行動機器人向目標位置靠近，二者的疊加構成機器人的虛擬勢場。研究人員透過選取不同的勢函數，又提出了牛頓型勢場、圓形對稱勢場等。然而，勢場法存在著在搜索時發生「局部最小」的情況，即機器人因在某一處所受力為零而停止不動。為了解決這一問題，GE 等引入了統一的勢能函數，Vadakkepat 等在勢場法中引入遺傳算法調節勢函數的參數克服局部最小問題。

② 啓發式方法　A＊算法是啓發式方法的代表。隨後 Stenta 提出了 D＊算法（也稱為 Dynamic A＊算法）和 Focussed D＊算法。D＊算法可理解為動態的最短路徑算法，而後者則利用了 A＊算法使用啓發式評價函數這一主要優點，它們都能根據行動機器人在運動中獲取的環境新資訊快速修正和重新規劃出最佳路徑，減少了局部規劃的時間，滿足了線上即時規劃的需要。此外，很多研究人員透過修改 A＊算法的評價函數和圖搜索方向，提高了 A＊算法的路徑規劃速度，對複雜環境具有一定的適應能力。Chilian 等在行動機器人導航中首先創建 2.5D 柵格地圖模型，在此基礎上利用改進的 D＊算法完成路徑規劃，使得行動機器人在環境中謹慎自如地行走，且能自主判斷出前進道路上的障礙物，並即時重規劃作出後續動作的決策。

針對柵格地圖，因為假設其柵格四向連通或八向連通而導致規劃路徑存在次佳的問題，Ferguson 等[18] 提出的 Field D＊算法透過線性插值找到具有最小路徑消耗值的點，嘗試解決由機器人工作環境離散化過程帶來的影響。為提高行動機器人的導航性能，越來越多的研究人員用 3D 形式描述環境，Carsten 等[19] 擴展 Field D * 算法，應用到三維柵格地圖中，實現在空間中搜索最短路徑。

③ 智慧規劃算法　隨著電腦科學、人工智慧及仿生學的不斷發展，遺傳算法、模糊邏輯、神經網路、蟻群算法、粒子群算法等新的智慧技術被引入，來解決路徑規劃問題。

遺傳算法採用多點搜索，因而更有可能搜索到全局最佳解。遺傳算法的整體搜索策略和優化計算並不依賴於梯度資訊，因此能解決路徑規劃中一些其他優化算法無法解決的問題。但遺傳算法的運算需要占據較大的儲存空間和運算時間，影響了即時性。

模糊邏輯採用近似自然語言的方式，將當前環境的障礙物資訊作為模糊推理的輸入，透過模糊推理機得到行動機器人的轉向和速度。該方法能較好地處理感測器資訊的不確定性和非精確性，適用於障礙物較少的環境，即時性好、魯棒性高。

(2) 無地圖的導航

無地圖的導航指不需要任何先驗知識的導航策略，主要透過提取、識別和追蹤環境中的基本組成元素的資訊（如石塊、斜坡等）實現導航，在其導航過程中也不需要障礙物的絕對位置。在非結構化環境下，無地圖的導航主要採用反應式導航策略。

反應式導航是一門由生物系統受啓發而產生、用於設計自主機器人的技術。它可以穩定及時地對不可預知的障礙和環境變化作出反應，但由於缺乏全局環境知識，因此所產生的動作序列可能不是全局最佳的。反應式導航可分為兩類：基於聲納的避障導航和基於模型的避障導航。前者直接處理每一個感測器數據以確定下一步動作，後者需要預定義已知目標的模型。反應式導航主要透過定性的資訊避障，避免使用、計算或產生精確的數值資訊，如距離、位置座標、速度、圖像平面在世界平面上的投影等。其他採用定性策略的導航方法都可歸為反應式導航。

對於基於聲納的避障導航主要採用模糊邏輯、神經網路、模糊-神經網路等智慧算法定性地處理不確定的距離數值資訊，實現行動機器人的自主避障。為了解決模糊隸屬度難以確定、模糊規則冗餘、神經網路結構不易確定等問題，有研究人員引入遺傳算法、蟻群算法等仿生優化算法，提高了導航策略的適應性和魯棒性。該策略在非結構化環境下應用，相關研究人員在提取的視覺資訊中引入模糊邏輯，定性處理導航問題。

其中以 Howard 等[20] 針對不規則地形提出的策略為典型代表。文獻［21,22］在此基礎上，以行為方式對地形可通行性作出反應，分別針對自然環境或月球表面環境，實現了不同環境下的自主導航仿真實驗。

參考文獻

[1] Fruh C, Zakhor A. An automated method for large-scale, ground-based city model acquisition[J]. Journal of Computer Vision, 2004, 60(1): 5-24.

[2] Thrun S, Martin C, Liu Y, et al. A real-time expectation maximization algorithm for acquiring multi-planar maps of indoor environments with mobile robots[J]. IEEE Transactions on Robotics and Automation, 2004, 20(3): 433-443.

[3] Surmann H, Nuchter A, Hertzbergj. An autonomous mobile robot with a 3D laser range finder for 3D exploration and digitalization of indoor environments[J]. International Journal of Robotics and Autonomous Systems, 2003, 45: 181-198.

[4] Nuchter A, Surmann H, K. Lin Gemann, et al. 6D Slam with an application in autonomous mine mapping[J]. Proceedings of IEEE. International Conference on Robotics & Automation, 2004: 1998-2003.

[5] Linder M, Schiller I, Kolb A, et al. Time-of-Flight sensor calibration for accurate range sensing[J]. Comput Vis Image Underst, 2010, 11(4): 1318-1328.

[6] Falie D, Buzuloiu V. Noise characteristics of 3D time-of-flight cameras[J]. arXiv preprint arXiv: 0705.2673, 2007.

[7] Chilian A, Hirschmuller H. Stereo camera based navigation of mobile robots on rough terrain. Proc. of IEEE International Conference on Intelligent Robots and System, 2009: 4571-4576.

[8] Angelova A, Matthies L, Helmick D, et al. Fast terrain classification using variable-length representation for autonomous navigation [C]//Computer Vision and Pattern Recognition, 2007. CVPR'07. IEEE Conference on. IEEE, 2007: 1-8.

[9] Brooks C A, lagnemma K. Vibration-based terrain classification for planetary exploration rovers[J]. IEEE Transactions on Robots, 2005, 21(6): 1185-1191.

[10] Lowe D G. Distinctive image features from scale-invariant key-points[J]. International Journal of Computer Vision, 2004, 60(2): 91-110.

[11] Valgren C, Lilienthal A J. SIFT, SURF and seasons: Long-term outdoor localization using local features[C]//3rd European conference on mobile robots, ECMR'07, September 19-21, Freiburg, Germany. 2007: 253-258.

[12] Schafer H, Hach A, Proetzsch M, et al. 3D obstacle detection and avoidance in vegetated off-road terrain[C]// Robotics and Automation, 2008. ICRA

2008. IEEE International Conference on. IEEE，2008：923-928.

[13] 王璐，陸筱霞，蔡自興．基於局部顯著區域的自然場景識別[J]．中國圖象圖形學報，2008，13（8）：1594-1600.

[14] Sofman B，Lin E，Bagnell J A，et al. Improving robot navigation through self-supervised online learning [J]. Journal of Field Robotics，2006，23（11-12）：1059-1075.

[15] Hadsell R，Sermanet P，Ben J，et al. Learning long-range vision for autonomous off-road driving [J]. Journal of Field Robotics，2009，26（2）：120-144.

[16] Oliva A，Torralba A. Scene-centered description from spatial envelope properties [C]//International Workshop on Biologically Motivated Computer Vision. Springer，Berlin，Heidelberg，2002：263-272.

[17] Borenstein J，Koren Y. Real-time obstacle avoidance for fast mobile robots [J]. IEEE Transaction System Man Cybern，1989，19（5）：1179-1187.

[18] Ferguson D，Stentz A. Field D＊：An interpolation-based path planner and replanner[J]. Robotics Research，2007（28）：239-253.

[19] Carsten J，Ferguson D，Stentz A. 3d field d：Improved path planning and replanning in three dimensions [C]//Intelligent Robots and Systems，2006 IEEE/RSJ International Conference on. IEEE，2006：3381-3386.

[20] Howard A，Seraji H. Vision-based terrain characterization and traversability assessment [J]. Journal of Robotic Systems，2001，18（10）：577-587.

[21] Norouzzadeh Ravari A R，Taghirad H D，Tamjidi A H. Vision-based fuzzy navigation of mobile robots in grassland environments [J]. IEEE/ASME International Conference on Advanced Intelligent Mechatronics，2009：1441-1446.

[22] 徐璐，曹亮，居鶴華，等．基於三維通行性的月球車自主導航[J]．系統仿真學報，2007，19（2）：2852-2856.

第2章

智慧機器人力覺感知

力覺感知系統能獲取機器人作業時與外界環境之間的相互作用力，是智慧機器人最重要的感知之一，它能同時感知直角座標三維空間的兩個或者兩個以上方向的力或力矩資訊，進而實現機器人的力覺、觸覺和滑覺等資訊的感知。

2.1 智慧機器人多維力/力矩感測器的研究現狀

智慧機器人多維力/力矩感測器受到各領域專家學者的重視，並廣泛應用於各種場合，為機器人的控制提供力/力矩感知環境，如零力示教、輪廓追蹤、自動柔性裝配、機器人多手合作、機器人遙操作、機器人外科手術、復建訓練等。

國際上對多維力/力矩資訊獲取的研究是從1970年代初期開始的。目前，機器人多維力感測器生產廠商主要有美國的AMTI、ATI、JR3、Lord，瑞士的Kriste，德國的Schunk、HBM等公司，每臺價格為一萬美元左右。中國中科院合肥智慧機械研究所、哈爾濱工業大學、華中理工大學、東南大學等單位分別研製出多種規格的多維力/力矩感測器。

力覺感知的最早應用是力覺臨場感遙操作系統。裝備這種系統的智慧機器人把複雜惡劣環境（深海、空間、毒害、戰場、輻射、高溫等）下感知到的互動資訊以及環境資訊即時地、真實地回饋給操作者，使操作者有身臨其境的感覺，從而有效地實現帶感覺的控制來完成指定作業。理想的力覺臨場感能使操作者感知的力等於從手與環境間的作用力，同時從手的位置等於主手的位置，此時的力回饋控制系統稱為完全透明的。操作者與遠端機器人之間的通訊時延是影響遙操作系統的突出問題，時延降低了系統的穩定性；基於無源二端口網路和散射理論、自適應預測控制理論、滑模控制理論、魯棒控制理論等的方法，有望消除或減緩時延的影響。圖2-1是兩個典型的遙操作系統：Intuitive Surgical公司機器人遙操作手術系統和Stanford大學帶有力觸覺臨場感的遙操作機器人系統。

圖2-2所示為幾種比較成熟的具有力覺回饋的數據手套，其中美國Utah/MIT的遙操作主手（UDHM）具有16個自由度，四個手指機構採用霍爾效應感測器測量各關節的運動角度，UDHM的研究包括人手到機械手的運動映射、人手運動的校正等。Rutgers Master Ⅱ手套採用氣動伺服機構，可以為操作者各手指的四個關節提供最大至16N的力回饋，其角度測量也是採用非接觸式的霍爾效應感測器，這種介面的特點是採用直接驅動方案，沒有纜索和滑輪等中間傳動，結構簡單。NASA/JPL

實驗室的力回饋手套採用張力感測器和電動執行機構再現接觸力覺。Immersion公司的Cybergrasp手套則是透過機械線控方式，由電機輸出最大至12N的力至操作者的五個手指關節。

(a) Intuitive Surgical公司機器人遙操作手術系統

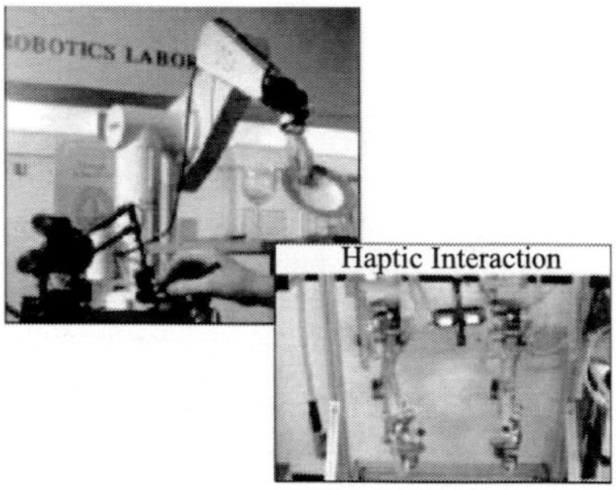

(b) Stanford大學帶有力觸覺臨場感的遙操作機器人系統

圖 2-1 遙操作系統

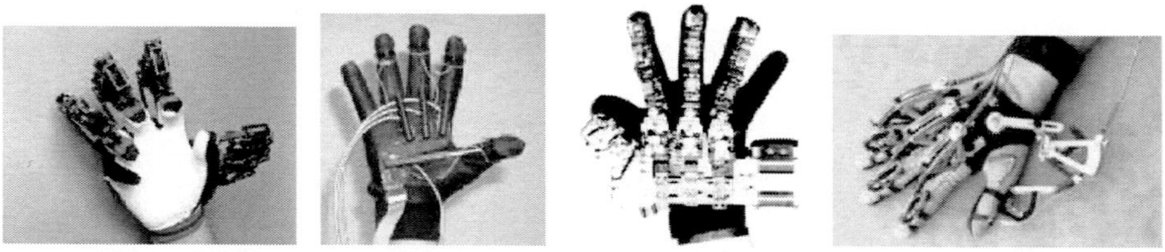

(a) Utah/MIT遙操作主手 (b) Rutgers Master II主手 (c) JPL主手 (d) Immersion公司的Cybergrasp

圖 2-2 幾種力覺回饋數據手套

韓國漢陽大學的研究者 Jae-jun Park、Kihwan Kwon 和 Nahmgyoo Cho 於 2006 年研製了一種基於多維力/力矩感測器的座標檢測系統（CMM）[1]，如圖 2-3 所示。傳統的基於探針的座標檢測系統總是受探針的不可消除的彈性變形和探針末端探球引起的系統形狀誤差的影響，針對這種情況，設計者提出用集成的三維力感測器來補償探針的彈性變形誤差，並根據由三維力資訊計算得到的受力方向和探針的幾何形狀方程來補償探球引起的系統形狀誤差。其測量不確定度可以達到 $0.25\mu m$。

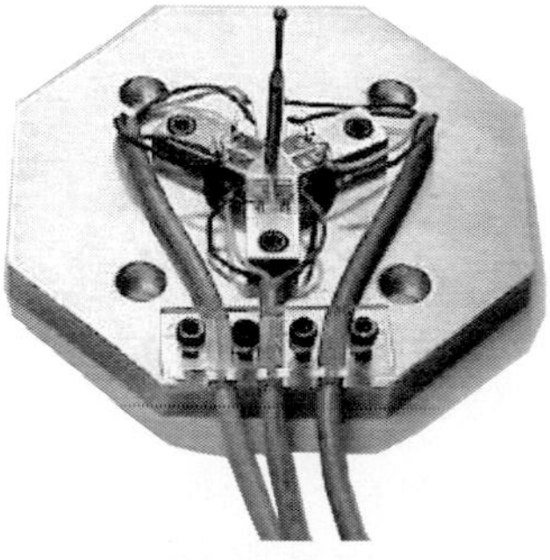

圖 2-3 基於多維力/力矩感測器的座標檢測系統 [1]

近年來，並聯機構被廣泛地研究，其相應成果被應用到機器人技術相關領域，取得了一些新穎的成果。在將並聯機構尤其是 Stewart 平臺應用到多維力/力矩感測器方面也進行了研究：Gailler 和 Reboulet[2] 早在 1983 年首次提出和設計了一種基於 Stewart 平臺八面體結構的力感測器；Dwarakanath 等[3] 於 1999 年研製了基於 Stewart 平臺的多維力/力矩感測器，如圖 2-4 所示，並對運動學、並聯腿的設計及構型優化進行了理論分析；Ranganath、Mruthyunjaya 和 Ghosal[4] 分析和設計了一種高靈敏度基於近奇異構型的 Stewart 平臺的六維力/力矩感測器；Nguyen 等[5] 設計和分析了一種基於 Stewart 平臺的六維力/力矩感測器，其每條腿都裝有彈簧，使設計的感測器靈敏度高、動態性能好；Dasgupta 等[6] 針對基於 Stewart 平臺的多維力/力矩感測器提出了一種基於力傳遞矩陣的最佳條件數的優化設計方法。

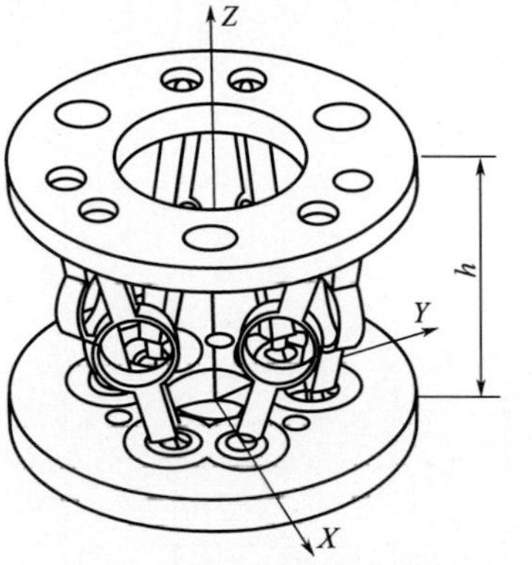

圖 2-4 基於 Stewart 平臺的六維力/力矩感測器

2.2 智慧機器人多維力/力矩感測器的分類

按資訊檢測原理，可將目前的機器人多維力/力矩資訊獲取系統分為電阻應變式、電感式、光電式、壓電式和電容式等。按採用的敏感元件，可將機器人多維力/力矩資訊獲取系統分為應變式（金屬箔式和半導體式)、壓電式（石英、壓電複合材料等)、光纖應變式、厚陶瓷式、MEMS（壓電和應變）式等。

表 2-1 列出了一些常見的多維力/力矩感測器的特徵。國際上對多維力/力矩感測器的研究熱點除了在檢測原理和方法創新、新型彈性體結構設計外，人們更關注的是多維力/力矩感測器的應用問題，如現代工業機器人怎麼樣能夠充分利用多維力/力矩感測器以及其他感知系統來完成對各種環境下的更多、更複雜的機器人作業，使工作更加精確、生產效率更高、成本更低。如將多維力/力矩感測器利用到工業機器人自動裝配生產線，結合更即時、更有效的算法，使智慧工業機器人能夠更好地進行精密柔性機械裝配、輪廓追蹤等作業。各種類型的感測器的優缺點如表 2-2 所示。

表 2-1　幾種主要多維力/力矩感測器的特徵比較[7,8]

年代 & 開發者	製造方法	標定方法	尺寸 & 軸數/μm	靈敏度 & 量程	檢測原理
1998&Jin and Mote	表面與體矽微加工工藝	電磁法	300×300(彈性體)&3	3μN&n. a.	壓阻效應
1998&Jin and Mote	體矽微加工工藝和晶片鍵合機理	電磁法	4.5×4.5×1.2&6	1mN&n. a.	壓阻效應
1999&Mei et al.	CMOS 工藝，體矽微加工工藝	標準三維力感測器	4×4×2&3	13mV/N&0～50N	壓阻效應
2002&Dao et al.	矽微加工工藝	細微壓頭	3×3×4&6	1.15mV/mN&n. a.	壓阻效應
2008&Tibrewala et al.	體矽微加工工藝	n. a.	6.5×6.5×2.5&3	0.37～0.79mV/(V·mN)&25mN	壓阻效應
2005&Valdastri et al.	先進矽蝕刻	商用六維力感測器	2.3×2.3×1.3&3	0.054N^{-1}&3N	壓阻效應
2004&Shen，Xi	PVDF 高分子薄膜	3-D 微操作平臺和 CCD 彩色攝影機組成的系統	22.5×19.2×10.2&1(2)	4.6602V/μN&n. a.	壓電效應
2002&Wang&Beebe	體矽微加工工藝	商用力感測器	1.9×1.9×0.05(光圈)&3	0.15V/N&0～30N	壓阻效應
2012&Brookhuis and Lammerink	體矽微加工工藝與矽熱鍵合	標定好的力感測器	9×9×1(PCB 晶片)&3	16pF/N&50N	電容式
2012&Estevez and Bank	體矽微加工	商用單軸力探頭	3×1.5×0.03&6	100μN&4～30mN	壓阻效應
2009&Beyeler and Muntwyler et al.	體矽微加工工藝	商用二維力感測器	10×9×0.5&6	1.4μN&1000μN	電容式

續表

年代 & 開發者	製造方法	標定方法	尺寸 & 軸數/μm	靈敏度 & 量程	檢測原理
2011&Cappelleri, Piazza and Kumar	雷射刻蝕與濕法刻蝕	原子力顯微鏡和有限元分析(FEA)	3×1.63×0.075&2	14pixels/μN&0～50μN	光電式
2013&Tetsuo Kan, Hidetoshi Takahashi et al.	矽微加工工藝	單軸壓阻式懸臂梁	2.54×1.76×0.015&3	1.5N/m&n.a.	壓阻效應
2010&Muntwyler et al.	體矽微加工工藝	商用單軸力感測器	5×6×0.5&3	30nN& ±25μN～±200μN	電容式
2005&Beccai, Lucia, Stefano Roccella	先進矽刻蝕(ASE)	商用力感測器	2.3×2.3×1.3&3	0.032±0.001N^{-1}&0～2N	壓阻效應
2012&Cullinan and Panas	微加工與自裝配	測徽計	2.5×0.035×0.01&3	0.79mV/μN&100μN	壓阻效應
2008&Kim, K., Cheng, J.	體矽微加工工藝	n.a.	n.a.&2	0.0145V/μN, 33.2nN (resolution)&165μN	電容式
2005&Ohka et al.	電火花模具	X-Z平臺	6×7.2×0.4&3	1.85mN&10N	光學式
2009&Takenawa	四片式電感器，釹磁鐵	商用六維F/T感測器	3.2×2.5×2.2&3	0.06N(resolution)&−40～40N	電感式
2012&De Maria	LED-光敏管	商用六維力感測器	11.4×11.4×1.6&6	0.15N and 0.08N(error)&±3.5N and ±10 N·mm	光電式

表 2-2 智慧機器人多維力/力矩感測器的各種類型及其優缺點比較表

檢測方法	總體描述	優點	缺點
電容式	在力/力矩作用產生與之相應的電容變化量	①高靈敏度和高解析度 ②頻率範圍寬 ③結構簡單 ④適應環境強	①調理電路複雜 ②寄生電容影響大
電阻應變式	在力/力矩作用產生與之相應的電阻變化量	①精度高 ②測量範圍廣 ③頻率特性好 ④技術成熟	①存在非線性誤差 ②訊號輸出微弱
電感式	在力/力矩作用產生與之相應的電感量的變化	①高靈敏度和高解析度 ②線性度好 ③重複性高	①不適於動態測量 ②可靠性不高
光電式	基於光電效應在力/力矩作用下產生與之相應的光學量的變化	①可靠性高 ②測量範圍廣 ③動態響應好	①價格昂貴 ②對測試環境要求高
壓電式	基於正壓電效應在力/力矩作用產生與之相應的電荷量的變化	①動態響應好 ②精度高和解析度高 ③結構緊湊、尺寸小 ④剛度強	①存在電荷泄漏，靜態力測量困難 ②解析度不高

2.3 電阻式多維力/力矩感測器的檢測原理

從以上的分析可知，智慧機器人廣泛使用的多維力/力矩感測器都基於電阻式檢測方法，其中又以應變電測和壓阻電測最為常見。如圖 2-5 所示，基於應變電測技術的力/力矩資訊檢測方法一般分以下幾步完成感測器所受力/力矩到等量力/力矩資訊輸出的過程。

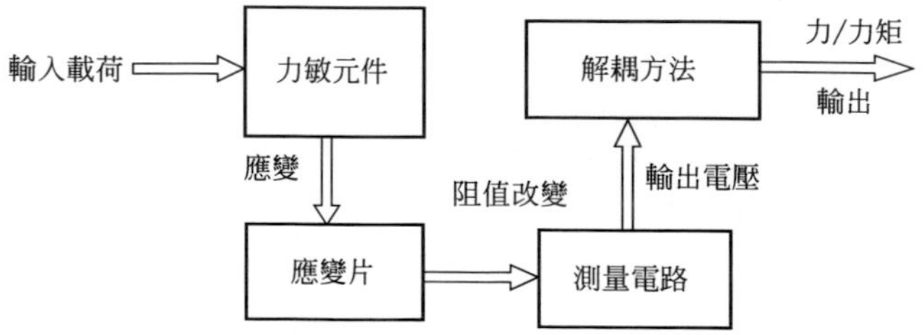

圖 2-5 基於應變電測的力/力矩資訊檢測原理

① 載荷——彈性應變：起載荷作用的感測器的彈性體發生與所受載荷成一定關係的極微小應變。即：

$$\varepsilon = f(F) \tag{2-1}$$

式中，ε 和 F 分別表示彈性體發生的應變和所受載荷。

② 彈性應變——應變片阻值的變化：彈性體上的應變片組也會發生與粘貼位置相同的變形和應變。由於應變片的電阻值與其發生的應變成線性關係，因此應變片電阻值的變化為：

$$\Delta R / R = G_{\mathrm{f}} \varepsilon \tag{2-2}$$

式中，G_{f} 為應變片的靈敏係數；ΔR 和 R 分別為應變片的電阻變化值和電阻初始值。因此，應變片發生的電阻值變化為：

$$\Delta R = G_{\mathrm{f}} R \varepsilon = G_{\mathrm{f}} R f(F) \tag{2-3}$$

③ 阻值的變化——電壓輸出：透過相應的檢測電路將阻值的變化變成電流或電壓的變化，以便進行下一步資訊處理工作。應變片電測方法一般採用兩種測量電路。當採用如圖 2-6 所示的橋式檢測電路時，輸出電壓可以表達為：

$$V_{\mathrm{O}} = U_{\mathrm{BC}} - U_{\mathrm{AC}} = \frac{R_1 R_3 - R_2 R_4}{(R_1 + R_2)(R_3 + R_4)} V_{\mathrm{E}} \tag{2-4}$$

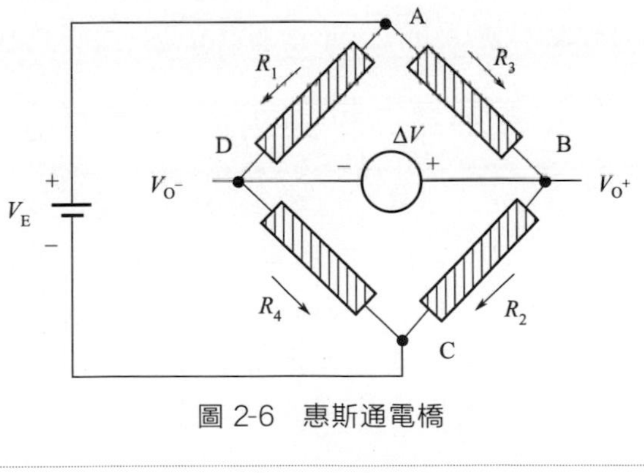

圖 2-6　惠斯通電橋

在滿足電橋平衡條件下，輸出電壓變化可透過下式獲得：

$$\Delta V_{\mathrm{O}} = \frac{R_1 R_2}{(R_1 + R_2)^2} \left(\frac{\Delta R_1}{R_1} - \frac{\Delta R_2}{R_2} + \frac{\Delta R_3}{R_3} - \frac{\Delta R_4}{R_4} \right) V_{\mathrm{E}} \tag{2-5}$$

透過將不同數量的支路接入應變片，當 $R_1 = R_2$、$R_3 = R_4$ 且有兩個臂接入應變片時，稱為半橋，其輸出電壓的變化量為：

$$\Delta V_{\mathrm{O}} = \frac{V_{\mathrm{E}}}{4} \left(\frac{\Delta R_1}{R_1} - \frac{\Delta R_2}{R_2} + \frac{\Delta R_3}{R_3} - \frac{\Delta R_4}{R_4} \right) \tag{2-6}$$

當 $R_1=R_4$，$R_3=R_2$ 時，如令 $R_2/R_1=R_3/R_4=a$，則：

$$\Delta V_O=\frac{aV_E}{(1+a)^2}\left(\frac{\Delta R_1}{R_1}-\frac{\Delta R_2}{R_2}+\frac{\Delta R_3}{R_3}-\frac{\Delta R_4}{R_4}\right) \tag{2-7}$$

具體使用時，通常將四個橋臂都接入阻值相同的應變片，可得全橋檢測時的輸出電壓變化量為：

$$\Delta V_O=\frac{V_E G_f}{4}(\varepsilon_1-\varepsilon_2+\varepsilon_3-\varepsilon_4) \tag{2-8}$$

④ 電壓輸出——力/力矩資訊輸出：感測器應變片各組輸出與其所受的載荷關係可以用檢測矩陣來表示：

$$\boldsymbol{S}=\boldsymbol{TF} \tag{2-9}$$

式中，$\boldsymbol{S}=[S_1,S_2,S_3,\cdots]^T$ 表示感測器各應變片組的輸出；$\boldsymbol{T}$ 表示感測器的檢測矩陣；$\boldsymbol{F}=[F_1,F_2,F_3,\cdots]^T$ 表示感測器所受載荷，F_i 表示為第 i 維力/力矩。

感測器所受力/力矩經解耦矩陣可得：

$$\boldsymbol{F}=\boldsymbol{T}^{-1}\boldsymbol{S} \tag{2-10}$$

當應變片組數大於感測器的維數，且檢測矩陣的維數等於感測器的維數時，應透過廣義逆矩陣方法來計算：

$$\boldsymbol{F}=(\boldsymbol{T}^T\boldsymbol{T})^{-1}\boldsymbol{T}^T\boldsymbol{S} \tag{2-11}$$

為了控制器使用方便，把所獲得的力/力矩轉換成機器人末端執行器座標系下的表示：

$$\begin{bmatrix}\boldsymbol{F}_c\\ \boldsymbol{M}_c\end{bmatrix}=\begin{bmatrix}\boldsymbol{R}_s^c & 0\\ \boldsymbol{S}(\boldsymbol{r}_{cs}^c)\boldsymbol{R}_s^c & \boldsymbol{R}_s^c\end{bmatrix}\begin{bmatrix}\boldsymbol{F}_s\\ \boldsymbol{M}_s\end{bmatrix} \tag{2-12}$$

式中，$\boldsymbol{F}_c$ 表示在手爪座標系下的三維力；$\boldsymbol{M}_c$ 表示在手爪座標系下的三維力矩；$\boldsymbol{R}_s^c$ 表示方向轉變矩陣；$\boldsymbol{r}_{cs}^c$ 表示在手爪座標中表示的起點在感測器座標系原點、終點在手爪座標系原點的矢量；$\boldsymbol{F}_s$ 表示在感測器座標系下的三維力；$\boldsymbol{M}_s$ 表示在手爪座標系下的三維力矩資訊；$\boldsymbol{S}(*)$ 表示斜對稱算子，其定義為：

$$\boldsymbol{S}(\boldsymbol{r})=\begin{bmatrix}0 & -r_z & r_y\\ r_z & r_y & -r_x\\ -r_y & r_x & 0\end{bmatrix} \tag{2-13}$$

圖 2-7 和圖 2-8 所示為設計的五維力/力矩感測器的應變片布片圖、實物圖和組橋示意圖。

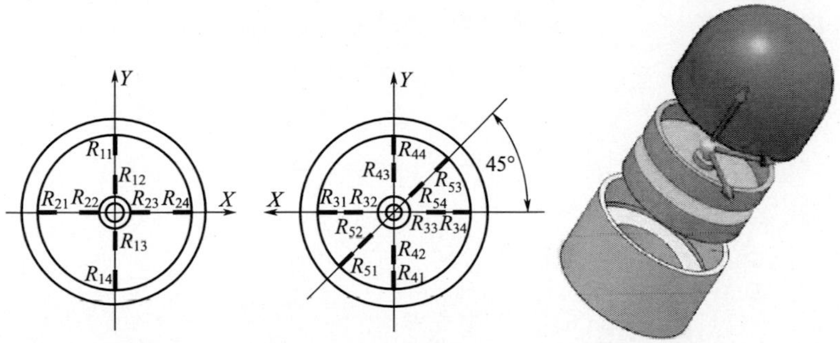

圖 2-7　五維力/力矩感測器應變片布片示意圖及實物圖

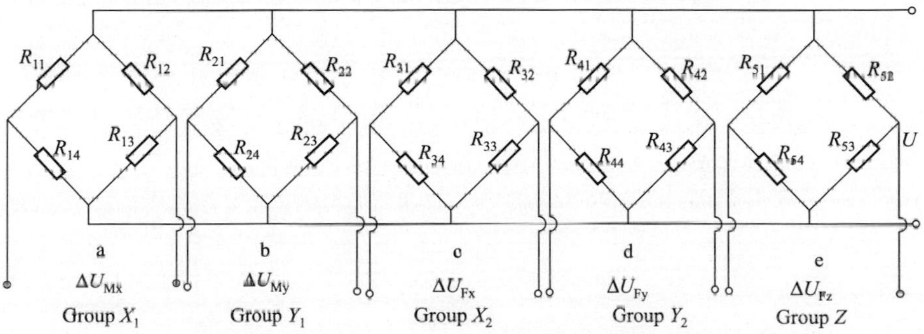

圖 2-8　五維力/力矩感測器應變片組橋示意圖

由上面的分析可得各橋路在相應的載荷下輸出如下：

$$\begin{aligned}\Delta U_{x1} &= \frac{U}{4}\left(\frac{\Delta R_{11}}{R_{11}}-\frac{\Delta R_{12}}{R_{12}}+\frac{\Delta R_{13}}{R_{13}}-\frac{\Delta R_{14}}{R_{14}}\right)\\ &= \frac{U}{4}\left[2\left(\frac{\Delta R_{11}}{R_{11}}\right)_{\varepsilon}-2\left(\frac{\Delta R_{12}}{R_{12}}\right)_{\varepsilon}\right]=\frac{UK}{2}(\varepsilon_{11}+|\varepsilon_{12}|)\end{aligned} \tag{2-14}$$

$$\begin{aligned}\Delta U_{y1} &= \frac{U}{4}\left(\frac{\Delta R_{21}}{R_{21}}-\frac{\Delta R_{22}}{R_{22}}+\frac{\Delta R_{23}}{R_{23}}-\frac{\Delta R_{24}}{R_{24}}\right)\\ &= \frac{U}{4}\left[2\left(\frac{\Delta R_{21}}{R_{21}}\right)_{\varepsilon}-2\left(\frac{\Delta R_{22}}{R_{22}}\right)_{\varepsilon}\right]=\frac{UK}{2}(\varepsilon_{21}+|\varepsilon_{22}|)\end{aligned} \tag{2-15}$$

$$\begin{aligned}\Delta U_{x} &= \frac{U}{4}\left(\frac{\Delta R_{31}}{R_{31}}-\frac{\Delta R_{32}}{R_{32}}+\frac{\Delta R_{33}}{R_{33}}-\frac{\Delta R_{34}}{R_{34}}\right)\\ &= \frac{U}{4}\left[2\left(\frac{\Delta R_{31}}{R_{31}}\right)_{\varepsilon}-2\left(\frac{\Delta R_{32}}{R_{32}}\right)_{\varepsilon}\right]=\frac{UK}{2}(\varepsilon_{31}+|\varepsilon_{32}|)\end{aligned} \tag{2-16}$$

$$\Delta U_y = \frac{U}{4}\left(\frac{\Delta R_{41}}{R_{41}} - \frac{\Delta R_{42}}{R_{42}} + \frac{\Delta R_{43}}{R_{43}} - \frac{\Delta R_{44}}{R_{44}}\right)$$
$$= \frac{U}{4}\left[2\left(\frac{\Delta R_{41}}{R_{41}}\right)_{\varepsilon} - 2\left(\frac{\Delta R_{42}}{R_{42}}\right)_{\varepsilon}\right] = \frac{UK}{2}(\varepsilon_{41} + |\varepsilon_{42}|) \tag{2-17}$$

$$\Delta U_z = \frac{U}{4}\left(\frac{\Delta R_{51}}{R_{51}} - \frac{\Delta R_{52}}{R_{52}} + \frac{\Delta R_{53}}{R_{53}} - \frac{\Delta R_{54}}{R_{54}}\right)$$
$$= \frac{U}{4}\left[2\left(\frac{\Delta R_{51}}{R_{51}}\right)_{\varepsilon} - 2\left(\frac{\Delta R_{52}}{R_{52}}\right)_{\varepsilon}\right] = \frac{UK}{2}(\varepsilon_{51} + |\varepsilon_{52}|) \tag{2-18}$$

2.4 智慧機器人多維力/力矩感測器的發展

力覺感知系統在現代機器人工業技術的發展及應用中產生舉足輕重的作用，同時也對力覺感知系統提出了更高更嚴格的要求。表 2-3 顯示了智慧機器人力感測器在各個年代的研究熱度。

表 2-3 各資料庫關於智慧機器人力感測器文獻統計

年代	IEEE library	Compendex	ASME Digital Collection	SPIE Digital library	SpringerLink
1980～1989	2	0	0	0	—
1990～1999	126	61	2	6	110
2000～2009	608	649	171	173	1144
2010 至今	346	404	181	145	744

傳統的力覺感知系統還存在如下問題。

① 為了檢測機器人操控時笛卡兒座標系中的三維力及三維力矩資訊，感知系統的機械本體結構一般都比較複雜，導致很難用經典力學知識來建立精確理論模型，這給感知系統的建模、資訊獲取與處理帶來一定的困難。

② 幾乎所有傳統力覺感知系統都存在不可消除的維間耦合，而且部分耦合還有非線性的特徵，這就給感測器的解耦、精度提高帶來極大的困難。雖然目前許多研究學者提出了一系列的非線性解耦方法，能有效地消除維間耦合，但往往比較複雜，而且計算量很大，所需計算時間較長，給即時檢測帶來限制。

③ 訊號採集及處理對感知系統各維的輸出提出各維同性的要求，即要求各維在最大量程時的輸出大小相近，以便採用相同的放大倍數及電子元器件，也有利於各維精度保持一致。傳統的感知系統都基於簡化的模型或者設計師的經驗來進行設計，因此各維同性很難達到。

④ 傳統的力覺感知系統的剛度性能及靈敏度性能往往是一種矛盾關係，為保證系統的高可靠性，其剛度必須相應地較高，此時靈敏度將相應地下降，反之亦然。

全柔性並聯機構因為具備結構緊湊、重量輕、體積小、剛度大、承載能力強、動態性能好等優良特性被廣泛研究及應用到多個科學研究領域。針對以上缺陷，研究者發現全柔性並聯機構作為一種新型機構很適合被用作微細操控系統中力覺感知系統的機械本體結構，因為其具有如下諸多特徵。

① 目前並聯機構和全柔性機構的相關理論發展比較成熟，如並聯機構的靜態運動學分析、剛度分析、動態性能分析等理論都有了比較透徹的理解。

② 提供無/微耦合的多維力/力矩資訊：與傳統的感知系統用同一個彈性體來檢測多維力/力矩資訊的不同，基於全柔性並聯機構的力覺感知系統用並聯機構的多條支鏈來實現多維力/力矩的感知與檢測，理論上可以提供無/微耦合的多維力/力矩資訊。

③ 提供各維同性的多維力/力矩資訊：根據並聯機構的靜態力學理論分析，並聯機構的全局剛度矩陣反映了所承受載荷與並聯機構動平臺發生的微小位移的關係。利用全局剛度的相關理論，可以使各維之間具有各維同性的特點。

④ 解決傳統力覺感知系統的剛度和靈敏度之間的矛盾關係，微細操控系統的剛度取決於其中剛度最小的環節（一般為力覺感知模組）。傳統的力覺感知系統一般以犧牲其靈敏度來達到高剛度的要求。基於全柔性並聯機構的力覺感知系統由於多條柔性支鏈的存在，可以同時具備高剛度和高靈敏度。

⑤ 基於全柔性並聯機構的力覺感知系統，用柔性鉸鏈代替傳統關節來消除因其引起的間隙、摩擦、緩衝等誤差，使其具有高穩定性、零間隙、無摩擦、高重複性等特性，成為了一種性能優良的力覺感知系統。

總的來說，機器人多維力/力矩資訊獲取的關鍵技術與挑戰主要展現在以下幾個方面。

① 利用新材料、新工藝實現系統微型化、集成化、多功能化，利用新原理、新方法實現更多種類的資訊獲取，再輔以先進的資訊處理技術提高感測器的各項技術指標，以適應更廣泛的應用需求。目前，微電子、電腦、大規模集成電路等技術正日趨成熟，光電子技術也進入了發展中期，超導電子、光纖與量子通訊等新技術也已進入了發展應用初期，這些新技術均為加速設計和研製下一代新型機器人多維力/力矩資訊獲取系

統提供了有利發展的條件。

② 生物醫學工程、材料科學及細微系統識別和操作等應用環境中的微細操作（如細胞操作等應用）需要微牛（micro-Newtons，10^{-6}N）甚至納牛（nano-Newtons，10^{-9}N）級的多維力/力矩資訊獲取系統來保證微細操作的精確性和可靠性，傳統的多維力/力矩感測器無法滿足這種需求（如傳統 ATI Nano17 系列的感測器的力和力矩的解析度分別在 3.1mN 和 15.6mN・m）。引進先進的 MEMS 製造工藝及方法，將傳統的六維力/力矩感測器微型化、集成化，使解析度達到微牛甚至納牛的級別，利用先進的資訊處理技術控制系統的噪音水準在系統允許的範圍，可以設計和製造出完全滿足微細操作需求的微牛級和納牛級的多維力/力矩資訊獲取系統。

③ 從微處理器帶來的數位化革命到虛擬儀器的高速發展，從簡單的工業機械臂到複雜的仿人形機器人，各種應用環境對感測器的綜合性能精度、穩定可靠性和動態響應等性能要求越來越高，傳統的多維力/力矩感測器已經不能適應現代機器人技術中的多種測試要求。隨著微處理器技術和微機械加工技術等新技術的發明和它們在感測器上的應用，智慧化的感知系統被人們所提出和關注。從功能上講，智慧感知系統不僅能夠完成訊號的檢測、變換處理、邏輯判斷、功能計算、雙向通訊，而且內部還可以實現自檢、自校、自補償、自診斷等功能。具體來說，智慧化的多維力/力矩感知系統應該具備即時、自標定、自檢測、自校準、自補償（如溫漂補償、零漂補償、非線性補償等）、自動診斷、網路化、無源化、一體化（如與線加速度和角加速度等感知功能整合）等部分或者全部功能。

參考文獻

[1] Jae-jun Park, Kihwan Kwon, Nahmgyoo Cho. Development of a coordinate measuring machine (CMM) touch probe using a multi-axis force sensor [J]. Measurement Science and Technology, 2006 (17): 2380-2386.

[2] Gailler A, Reboulet C. An Isostatic six component force and torque sensor[C]. Proc. 13th Int. Symposium on Industrial Robotics, 1983.

[3] Dwarakanath T A, Bhaumick T K, Venkatesh D. Implementation of Stewart

Platform Based Force-Torque Sensor [C]. Proceedings of the IEEE/SICE/RSJ International Conference on Multisensor Fusion and Integration for Intelligent Systems，1999: 32-37.

[4] Ranganath R，Nair P S，Mruthyunjaya T S. A force-torque sensor based on a Stewart Platform in a near-singular configuration [J]. Mechanism and Machine Theory，2004，39 (9)：971-998.

[5] Nguyen C，Antrazi S，Zhou Z. Analysis and implementation of a 6-dof Stewart platform-based force sensor for passive compliant robotic assembly [C]. Proceedings of the IEEE SOUTHEASTCON，1991: 880-84.

[6] Dasgupta B，Reddy S，Mruthyunjaya T S. Synthesis of a force-torque sensor based on the Stewart platform mechanism[C]. Proceedings of the National Convention of Industrial Problems in Machines and Mechanisms (IPROMM' 94)，Bangalore，India，1994: 14-23.

[7] Liang Q，Zhang D，Coppola G，et al. Multi-dimensional MEMS/micro sensor for force and moment sensing: A review [J]. IEEE Sensors Journal，2014，14 (8)：2643-2657.

[8] 梁橋康，王耀南，孫煒．智慧機器人力覺感知技術及其應用[M]. 長沙：湖南大學出版社，2018.

第3章

行動機器人環境視覺感知

智慧機器人能透過自身感測器獲取周圍環境的資訊和自身狀態，實現在有障礙物的環境中自主向目標運動，進而完成特定任務。智慧機器人要實現在未知環境中的自主導航，必須即時、有效、可靠地獲取外界環境資訊。常用的感測器包括聲納感測器、紅外感測器、雷射測距儀和視覺感測器等，它們獲取的資訊通常為一維距離資訊或二維圖像資訊，面對越來越複雜的場景，這兩類資訊難以完全描述環境，為此，相關研究人員採用基於立體視覺技術的三維資訊獲取、基於雷射掃描儀的三維資訊獲取、基於 TOF 攝影機的三維資訊獲取等方案。

3.1 3D 攝影機

近年來，3D 攝影機的出現引起了廣泛關注，如微軟 Kinect 攝影機、Swiss-ranger 的 SR 系列三維攝影機等，其特點是可即時獲取空間場景的圖像資訊以及圖像像素點對應的空間三維資訊，從而在三維地圖創建和場景目標分割識別方面具有巨大的應用潛力。

但是，三維攝影機深度測量的精度受積分時間、目標反射率、測量距離、運動速度和環境條件（溫度、多重反射、模糊測量範圍）等影響，提供的場景圖像解析度低（如 SR3000 攝影機圖像的解析度僅為 176×144），從而嚴重制約了其應用範圍。為提高三維攝影機的深度資訊精度，解決解析度低的問題，Linder 和 Kahlmann 等[1,2] 先後提出了三維攝影機標定改進方案，以提高測量精度和可靠性，Falie 等[3] 針對深度資訊誤差進行了分析，針對結構化環境提出了一些解決方案。

Prasad 等[4] 提出利用傳統插補方法提高解析度的方案，Sigurjón 等[5] 提出 SR3000 攝影機與立體攝影機的融合方案，Kuhnert 等[6] 提出了 PMD 三維攝影機與立體攝影機的融合方案，Huhle 等[7] 提出利用超解析度技術實現 PMD 攝影機與高精度彩色攝影機融合提高解析度的方法，Hansard 等[8] 提出了一種 TOF 攝影機和彩色攝影機的交叉標定方案，餘洪山等提出三維攝影機和二維攝影機融合的高精度三維視覺資訊解決方案，實現高品質高解析度的二維彩色圖像和深度圖像的即時獲取。三維視覺在環境感知方面的顯著特性和巨大應用潛力，引起了世界範圍企業巨頭和研究機構的普遍關注，如微軟在 Kinect 三維攝影機取得巨大成功後於 2013 年下半年推出了 Kinect 2.0；Apple 公司於 2013 年 11 月宣布收購 PrimeSense 三維視覺感測器公司；Intel 公司在 2014 年 1 月的 International CES 大會上推出了 RealSense 微型三維視覺感測器。微軟、

Intel、Apple 和 Google 公司在三維視覺領域的積極投入，必將推動三維視覺成像領域的飛速發展，將機器人感知帶入模擬人類視覺感知的全三維空間。

SR-3000 是瑞士 MESA Imaging AG 公司開發的一種基於 TOF 原理的三維攝影機。SR-3000 由 55 個 LED 組成的陣列提供光源，其功耗僅 1W。該攝影機圖像精度為 176×144 像素，其測量的最大有效距離達 7.5m，處理速度可到 30 幀/s，視場範圍為 47.5°×39.6°，對於景深 7.5m 處的環境，該攝影機的成像面積為 6.5m(寬)×5m(高)，成像精度可達 12.8cm^2。其測量精度適中、體積小、重量輕，適用於行動機器人的近距離導航。圖 3-1(a) 給出了利用 SR-3000 在實驗室內獲取的灰度圖像，圖 3-1(b) 為 SR-3000 獲取的該場景對應的深度資訊，圖中用不同的顏色區分場景中物體到攝影機的不同距離。

(a) SR-3000獲取的灰度資訊　　(b) SR-3000獲取的深度資訊

圖 3-1　SR-3000 獲取的灰度和深度資訊

3.1.1　SR-3000 內參數標定

採用線性針孔攝影機模型描述 SR-3000。其關係表示如下：

$$\boldsymbol{Z}_{\mathrm{C}}\begin{bmatrix}u\\v\\1\end{bmatrix}=\begin{bmatrix}\alpha_{\mathrm{u}} & 0 & u_0\\0 & \alpha_{\mathrm{v}} & v_0\\0 & 0 & 1\end{bmatrix}\begin{bmatrix}1&0&0&0\\0&1&0&0\\0&0&1&0\end{bmatrix}\begin{bmatrix}X_{\mathrm{c}}\\Y_{\mathrm{c}}\\Z_{\mathrm{c}}\\1\end{bmatrix} \tag{3-1}$$

其中 $\begin{bmatrix}\alpha_{\mathrm{u}} & 0 & u_0\\0 & \alpha_{\mathrm{v}} & v_0\\0 & 0 & 1\end{bmatrix}$ 為攝影機內參數矩陣，記作 $\boldsymbol{A}$，僅和攝影機自身結構有關，SR-3000 的焦距保持固定，因此其內參數在工作過程中不會

變化。採用張正友的平面模板標定法離線標定 SR-3000，標定過程中所用的部分圖像如圖 3-2 所示。

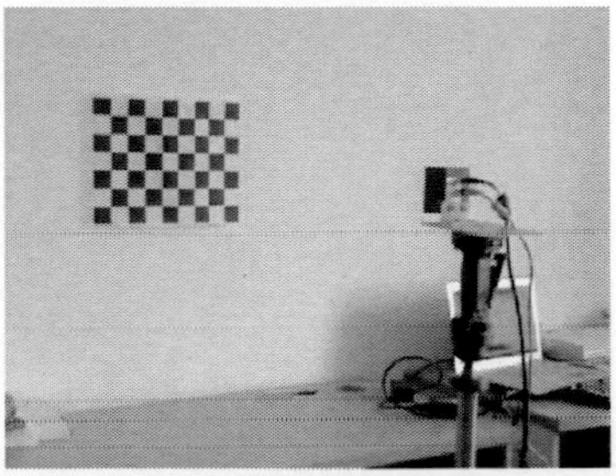

(a) 標定實驗場景

(b) 標定過程中SR-3000所獲取的部分標定板圖像

圖 3-2　SR-3000 內參數標定

透過標定可得到 SR-3000 的內部參數矩陣為 $\boldsymbol{A}=\begin{bmatrix}207.7472 & 0 & 78.1026\\ 0 & 212.6269 & 70.6881\\ 0 & 0 & 1\end{bmatrix}$。求解出內參數矩陣 $\boldsymbol{A}$ 後，由於距離 Z 可即時透過 SR-3000 獲取，由對應像點可直接確定攝影機座標下的位置，可計算出攝影機圖像中像素（u,v）對應的空間資訊(X,Y,Z)座標。針對如圖 3-1(a) 和圖 3-3(a) 所示的場景，根據其灰度資訊和深度資訊，結合上面的標定結果可分別還原得到如圖 3-3(c) 所示兩個場景的三維資訊。

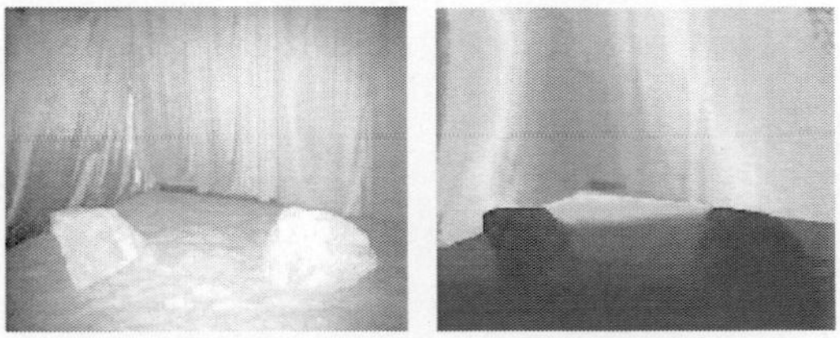

(a) 場景灰度資訊　　(b) 場景深度資訊

圖 3-3

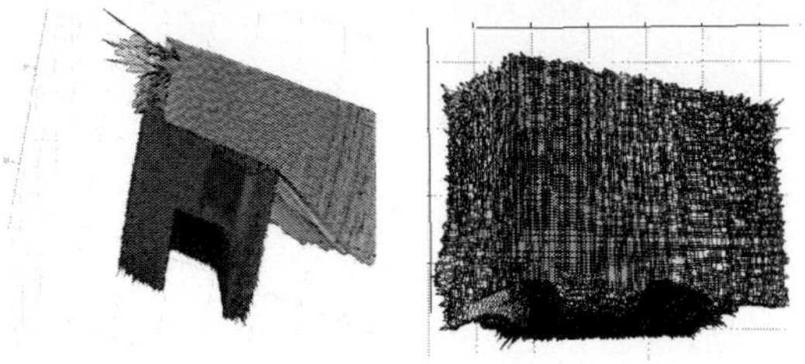

(c) 三維重建結果

圖 3-3 SR-3000 所獲取資訊的三維重建

3.1.2 SR-3000 深度標定

在實際應用中，SR-3000 的測量距離有誤差產生，May 等[9]、Guðmundsson 等[10] 先後從環境因素、TOF 的原理、攝影機硬體等方面分析總結了產生測量距離誤差的原因，分為非系統誤差（non-systematic errors）和系統誤差（systematic errors）。

（1）非系統誤差

存在三種典型的非系統誤差。

① 系統本身無法克服的低信噪比會造成測量結果扭曲。一種解決方案是增加曝光時間和增大光照強度或透過算法對振幅濾波。

② 由角落、空洞、不規則物體等引起的多重反射，導致接收到的近紅外訊號其實是傳播了不同距離的重疊訊號。

③ 攝影機的鏡頭會發生光的散射。因此，在測量中近處光亮的物體將與背景物體重疊，這樣顯得離背景更近。因為現場觀測的拓撲結構無法透過先驗獲得，所以後兩種影響是無法預測的。

（2）系統誤差

① SR-3000 的測量基礎為假定發射光是正弦波，實際中這僅僅是一種近似情況。

② 由於採集像素的電子元件具有非線性特性，會導致振幅相關誤差。因此，測量得到的距離會因為物體反射率的不同而變化。

③ 存在一個固定的相位噪音模式。感應晶片上的像素是連續的，因此每個像素的觸發都依賴於該像素在晶片上的位置。像素相對於訊號發生器越遠，像素的測量偏移量就越高。這三種誤差可以透過校準控制。

其中一些誤差是測量原理本身的原因，無法糾正。剩下的其他誤差可透過校準來預測和校正。如圖 3-4 所示，固定一標準板，將 SR-3000 距離標準板從 1～7m 以 10cm 為間隔變化，在每個距離透過 SR-3000 獲取 100 組數據。其中，圖（b）～圖（g）為部分 SR-3000 獲取的灰度圖，圖中虛線所包括區域為樣本點。

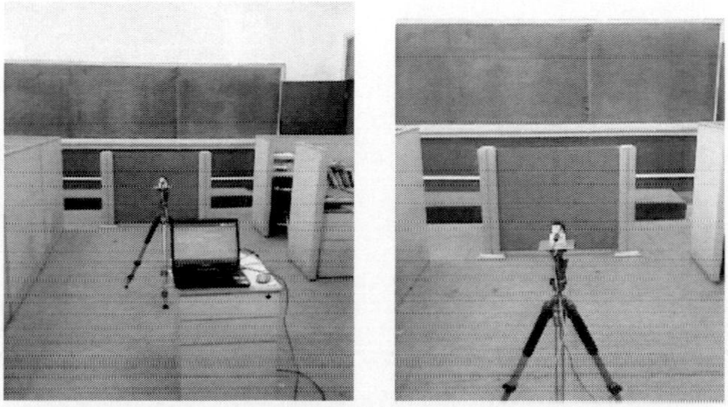

(a) 實驗場景

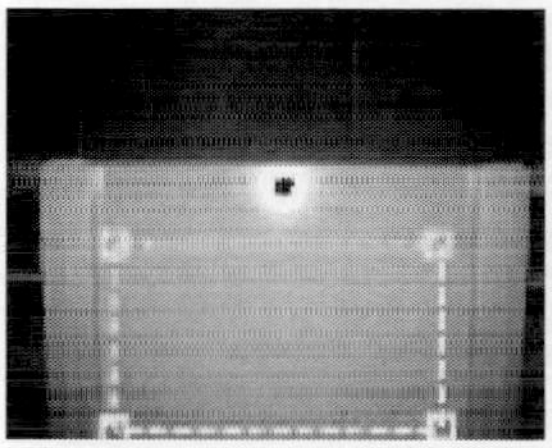

(b) 攝影機距離標準板1m

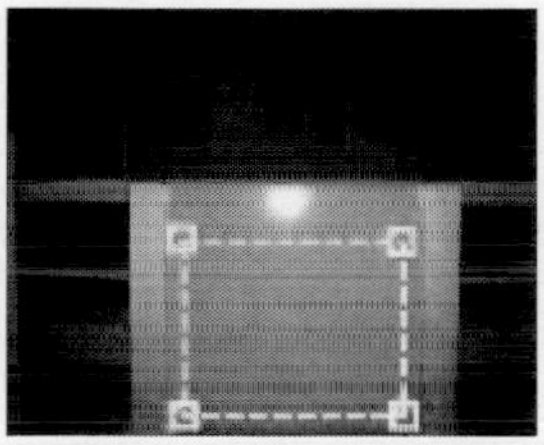

(c) 攝影機距離標準板1.8m

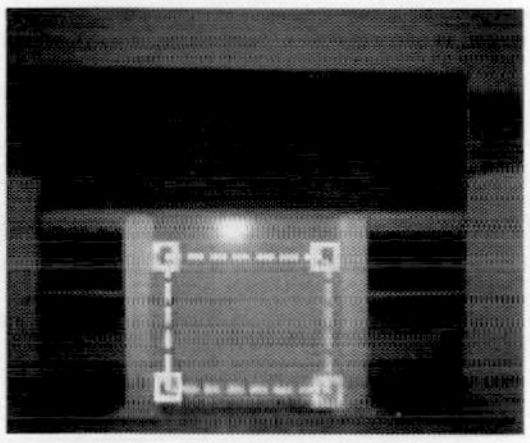

(d) 攝影機距離標準板2.4m

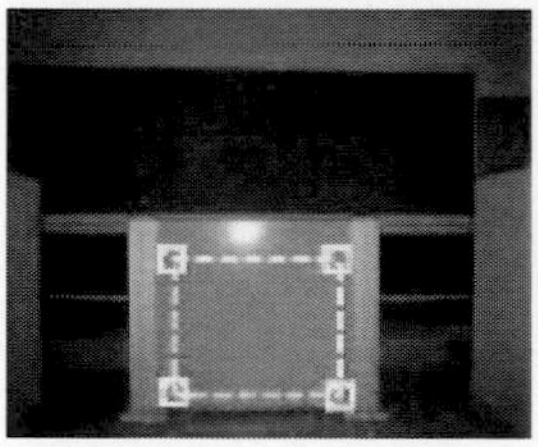

(e) 攝影機距離標準板3.2m

(f) 攝影機距離標準板4.8m

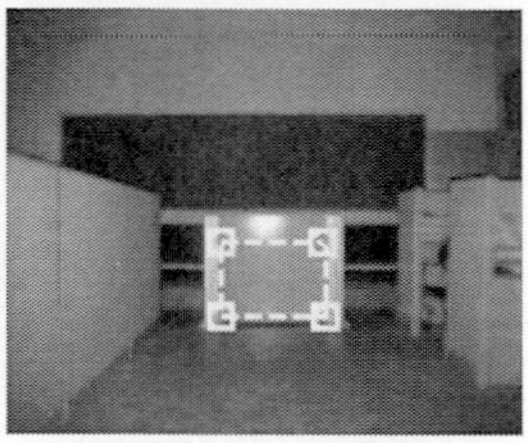

(g) 攝影機距離標準板5.4m

圖 3-4　SR-3000 測量標準距離

圖 3-5 給出了實際距離與測量距離的誤差，隨著距離的增加，誤差也增大，平均測量距離與實際距離的最大偏差達 10cm，因此在用於行動機器人導航前必須經過校正。

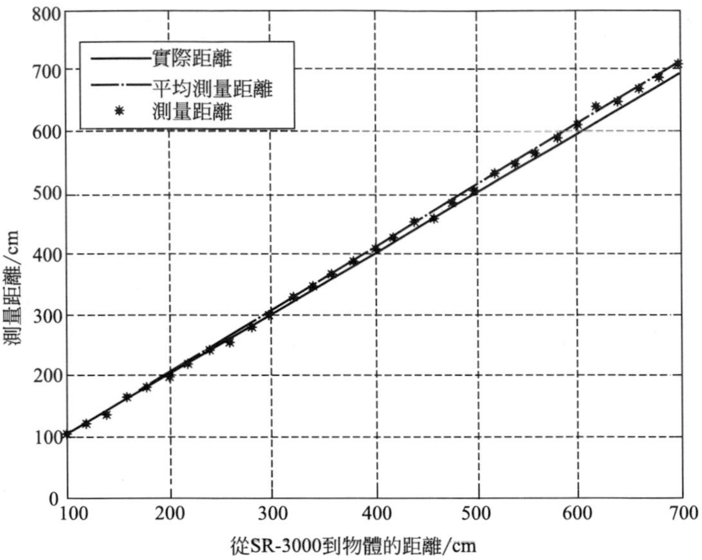

圖 3-5　SR-3000 的測量誤差

為了校準 SR-3000 的距離測量誤差，可以透過訓練神經網路即時處理 SR-3000 獲取距離值的方法。如圖 3-6 所示，該神經網路為四層結構，單輸入、單輸出，分別為 SR-3000 獲取的距離值和對應的校準值，第一個隱層有 6 個節點，第二個隱層的節點為 2 個。

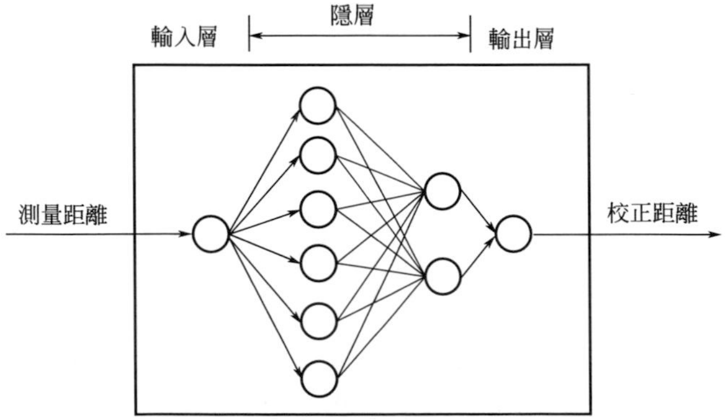

圖 3-6　神經網路距離校正模型

神經網路訓練是神經網路設計過程中非常重要的步驟，以下詳細介紹關於距離校正模型所涉及的訓練樣本、性能指標函數和訓練算法。

(1) 訓練樣本

SR-3000 在某個距離獲取 5 幀的距離資訊，以 $d_i(i=1,2,3,\cdots,5)$ 表示，並求得它們的平均值 $\overline{d}$，以此作為神經網路的輸入。神經網路的目標輸出為當前的實際距離 d_{standard}。由 $\{\overline{d},d_{\text{standard}}\}$ 組成訓練樣本對。

(2) 性能指標函數

樣本集合 $\{p_1,t_1\},\{p_2,t_2\},\cdots,\{p_n,t_n\}$，$p_q$ 為網路的輸入，t_q 為神經網路的期望輸出。相對每一個輸入樣本，神經網路相應有一個輸出集合：$\{p_1, o_1\}$，$\{p_2, o_2\}$，……，$\{p_n, o_n\}$，其中 o_q 為實際的輸出。對於一個輸入樣本，定義期望值 t_q 與實際輸出 o_q 之間的偏差為：

$$e(q)=t_q-o_q \tag{3-2}$$

神經網路的性能指標函數這裡採用均方差函數：

$$F(X)=\frac{1}{n}\sum_{q=1}^{n}[(t_q-o_q)^2] \tag{3-3}$$

(3) 神經網路訓練算法

① Levenberg-Marquardt 算法　Levenberg-Marquardt 算法模型表示為[11]：

$$X_{k+1}=X_k-[\boldsymbol{J}^{\mathrm{T}}(X_k)\boldsymbol{J}(X_k)+\mu_k I]^{-1}\boldsymbol{J}^{\mathrm{T}}(X_k)\boldsymbol{V}(X_k) \tag{3-4}$$

或 $$\Delta X_k=X_{k+1}-X_k=[\boldsymbol{J}^{\mathrm{T}}(X_k)\boldsymbol{J}(X_k)+\mu_k I]^{-1}\boldsymbol{J}^{\mathrm{T}}(X_k)\boldsymbol{V}(X_k) \tag{3-5}$$

該算法步驟如下。

a. 將所有輸入提交給網路，根據式(3-6) 和式(3-7) 計算對應的網路輸出及其誤差 $e_q=t_q-o_q$。根據式(3-3) 對所有輸入求取平方誤差之和 $F(X)$。

$$a^0=p \tag{3-6}$$

$$a^{m+1}=f^{m+1}(w^{m+1}a^m+b^{m+1}),\quad m=0,1,\cdots,M-1 \tag{3-7}$$

式中，m 為神經網路的第 m 層；a^m 為第 m 層的輸出，同時作為下一層的輸入；w^m 為第 m 層的權值；b^m 為偏置；$f^m()$ 為傳遞函數。

b. 計算如式(3-10) 所示的雅可比矩陣。首先利用式(3-14) 初始化敏感度，然後根據式(3-16) 遞歸計算敏感度。由式(3-17) 將各獨立的矩陣增廣到 Marquardt 敏感度中，並由式(3-12) 得到雅可比矩陣中元素。

Q 個樣本集合的誤差向量為：

$$\boldsymbol{V}^{\mathrm{T}}=[v_1\quad v_2\quad\cdots\quad v_N]=[e_{1,1}\quad e_{2,1}\quad\cdots\quad e_{S^M,1}\quad e_{1,2}\quad\cdots\quad e_{S^M,Q}] \tag{3-8}$$

擬調整的權值參數向量為：

$$\boldsymbol{X}^{\mathrm{T}}=[x_1 \quad x_2 \quad \cdots \quad x_N]=[w_{1,1}^1 \quad w_{1,2}^1 \quad \cdots \quad w_{S^1,R}^1 \quad w_{1,1}^2 \quad \cdots \quad w_{S^M,S^{M-1}}^M] \tag{3-9}$$

多層網路訓練的雅可比矩陣可表示為：

$$\boldsymbol{J}(\boldsymbol{X})=\begin{bmatrix} \frac{\partial e_{1,1}}{\partial w_{1,1}^1} & \frac{\partial e_{1,1}}{\partial w_{1,2}^1} & \cdots & \frac{\partial e_{1,1}}{\partial w_{S^1,R}^1} & \cdots & \frac{\partial e_{1,1}}{\partial w_{S^M,S^{M-1}}^M} \\ \frac{\partial e_{2,1}}{\partial w_{1,1}^1} & \frac{\partial e_{2,1}}{\partial w_{1,2}^1} & \cdots & \frac{\partial e_{2,1}}{\partial w_{S^1,R}^1} & \cdots & \frac{\partial e_{2,1}}{\partial w_{S^M,S^{M-1}}^M} \\ \vdots & \vdots & & \vdots & & \vdots \\ \frac{\partial e_{S^M,1}}{\partial w_{1,1}^1} & \frac{\partial e_{S^M,1}}{\partial w_{1,2}^1} & \cdots & \frac{\partial e_{S^M,1}}{\partial w_{S^1,R}^1} & \cdots & \frac{\partial e_{S^M,1}}{\partial w_{S^M,S^{M-1}}^M} \\ \frac{\partial e_{1,2}}{\partial w_{1,1}^1} & \frac{\partial e_{1,2}}{\partial w_{1,2}^1} & \cdots & \frac{\partial e_{1,2}}{\partial w_{S^1,R}^1} & \cdots & \frac{\partial e_{1,2}}{\partial w_{S^M,S^{M-1}}^M} \\ \vdots & \vdots & & \vdots & & \vdots \\ \frac{\partial e_{S^M,Q}}{\partial w_{1,1}^1} & \frac{\partial e_{S^M,Q}}{\partial w_{1,2}^1} & \cdots & \frac{\partial e_{S^M,Q}}{\partial w_{S^1,R}^1} & \cdots & \frac{\partial e_{S^M,Q}}{\partial w_{S^M,S^{M-1}}^M} \end{bmatrix} \tag{3-10}$$

在 BP 算法中，由遞歸關係從輸出層返回至第一層計算敏感度。借鑒其思想，同樣可得到雅可比矩陣的各個項。重新將 Marquardt 敏感度定義為：

$$\tilde{s}_{i,h}^m=\frac{\partial v_h}{\partial n_{i,q}^m}=\frac{\partial e_{h,q}}{\partial n_{i,q}^m} \tag{3-11}$$

又因為，$h=(q-1)S^M+k$，則 Jacobian 矩陣：

$$[\boldsymbol{J}]_{h,l}=\frac{\partial v_h}{\partial x_l}=\frac{\partial e_{h,q}}{\partial w_{i,j}^m}=\frac{\partial e_{h,q}}{\partial n_{i,q}^m}\times\frac{\partial n_{i,q}^m}{\partial w_{i,j}^m}=\tilde{s}_{i,h}^m\times\frac{\partial n_{i,q}^m}{\partial w_{i,j}^m}=\tilde{s}_{i,h}^m a_{i,q}^{m-1} \tag{3-12}$$

計算 Marquardt 敏感度：

$$\tilde{s}_{i,h}^M=\frac{\partial v_h}{\partial n_{i,q}^M}=\frac{\partial e_{k,q}}{\partial n_{i,q}^M}=\frac{\partial(t_{k,q}-a_{k,q}^M)}{\partial n_{i,q}^M}=\frac{\partial a_{k,q}^M}{\partial n_{i,q}^M}=\begin{cases}-\dot{f}^M(n_{i,q}^M), i=k \\ 0, i\neq k\end{cases} \tag{3-13}$$

所有的輸入 p_q 作用於網路，並對應得到網路輸出 a_q^M，LM 反向傳播初始化：

$$\widetilde{\boldsymbol{S}}_q^M = -\dot{\boldsymbol{F}}^M(n_q^M) \tag{3-14}$$

$$\dot{\boldsymbol{F}}^m(n^m) = \begin{bmatrix} \dot{f}^m(n_1^m) & 0 & \cdots & 0 \\ 0 & \dot{f}^m(n_2^m) & \cdots & 0 \\ \vdots & \vdots & & \vdots \\ 0 & 0 & \cdots & \dot{f}^m(n_{S^m}^m) \end{bmatrix} \tag{3-15}$$

根據式(3-16) 對矩陣的各列反向傳播：

$$\widetilde{\boldsymbol{S}}_q^m = -\dot{\boldsymbol{F}}^m(n_q^m)(\boldsymbol{W}^{m+1})^T \widetilde{\boldsymbol{S}}_q^{m+1} \tag{3-16}$$

各層的總體 Marquardt 敏感度矩陣為：

$$\widetilde{\boldsymbol{S}}^m = [\widetilde{\boldsymbol{S}}_1^m \mid \widetilde{\boldsymbol{S}}_2^m \mid \cdots \mid \widetilde{\boldsymbol{S}}_Q^m] \tag{3-17}$$

c. 求解式(3-5) 有

$$\Delta X_k = X_{k+1} - X_k = [\boldsymbol{J}^{\mathrm{T}}(X_k)\boldsymbol{J}(X_k) + \mu_k I]^{-1} \boldsymbol{J}^{\mathrm{T}}(X_k)\mathbf{V}(X_k) \tag{3-18}$$

d. 利用 $X_k + \Delta X_k$ 反覆計算平方誤差之和。若新的和比第 a 步中計算的和小，則將 μ 除以 θ，並設 $X_{k+1} = X_k + \Delta X_k$，重新返回步驟 a；若和沒有減少，則將 μ 乘以 θ，執行步驟 c。

e. 一旦平方誤差和小於某一目標，算法終止。

② 神經網路訓練　這裡採用 Levenberg-Marquardt 算法離線訓練神經網路。為平衡訓練速度和收斂性，訓練過程分為兩個階段：

a. 選用較小規模的樣本集合 Q_1，當收斂至某一精度範圍 $\Delta\delta_1$ 時，停止訓練，進入下一步驟；

b. 選用全規模的樣本集合 Q_2 訓練，直到滿足設定的精度 $\Delta\delta_2$。最終訓練得到的權值和偏置向量分別如式(3-19) 和式(3-20) 所示。

$$\boldsymbol{w}_1 = \begin{bmatrix} -4.7950 \\ -5.2827 \\ -2.9562 \\ 2.2116 \\ -3.3371 \\ -6.4729 \end{bmatrix}, \boldsymbol{w}_2 = \begin{bmatrix} 0.2692 & 0.8123 \\ 3.2248 & 1.6234 \\ 0.4716 & -0.3989 \\ -0.1736 & -2.4746 \\ 0.1078 & -0.1348 \\ 0.7868 & -1.7105 \end{bmatrix}, \boldsymbol{w}_3 = [-2.5631 \; -0.4194] \tag{3-19}$$

$$\boldsymbol{b}_1=\begin{bmatrix}17.9233\\15.7407\\6.5654\\-1.4336\\1.2960\\-0.9789\end{bmatrix},\boldsymbol{b}_2=\begin{bmatrix}-3.8821\\-0.9320\end{bmatrix},\boldsymbol{b}_3=0.1979 \tag{3-20}$$

訓練後的神經網路用於校正測量距離誤差，神經網路的輸入為連續 5 幀距離的平均。為了驗證效果，在 1～7m 間任意選 31 個測量點，每個測量點上 SR-3000 獲取 100 個攝影機與標準板之間的距離。從每個觀測點所獲取的數據中隨機選取連續 5 幀數據求平均，其校正結果如圖 3-7 所示，可見誤差大大減小。

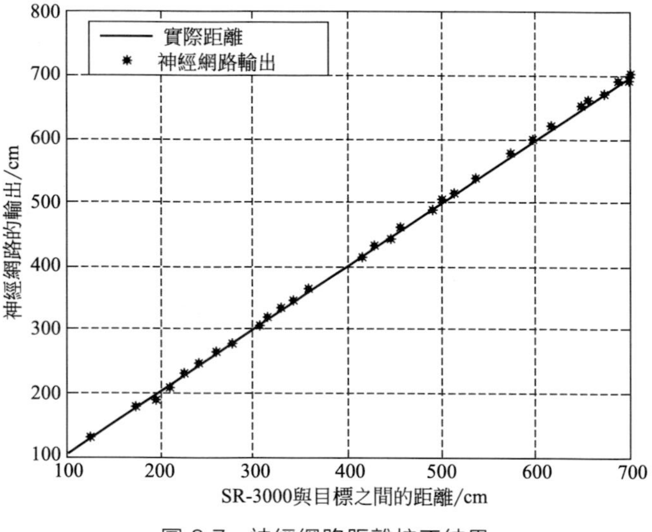

圖 3-7 神經網路距離校正結果

3.1.3 SR-3000 遠距離數位濾波算法

SR-3000 的有效測量範圍＜7.5m，當景深超過 7.5m 時，該部分的數據為 0～4m 之間跳動的隨機值，限制了該攝影機的使用。對於圖 3-8(a) 所示的場景，圖 3-8(b) 給出了將 SR-3000 獲得的原始距離數據作為圖像的灰度值顯示的深度圖像。其中，灰度從白到黑表示距離由近及遠，黑實線所包圍的區域到攝影機的距離為 8m，在深度圖中其灰度本應該偏黑，此時深度圖上卻顯示接近白色，表現為近距離數據，因此需要剔除掉此部分不正常數據，以避免在行動機器人導航中干擾決策。

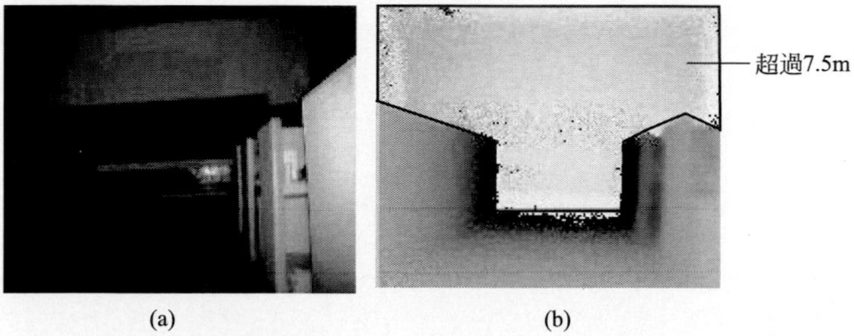

圖 3-8 景深 > 7.5m 時的深度資訊

為了在深度資訊中檢測出景深超出 7.5m 時 SR-3000 所獲取到的錯誤資訊，從大小為（m,n）的深度圖中的最底端開始往上搜索，採用如下算法。

步驟 1：計算位置（i,j）處的深度 $z_{i,j}$ 與其同列相鄰行的一組點 $\boldsymbol{D}=[z_{i-1,j},z_{i-2,j},z_{i-3,j}]$的差值。

$$J_k=z_{i,j}-D_k(k=1,2,3) \tag{3-21}$$

步驟 2：如果同時滿足 $J_k(k=1,2,3)>Threshold1$，則執行步驟 4，否則順序執行步驟 3。

步驟 3：更新行資訊為 $i=i-1$，若行資訊 $i=4$，認為到達圖像最頂端，更新列資訊 $j=j+1$，若 $j=n-1$，算法結束，否則，執行步驟 1。

步驟 4：取與當前點（i,j）同列的上一行相鄰點（$i-1,j$），計算該點與其右上方八鄰域 $\boldsymbol{D}'=[z_{i-2,j},z_{i-3,j},z_{i-1,j+1},z_{i-1,j+2},z_{i-2,j+1},z_{i-2,j+2},z_{i-3,j+1},z_{i-3,j+2}]$的差值。

$$L_k=z_{i-1,j}-D'_k(k=1,2,3,\cdots,8) \tag{3-22}$$

步驟 5：計算這些差值的平均值，有

$$\overline{L}=\frac{1}{8}\sum_{k=1}^{8}L_k \tag{3-23}$$

步驟 6：若 $\overline{L}>Threshold2$，則認為點$(i-1,j)$所在列，以該點為起點到圖像的頂端之間的點景深均超過 7.5m。更新列資訊 $j=j+1$，執行步驟 3。

算法依賴於遠景在圖像中的位置總處於近景上方這一假設，而實際應用中，因為在行動機器人平臺上安裝的 SR-3000 與地面存在傾角，因此，可認為該假設與實際情況吻合。圖 3-9 給出了算法中步驟 1 和步驟 4 所進行的兩次比較過程。對圖 3-8 所示的場景處理結果如圖 3-10 所示，超過 7.5m 的距離全部認為是 7.5m，在圖中表示為黑色，與實際情況一致。用該算法針對不同環境下（包括室內和室外）景深超過 7.5m 的場景進行了驗證，結果如圖 3-11 所示。

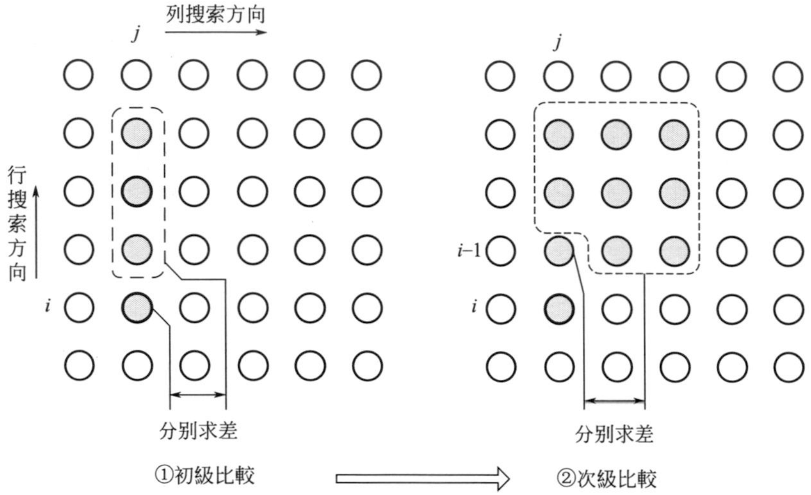

圖 3-9 算法比較過程示意圖

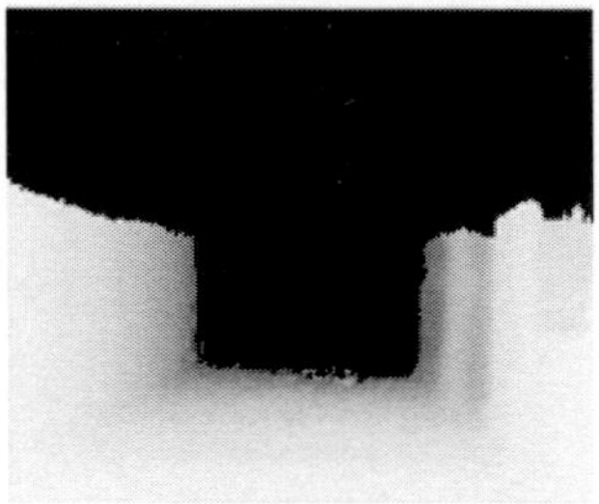

圖 3-10 景深＞7.5m 處理結果

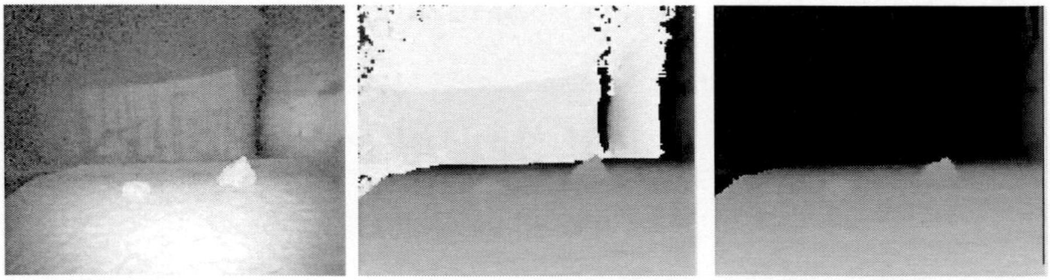

(a) 場景一　　(b) 場景一深度原始數據　　(c) 場景一處理後深度數據

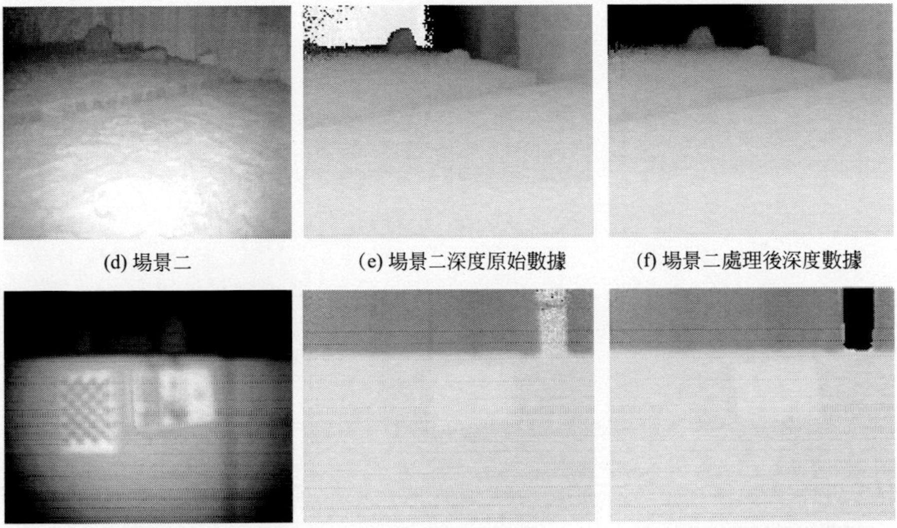

(d) 場景二　(e) 場景二深度原始數據　(f) 場景二處理後深度數據

(g) 場景三　(h) 場景三深度原始數據　(i) 場景三處理後深度數據

圖 3-11　景深 > 7.5m 處理算法驗證

對於圖 3-11 所示的場景三，在圍板上有一突出的物體，然後是稍遠的牆和透過窗戶的室外。在攝影機坐同一標系下，從深度圖像的下方開始搜索時，距離有一個由遠到近再變遠的過程，在此情況下，算法並沒有將近距離突起物體和稍遠的背景牆誤檢，僅僅濾除了超出 7.5m 的透過窗戶的室外遠景部分。

3.2 基於三維視覺的障礙物即時檢測與識別方法

智慧機器人在導航過程中，首先需要識別障礙物，以確定下一步的動作。通常識別的過程包括分割、特徵提取和分類識別三個步驟。與規則、物體之間具有較大特徵差異的結構化環境不同，當智慧機器人處於非結構環境下時，光線多變化、物體之間的差異較小、地形無規律變化等因素將為場景障礙物的分割、特徵提取和分類識別帶來很大困難。

場景分割作為未知環境下障礙物識別的第一個環節，是實現障礙物識別的關鍵和基礎。學者針對未知環境的無規律、隨機性、複雜性，可獲得的場景資訊（通常為二維圖像資訊和空間三維資訊）的不同，相應地也提出了不同的分析方法，主要分為場景的圖像分割和三維分割兩類。

對於場景的圖像分割，主要利用視覺感測器的資訊。視覺資訊能夠反映的場景表面特徵主要有：對比度（contrast）、能力（energy）、熵（entropy）、相似性（homogeneity）以及顏色（color）等。因此，採用 OTSU 閾值法、邊緣檢測、基於特徵的 Mean-shift 算法、基於邊界的分割、基於能量函數優化的分割、基於 Fisher 準則函數的分割等圖像處理方法對灰度圖像中的非結構化場景分割。對於彩色圖像可採用最大似然、決策樹、K-最近鄰、神經網路、自適應閾值法、模糊 C-均值、主分量變換等多種方法在不同的顏色空間（RGB、HIS、Nrgb、混合顏色空間）中進行。

環境表面的三維資訊相比視覺資訊，受天氣、光照等因素影響更少，顯得更可靠。對於三維資訊，其表現形式為 3D 點雲（3D point clouds），常透過建立數值地形圖（digital elevation maps，DEM）和基於幾何分類等方法實現未知場景分割。但是，基於三維資訊分割的方法需要對點雲中的所有資訊分析，判斷屬於同一物體中的點的標準看似簡單，實現起來比較複雜和困難，計算量大，進而影響即時性。

3.2.1 基於圖像與空間資訊的未知場景分割方法

針對未知場景圖像分割的方法易受光照等外界因素干擾，場景中物體與背景為同一類物質組成的分割無效，場景三維資訊分割計算量大，影響即時性等問題，提出基於二維圖像與空間資訊的場景分割方法。該算法的出發點在於如果首先能在場景中找到智慧機器人感興趣的目標區域，再針對此目標區域二次分析，可顯著地降低計算量，也將有助於提高分割效果。

如圖 3-12 所示，借鑒人類的行走時思維，將非結構環境下的場景劃分為天空（理解為行動機器人不可能到達的高度）、遠景（理解為超出視線）、地面和障礙物。因為天空、遠景和地面不會影響到行動機器人的當前行為和行走路線，所以稱之為不感興趣區域；而障礙物的位置、類型、形狀和大小等都與行動機器人的下一步動作息息相關，因此需要重點關注和分析，稱之為感興趣區域。

因為非結構化環境下的複雜性、隨機性等因素，感興趣區域也毫無規律可言，但是非感興趣區域相對於行動機器人來說是固定的、有跡可尋的。因此，在感興趣區域難以確定的情況下，該算法採用逆向思維，利用高度和深度資訊尋找和標記圖像上的不感興趣區域，場景圖像中的剩餘部分即為感興趣區域，然後對感興趣區域範圍內的障礙物分析、處理。其處理流程如圖 3-13 所示。

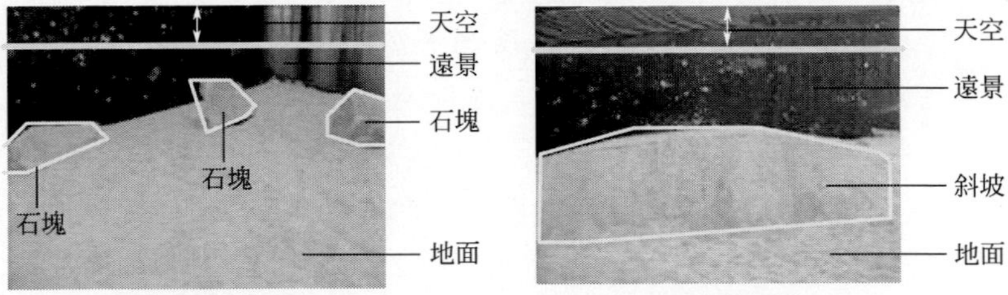

(a) 多個石塊場景　　(b) 斜坡場景

圖 3-12　非結構環境下場景示意圖

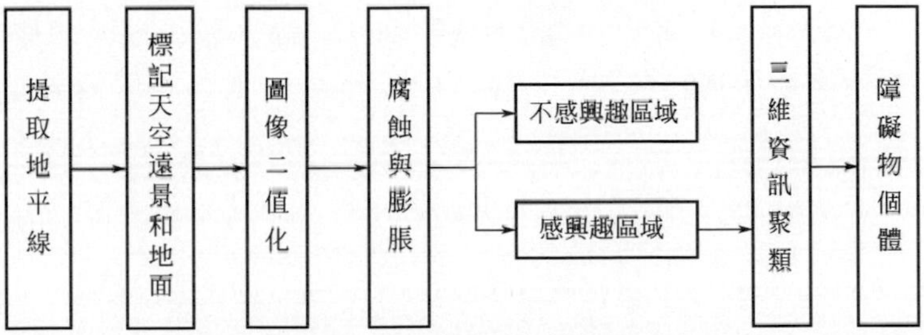

圖 3-13　提取非結構環境下障礙物的流程

步驟 1：在圖像上提取地平線。為了得到行動機器人座標系下的地面值，先尋找作為地面和障礙物之間的邊界線，即地平線。為此，首先計算各行像素在行動機器人座標系的高度平均值。

$$\overline{H}_i = \frac{\sum_{j=0}^{N-1} y_{i,j}}{N} \tag{3-24}$$

式中，N 表示圖像的列數目。

通常像素處於同一平面上時，其高度變化趨勢緩慢；如果不處於一個平面，則高度上會出現階躍變化。因此，從圖像的最底端行開始，當某一行的高度平均值遠大於其下面區域的高度平均值時，該行被認為是地面與障礙物區域的分界線——地平線。地平面等於地平線以下區域內各像素的高度平均值。

$$\overline{G} = \frac{\sum_{i=m_0}^{m_n} \overline{H}_i}{m_n - m_1} \tag{3-25}$$

式中，m_1 和 m_n 分別表示起始行和結束行的位置。

步驟 2：標記圖像中的天空、遠景和地面。忽略天空、遠景和地面區域同時也有助於減少後續處理過程中的計算量。

① 根據高度資訊標記出圖像上屬於天空的區域，即如果像素的高度值大於閾值，則像素對應的灰度值歸零。

$$\text{if } y_{i,j} > H_A \text{ then } I_{i,j} = 0 \tag{3-26}$$

式中，$I_{i,j}$ 和 $y_{i,j}$ 分別表示圖像位置 (i,j) 的像素灰度值和高度。

② 與此類似，根據深度標記出圖像上屬於遠景的區域，即如果像素的深度值大於閾值，像素對應的灰度值歸零。

$$\text{if } z_{i,j} > D_A \text{ then } I_{i,j} = 0 \tag{3-27}$$

式中，$z_{i,j}$ 表示圖像位置 (i,j) 的像素深度值。

③ 利用步驟 1 中確定的地平面值，識別屬於地面的像素，即像素的高度與地平面值 $\overline{G}$ 的絕對值小於閾值 G_A，將該像素的灰度值歸零。

$$\text{if } |y_{i,j} - \overline{G}| < G_A \text{ then } I_{i,j} = 0 \tag{3-28}$$

步驟 3：對標記天空和地面的圖像二值化，即非感興趣區域的灰度值用零表示，感興趣區域的灰度值用非零值表示。

$$\text{if } I_{i,j} > 0 \text{ then } I_{i,j} = 255 \tag{3-29}$$

步驟 4：在標記地面過程中，由於地面的凹凸不平，可能在非感興趣區域內存在部分不連續點，本應屬於地面卻表現為感興趣區域。先後用腐蝕與膨脹運算處理二值圖像，以去掉這些不連續點。

步驟 5：聚類。至此已完全將非感興趣區域與感興趣區域分離，但是感興趣區域內部的個體之間並沒有區分開。而在已獲得的周圍環境三維數據中，資料點間的排列關係反映了環境的幾何位置資訊，其中障礙表現為相互靠近的資料點。因此，利用像素的空間資訊對圖像中已經提取出的感興趣區域進行聚類分析。其前提為假設障礙物是獨立的物體，如石塊、斜坡等。透過對圖像中感興趣區域當前相鄰兩點進行比較，如果兩點之間的距離在一定範圍內，則認為兩個資料點屬於相同的類；如果超過閾值，則認為兩個資料點屬於不同的類，並以當前資料點為新增類別的起始點，開始下一輪的數據比較。該算法採用加權曼哈頓距離（Manhattan distance）計算圖像中任意兩點 (i_1,j_1) 和 (i_2,j_2) 之間的距離：

$$D = c_1 |x_{i_1,j_1} - x_{i_2,j_2}| + c_2 |y_{i_1,j_1} - y_{i_2,j_2}| + c_3 |z_{i_1,j_1} - z_{i_2,j_2}| \tag{3-30}$$

式中，c_1、c_2 和 c_3 分別表示障礙物在水平、深度和垂直方向上幾何特徵變化對聚類的貢獻程度。對於障礙檢測而言，在深度方向的距離變化最為明顯，因此權重選擇有 $c_1 < c_2 < c_3$。

為了進一步說明上述算法流程，將該算法用於某一場景的處理。對於圖 3-14(a) 所示的場景，不平整的沙地與自然石塊的顏色區別很小，特別是場景的左端，石塊下方一部分埋在沙地下，與沙地融為了一體。步驟 1 提取的地平線見圖 3-14(b) 中的實線，圖 3-14(c) 給出了標記天空、遠景和地面後的結果，因為地面為不規則且略有起伏的沙地，去地面的結果並不完整，表現為很多離散點。經二值化和腐蝕膨脹後去掉了上一步沒有標記出的地面，得到的感興趣區域見圖 3-14(e) 白色部分。執行步驟 5 時，為了便於觀察，將水平資訊 x、高度資訊 y 和深度資訊 z 分別以灰度圖像形式顯示，即圖像的像素值為該點的水平值、高度或距離。圖 3-14(f)～(h) 分別表示去掉天空、遠景和地面後的感興趣區域像素的水平資訊、高度和深度圖像，反映了障礙物在水平、垂直和深度上各自的幾何特徵變化。聚類的結果如圖 3-14(i) 所示，即感興趣區域內單個障礙物區域置以同一灰度值。

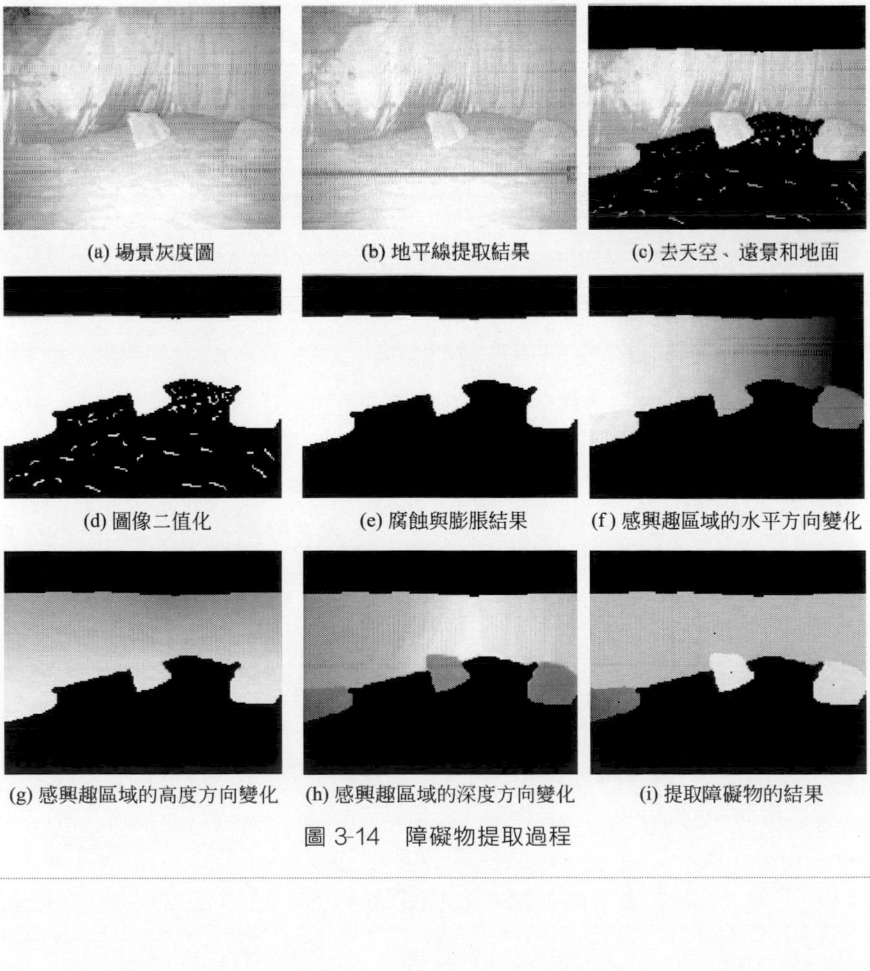

(a) 場景灰度圖　(b) 地平線提取結果　(c) 去天空、遠景和地面

(d) 圖像二值化　(e) 腐蝕與膨脹結果　(f) 感興趣區域的水平方向變化

(g) 感興趣區域的高度方向變化　(h) 感興趣區域的深度方向變化　(i) 提取障礙物的結果

圖 3-14　障礙物提取過程

3.2.2 非結構化環境下障礙物的特徵提取

通常未知環境下障礙物呈多面性，形狀並不規則，至今也沒有通用的標準來衡量表示障礙物，對上節的每個聚類結果（即以某個灰度值標記的區域，稱為目標區域），本節採用五維向量｛長度、高度、長高比、凹凸度/寬度、面積｝表示，分別定義如下。

① 長度　目標區域每一行的最右邊點 (i, j_1) 與其最左邊點 (i, j_2) 水平資訊之差的最大值。

$$Length = \max(x_{i,j_1} - x_{i,j_2}) \tag{3-31}$$

② 高度　目標區域各像素的高度值與地平面值之差的最大值作為區域的高。

$$Height = \max(y_{i,j} - \overline{G}) \tag{3-32}$$

③ 長高比　目標區域長度與高度的比值。

$$r_{\mathrm{LH}} = Length / Height \tag{3-33}$$

④ 凹凸度/寬度　目標區域各像素的深度方向的最大值與最小值之差。對凸起障礙物以凹凸度描述；對高度為負的障礙以寬度描述。

$$Width = \max(z_{i,j}) - \min(z_{i,j}) \tag{3-34}$$

⑤ 深度　反映了障礙物與機器人之間的距離，計算目標區域各像素在 Z 方向的平均值。

$$Depth = \sum_{\Omega} z_{i,j} / P \tag{3-35}$$

式中，Ω 表示目標區域的範圍。

⑥ 面積　反映目標的大小記為 $Area$。首先統計目標區域所有像素的總和 P。需要注意的是，即使是同一物體在攝影機前不同距離成像，在圖像中所占的像素數也不一樣，距離攝影機越近，物體所占像素數越多，反之則越少。因此，需引入已知的特定標準目標在不同距離成像所占像素作為參考，計算出目標的實際面積。為此，將 SR-3000 與 $0.5\mathrm{m}^2$ 的平面目標間的距離從 2～7m 等分為 100 份，在各個距離由 SR-3000 對該標準目標成像，分別得到該目標在各個距離時圖像中所占像素總數 r_Z，然後對這些數據曲線擬合，得到該標準目標與成像距離之間的關係。

當某個目標與攝影機的距離為 $Depth$ 時，其所占像素總和為 P，則其面積為：

$$Area = P / 2r_Z \tag{3-36}$$

$0.5\mathrm{m}^2$ 的平面目標在不同距離由 SR-3000 成像，分別得到各個距離中該目標在圖像中的像素總數，基本呈線性關係，以 SR-3000 距離該目標 4.5m 時作為 Z_T。

另外，為了表示障礙物之間的關係，還需計算各障礙物之間的距離。

⑦ 間距　右邊區域的最左邊點（i_1, j_1）與左邊區域的最右邊點（i_2, j_2）之間水平方向上距離與深度方向上距離的平方根。

$$D_{obs}=\sqrt{(x^R_{i_1,j_1}-x^L_{i_2,j_2})^2+(z^R_{i_1,j_1}-z^L_{i_2,j_2})^2} \tag{3-37}$$

為了反映物體在場景中的位置，計算物體的重心位置。重心是物體對某軸的靜力矩作用中心，其離散形式定義為：

$$x_c=\frac{1}{M}\sum_c^d\sum_a^b V(x,y)x \tag{3-38a}$$

$$y_c=\frac{1}{M}\sum_c^d\sum_a^b V(x,y)y \tag{3-38b}$$

其中

$$M=\sum_c^d\sum_a^b V(x,y) \tag{3-38c}$$

式中，x_c、y_c 是目標重心座標數值，$V(x,y)$是圖像，即圖像上(i, j)處像素點的灰度。

對於圖 3-14(a) 所示場景，障礙物區域被分為四塊，採用上述特徵描述圖 3-14(i) 中四個區域，其中位於前方的三個區域（按照它們在圖中的位置稱為左、中、右）的相關特徵以及它們的間距分別如表 3-1 和表 3-2 所示。

表 3-1　圖 3-14 所示場景識別結果的幾何參數

項目	長×高/(cm×cm)		相對誤差	深度/cm		相對誤差
	測量值	真實值		測量值	真實值	
左	50×33	53×35	5.7%×5.7%	374	368	1.6%
中	38×32	36×33	5.7%×3%	345	347	0.5%
右	42×22	41×25	2.4%×12%	311	310	0.3%

表 3-2　場景一障礙物的間距

項目	間距/cm		相對誤差
	測量值	真實值	
左與中	65	69	5.8%
中與右	34	38	10.5%
左與右	151	146	3.4%

表中的相對誤差是算法的計算值與人工測量值之間的誤差。總體來說，用上述特徵表示障礙物能基本反映實際場景的真實情況。物體的重心在圖 3-14(i) 中以一黑點表示。

3.2.3 基於相關向量機的障礙物識別方法

未知環境下障礙物不規則、隨機性強，從障礙物的空間特點及其對智慧機器人移動性的影響出發，下面將未知環境下的障礙物抽象為如下四類物體。

① 石塊：體積小，其特點是矮小，可以跨越。

② 石頭：體積中型，包括立柱，需避讓繞行。

③ 斜坡：包括牆與巨石，其特點是長且高大，根據坡度大小判斷是否可攀爬。

④ 溝：其特點是長、凹陷，根據溝的寬窄跨越或避讓繞行。

其中，④與其他三類障礙物最大的區別在於它是負障礙物，即低於地面，可以據此將④單獨區分開，而對於其他三類的線上識別，這裡藉助機器學習的方法分析。由於識別對象數量巨大，其形狀更是千差萬別，有很多不同情形，想要將所有障礙物情況透過收集樣本而反映出來是不可能的。所以一個推廣性能良好的分類算法對障礙物識別分類有著重要的意義，可以大大提高分類的準確率。

未知環境下障礙物識別問題本質上屬於小樣本、非線性模式識別問題，而將支持向量機（support vector machine，SVM）用於解決小樣本、非線性模式識別問題時，具有泛化能力好、不需要先驗知識等優勢，而且還可以推廣到函數逼近、非線性迴歸等機器學習問題。但是，SVM 方法在實際的應用中仍存在一些問題：

① 儘管 SVM 方法具備一定的稀疏性，但隨著訓練樣本集的增大，支持向量（SV）的數量相應地線性增加，可能導致過擬合，同時浪費計算時間；

② 無法獲取機率式的預測；

③ 使用時需要給定誤差參數 C，該參數的選擇主觀性強，對結果影響很大，且必須透過大量的交叉驗證等算法來進行確定，比較耗時；

④ SVM 的核函數必須滿足 Mercer 條件，要求為連續的對稱正定核。

2001 年，M. E. Tipping 基於機率的貝氏學習理論提出了相關向量機（relevance vector machine，RVM）。RVM 是一種與 SVM 函數形式相同的稀疏機率模型，在貝氏框架下進行訓練。RVM 不存在 SVM 的上述缺點，而且，在預測性能相當的情況下，解的稀疏性明顯高於 SVM，即相關向量數目小於支持向量數目。因此，RVM 的分類執行速度比 SVM 更快，更適合即時性要求高的系統要求。本節採用 RVM 對非結構化環境下的障礙物進行分類。

（1）相關向量機分類原理

RVM與SVM的最大不同在於將硬性劃分變為機率意義下的合理劃分。RVM採用機率貝氏學習框架，透過最大化邊際似然函數原理（marginal likelihood maximisation）獲得相關向量和權值。與SVM類似，RVM的結構可以表示為核函數與權值的乘積求和，核函數意味著將輸入變數所在的空間 X 映射到高維特徵空間。

給定訓練樣本集 $\{x_n, t_n\}_{n=1}^{N}$，$\{x_n\}_{n=1}^{N}$ 是樣本集中的特徵值，設目標值 t_n 獨立且同分布，而且包含均值為0、方差為 σ^2 的高斯噪音 ε_n，則

$$t_n = y(X_n; \boldsymbol{w}) + \varepsilon_n \tag{3-39}$$

RVM的模型輸出可定義為：

$$y(x; \boldsymbol{w}) = \sum_{i=1}^{N} \omega_i K(x, x_i) + \omega_0 = \boldsymbol{\phi}\, \boldsymbol{w} + \omega_0 \tag{3-40}$$

式中，N 為樣本數，權值向量 $\boldsymbol{w} = [\omega_1, \cdots, \omega_N]^{\mathrm{T}}$；$\boldsymbol{\phi}$ 為 $N \times (N+1)$ 階矩陣，且 $\boldsymbol{\phi} = [\phi(x_1), \phi(x_2), \cdots, \phi(x_N)]^{\mathrm{T}}$，其中 $\boldsymbol{\phi}(x_n) = [K(x_n, x_1), K(x_n, x_2), \cdots, K(x_n, x_N)]^{\mathrm{T}}$；$K(x, x_i)$ 為非線性函數。

由於目標值 t_n 獨立，相應地將訓練樣本集的似然函數表示為：

$$\begin{aligned} p(\boldsymbol{t} \mid \boldsymbol{w}, \sigma^2) &= \prod_{i=1}^{N} p(t_i \mid \boldsymbol{w}, \sigma^2) \\ &= (2\pi\sigma^2)^{-\frac{N}{2}} \exp\left\{-\frac{1}{2\sigma^2} \| \boldsymbol{t} - \boldsymbol{\phi}\, \boldsymbol{w} \|^2\right\} \end{aligned} \tag{3-41}$$

式中，目標向量 $\boldsymbol{t} = [t_1, \cdots, t_N]^{\mathrm{T}}$。

根據支持向量機的結構風險最小化原則，有：如果不對權值 $\boldsymbol{w}$ 約束，而是直接對式(3-40)最大化，可能會導致出現過擬合現象。因此，RVM中的每一個權值都定義了各自的高斯先驗機率分布：

$$\begin{aligned} p(\boldsymbol{w} \mid \boldsymbol{\alpha}) &= \prod_{i=0}^{N} N(\omega_i \mid 0, \alpha_i^{-1}) \\ &= \prod_{i=0}^{N} \sqrt{\frac{\alpha_i}{2\pi}} \exp\left(-\frac{\alpha_i}{2} \omega_i^2\right) \end{aligned} \tag{3-42}$$

式中，$\boldsymbol{\alpha} = [\alpha_1, \alpha_2, \cdots, \alpha_N]^{\mathrm{T}}$ 為超參數，它決定了權值 $\boldsymbol{w}$ 的先驗分布，每個超參數 α_i 對應一個權值 ω_i。

在給定先驗機率分布和似然分布情況下，以貝氏準則出發，計算權值的後驗機率分布如下：

$$p(\boldsymbol{w}|\boldsymbol{t},\boldsymbol{\alpha},\sigma^2)=\frac{p(\boldsymbol{t}|\boldsymbol{w},\sigma^2)p(\boldsymbol{w}|\boldsymbol{\alpha})}{p(\boldsymbol{t}|\boldsymbol{\alpha},\sigma^2)}$$
$$=(2\pi)^{-\frac{(N+1)}{2}}|\Sigma|^{-\frac{1}{2}}\exp\left\{-\frac{1}{2}(\boldsymbol{w}-\mu)^{\mathrm{T}}\Sigma^{-1}(\boldsymbol{w}-\mu)\right\} \tag{3-43}$$

式中，後驗均值 μ 和協方差 Σ 分別表示為：

$$\mu=\sigma^{-2}\Sigma\boldsymbol{\phi}^{\mathrm{T}}\boldsymbol{t} \tag{3-44}$$

$$\Sigma=(\sigma^{-2}\boldsymbol{\phi}^{\mathrm{T}}\boldsymbol{\phi}+\boldsymbol{A})^{-1} \tag{3-45}$$

式中，$\boldsymbol{A}=\mathrm{diag}(\alpha_1,\alpha_2,\cdots,\alpha_N)$。

權值後驗分布的均值 μ 確定了權值的估計，而協方差 Σ 表示模型預測的不確定性。因此，為了得到模型的權值，首先需要估算超參數的最佳值。超參數的似然分布也即高斯分布表示為：

$$p(\boldsymbol{t}\mid\boldsymbol{\alpha},\sigma^2)=\int p(t_i\mid\boldsymbol{w},\sigma^2)p(\boldsymbol{w}\mid\alpha)\mathrm{d}\boldsymbol{w}$$
$$=(2\pi)^{-\frac{N}{2}}|C|^{-\frac{1}{2}}\exp\left\{-\frac{1}{2}\boldsymbol{t}^{\mathrm{T}}C^{-1}\boldsymbol{t}\right\} \tag{3-46}$$

式中，協方差 $C=\sigma^2I+\boldsymbol{\phi}\boldsymbol{A}^{-1}\boldsymbol{\phi}^{\mathrm{T}}$。

對超參數似然分布最大化，可得到 $\boldsymbol{\alpha}$ 和 σ^2 最有可能的值。採用疊代反覆估計的方法代替解析形式的計算方法來計算式(3-45)。關於 $\boldsymbol{\alpha}$ 和 σ^2，分別對式(3-45) 求導，然後令它為零並重寫公式，由 Mackay 的方法有：

$$\alpha_i=\frac{\gamma_i}{\mu_i^2} \tag{3-47}$$

$$\sigma^2=\frac{\|\boldsymbol{t}-\Sigma\mu_i\|^2}{N-\Sigma_i\gamma_i} \tag{3-48}$$

式中，μ_i 為由式(3-44) 得到的第 i 個後驗權值的均值；$\gamma_i=1-\alpha_i\Sigma_{ii}$，$\Sigma_{ii}$ 是當前的 α 和 σ^2 經式(3-45) 得到的後驗權值協方差矩陣的第 i 個對角元素。

在反覆計算式(3-47) 和式(3-48) 的同時，保持對式(3-47) 和式(3-48) 的更新，直至符合某一收斂條件停止疊代。疊代時，出現大量趨於無窮大的 α_i，根據式(3-43) 可得 $p(\boldsymbol{w}|\boldsymbol{t},\boldsymbol{\alpha},\sigma^2)$ 出現最大峰值處為零點，因此認為其 ω_i 為零，因而產生稀疏性解。與 SVM 的 SV 有些類似，那些與非零 ω_i 對應的學習樣本即為相關向量（relevance vector，RV）。

從上面分析，將 RVM 的建模步驟表示為：

步驟 1：初始化參數 α_i 和 σ^2；

步驟 2：計算權值後驗統計量 μ 和 Σ；

步驟 3：計算所有的 γ_i，同時重新估計 α_i 和 σ^2；

步驟 4：若收斂，執行步驟 5，否則重新執行步驟 2；

步驟 5：找到 RVs，實現對 RVM 結構的構建。

(2) 多類問題的相關向量機算法

在機器學習中，常用於構建分類器的方法為：

① 一對多。利用一個分類器將一類與其他的所有類分開，因此，分類器的數目需要與類別數相等。但是對每個分類器的要求較高是該方法的缺點。

② 一對一。假設有 N 類訓練樣本，相應地構建所有可能的二值分類器，其中每個分類器只對 N 類中的兩類進行分類，因此只要構造 $N(N-1)/2$ 個分類器，然後對這些兩類分類器的結果利用投票法，以得票的多少作為某類劃分所屬類別的依據。

這裡採用一對一算法進行障礙物識別，其拓撲結構如下：N 類的分類問題包括 $N(N-1)/2$ 個節點。其中，只有一個節點位於頂層，第 i 層有 i 個節點，第 j 層的第 i 個節點指向第 $j+1$ 層的第 i 個和第 $i+1$ 個節點。這裡研究三種正障礙物，故設計一個三類的拓撲結構，如圖 3-15 所示，每一個節點均為 RVM 二值分類器，只需訓練各個子分類器，透過對該拓撲結構中的二值分類器的分類間隔最大化，可降低分類的錯誤率。

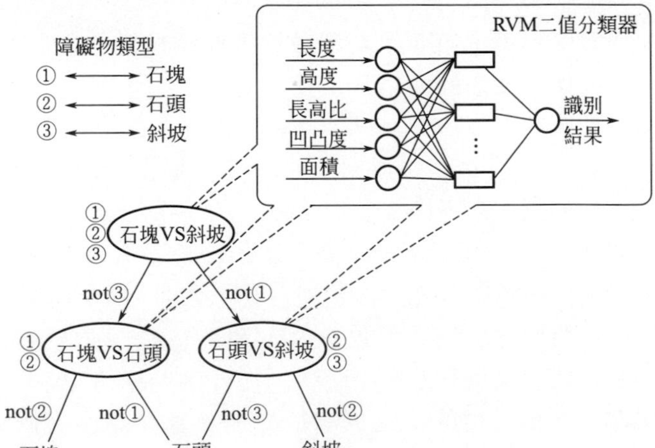

圖 3-15 RVM 的三類分類拓撲結構

本節提出的未知環境下障礙物檢測與識別算法總體流程如圖 3-16 所示。

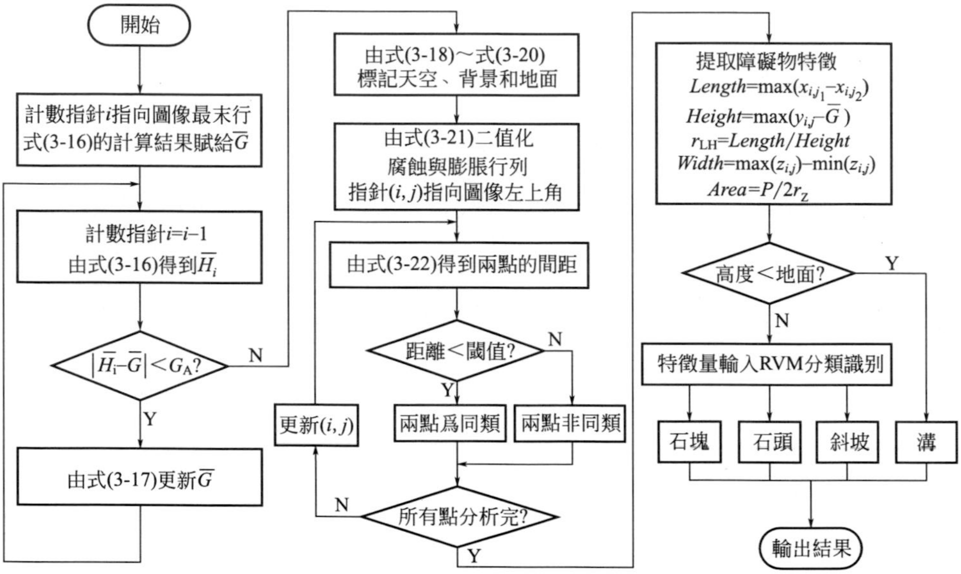

圖 3-16　本節算法流程

3.2.4 實驗結果

(1) 障礙物分割及其特徵提取

對實際環境中的 5 個典型場景獲取圖像及其空間三維資訊，行動機器人的姿態因地形的變化而即時改變。利用本章算法進行處理，算法中的幾個參數的取值如下：$H_A=4\text{m}$，$D_A=7\text{m}$，$G_A=3.3\text{cm}$，$c_1=0.15$，$c_2=0.2$，$c_3=0.65$。提取結果中，黑色表示障礙物區域，非障礙物區域中的不同個體透過不同灰度值區分。

如圖 3-17 所示，場景一是典型的沙地與石塊場景，沙地不平整且石塊與沙地的顏色區分不大，左邊三個石塊間存在遮擋，行動機器人當前姿態——俯仰和橫滾分別為－13.4°和－1.9°。場景中的障礙物區域被分為五個區域，表示有五個障礙物。從分割結果可以看出本算法對同類物體間即使存在遮擋的情況也能很好地處理。左邊三個相互遮擋的石塊，從它們的空間方位及在圖像上的位置對應簡稱為「左前」「左中」和「左後」，右邊獨立的石塊簡稱為「右」。表 3-3 為場景一識別結果的幾何參數。

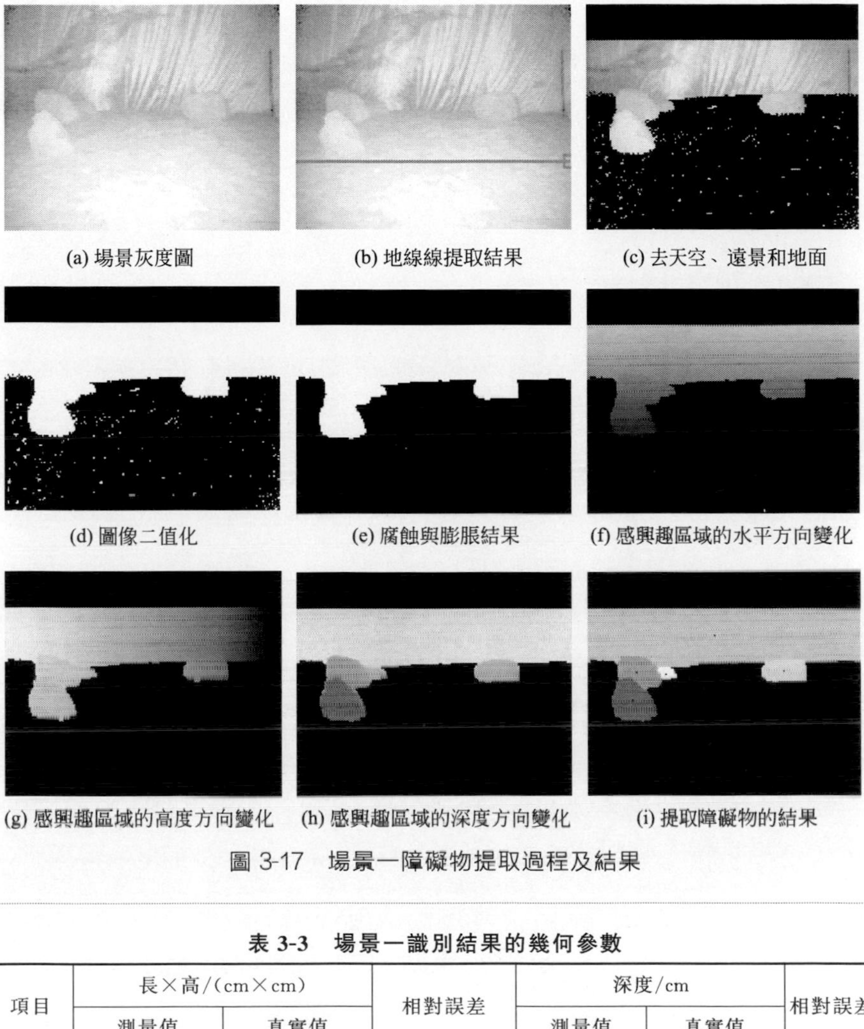
(a) 場景灰度圖 (b) 地線線提取結果 (c) 去天空、遠景和地面
(d) 圖像二值化 (e) 腐蝕與膨脹結果 (f) 感興趣區域的水平方向變化
(g) 感興趣區域的高度方向變化 (h) 感興趣區域的深度方向變化 (i) 提取障礙物的結果

圖 3-17 場景一障礙物提取過程及結果

表 3-3 場景一識別結果的幾何參數

項目	長×高/(cm×cm)		相對誤差	深度/cm		相對誤差
	測量值	真實值		測量值	真實值	
左前	42×42	39×42	7.8%×0	230	233	1.3%
左中	38×40	40×42	5%×4.7%	273	271	0.7%
左後	23×16	17×14	35%×14%	297	300	1%
右	50×28	48×26	4.1%×7.6%	376	376	0

如圖 3-18 所示，場景二為典型的植被室外場景，地面覆蓋了草和植物葉子，因此地面也是表現為隨機不平整，此時行動機器人的俯仰和橫滾分別為 1.1°和－2.8°。場景中覆蓋在地面的植被和草被儘管有隨機起伏、稀疏，在去除地面時被成功地劃分為一類並去掉，樹後的牆與行動機器人的距離較遠（這裡設閾值為 7m），被認為是遠景，也被去掉。場

景中剩下的障礙物為樹。表 3-4 為場景二識別結果的幾何參數。

(a) 場景灰度圖　(b) 地平線提取結果　(c) 去天空、遠景和地面

(d) 圖像二值化　(e) 腐蝕與膨脹結果　(f) 感興趣區域的水平方向變化

(g) 感興趣區域的高度方向變化　(h) 感興趣區域的深度方向變化　(i) 提取障礙物的結果

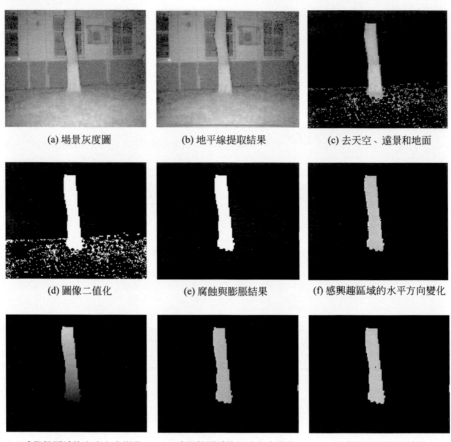

圖 3-18　場景二障礙物提取過程及結果

表 3-4　場景二識別結果的幾何參數

項目	長×高/(cm×cm)		相對誤差	深度/cm		相對誤差
	測量值	真實值		測量值	真實值	
目標	30×340	33×347	9%×2%	435	433	0.5%

如圖 3-19 所示，場景三為沙地及由沙堆積而成的斜坡，沙地與斜坡的組成物質都是沙子，顏色沒有任何區別，且行動機器人非正對斜坡，此時行動機器人的俯仰和橫滾分別為 2°和 0.9°。表 3-5 為場景三識別結果的幾何參數。

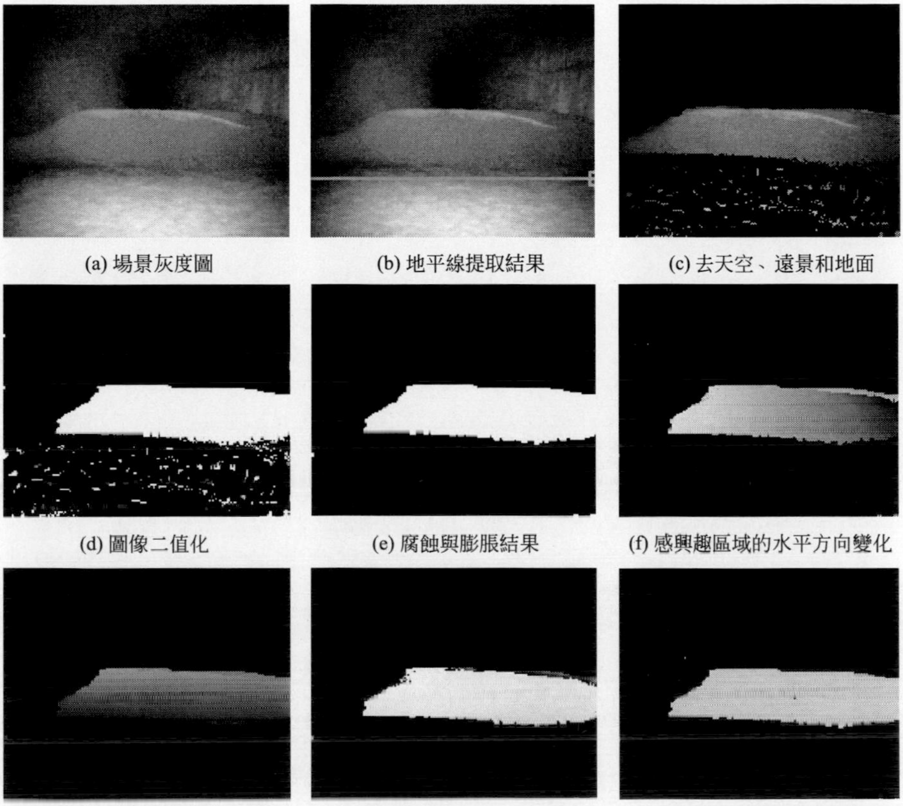

(a) 場景灰度圖　(b) 地平線提取結果　(c) 去天空、遠景和地面
(d) 圖像二值化　(e) 腐蝕與膨脹結果　(f) 感興趣區域的水平方向變化
(g) 感興趣區域的高度方向變化　(h) 感興趣區域的深度方向變化　(i) 提取障礙物的結果

圖 3-19　場景三障礙物提取過程及結果

表 3-5　場景三識別結果的幾何參數

項目	長×高/(cm×cm)		相對誤差	深度/cm		相對誤差
	測量值	真實值		測量值	真實值	
目標	508×132	516×129	1.5%×2.3%	574	578	0.7%

如圖 3-20 所示，場景四為沙堆、石塊組成的非規則複雜場景，此時行動機器人的俯仰和橫滾分別為 1.1°和－0.7°。場景中的障礙物區域被分為四個區域，表示有四個障礙物。從它們的空間方位及在圖像上的位置對應簡稱為「左」「左中」「右中」和「右」。從提取結果圖 3-20(i) 和表 3-6 可看出，中間兩個石塊（即「左中」和「右中」）儘管在去地面時稍微去多了一點，但是計算高度時根據式(3-32)，因為是最高點對整個地平面的差，所以並不影響高度計算。同時，位處左右兩端的沙堆，

儘管其顏色與沙地一致，也仍然被提取出來。表 3-6 為場景四識別結果的幾何參數。

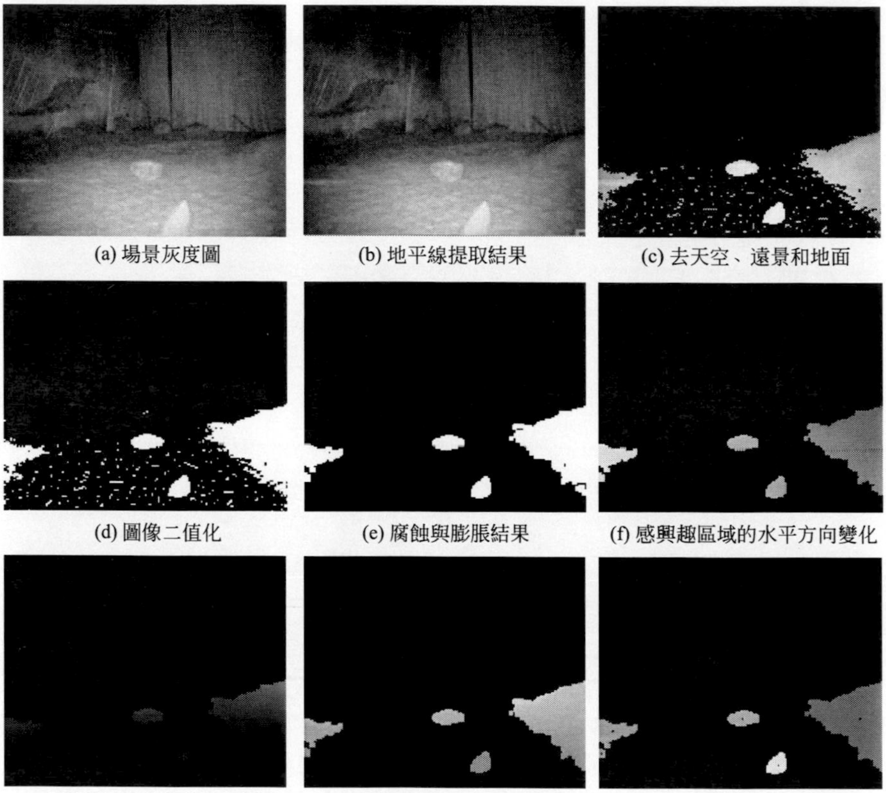

(a) 場景灰度圖 (b) 地平線提取結果 (c) 去天空、遠景和地面

(d) 圖像二值化 (e) 腐蝕與膨脹結果 (f) 感興趣區域的水平方向變化

(g) 感興趣區域的高度方向變化 (h) 感興趣區域的深度方向變化 (i) 提取障礙物的結果

圖 3-20 場景四障礙物提取過程及結果

表 3-6 場景四識別結果的幾何參數

項目	長×高/(cm×cm)		相對誤差	深度/cm		相對誤差
	測量值	真實值		測量值	真實值	
左	52×19	60×16	13.3%×18.7%	350	359	2.5%
左中	29×18	34×20	17.6%×10%	253	255	0.8%
右中	19×25	23×27	17.3%×7.4%	215	211	1.9%
右	105×57	110×53	4.6%×7.6%	376	366	2.2%

如圖 3-21 所示，場景五為壕溝場景，沙地上本身也有小小的凹陷，此時行動機器人的俯仰和橫滾分別為 4°和 3.3°。表 3-7 為場景五識別結果的幾何參數。

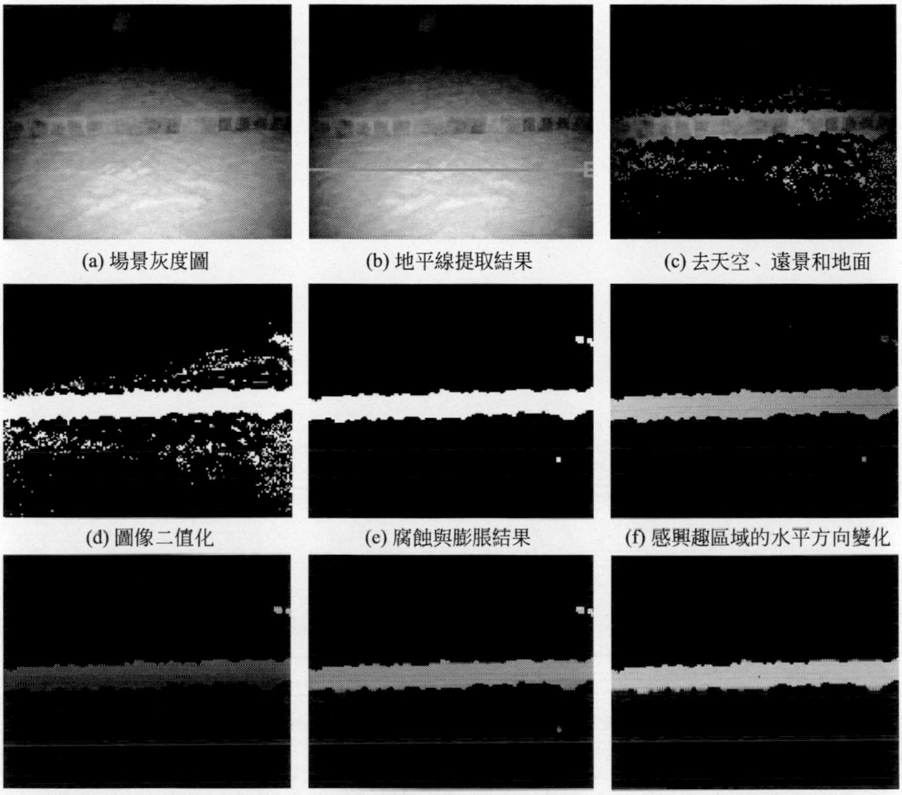

(a) 場景灰度圖 (b) 地平線提取結果 (c) 去天空、遠景和地面

(d) 圖像二值化 (e) 腐蝕與膨脹結果 (f) 感興趣區域的水平方向變化

(g) 感興趣區域的高度方向變化 (h) 感興趣區域的深度方向變化 (i) 提取障礙物的結果

圖 3-21 場景五障礙物提取過程及結果

表 3-7 場景五識別結果的幾何參數

項目	長×寬/(cm×cm)		相對誤差	深度/cm		相對誤差
	測量值	真實值		測量值	真實值	
目標	352×40	360×37	2.2%×8.1%	221	225	1.8%

表 3-4～表 3-7 中的相對誤差是算法的計算值與人工測量值之間的誤差。產生的誤差來自以下四個方面。

① 人工量取讀數時產生的誤差。

② SR-3000 受環境噪音影響產生的誤差。

③ 障礙物本身不規則，地面也不平整，人工測量長和高時很難選取測量的位置，這也是產生誤差的最主要原因。例如圖 3-20 場景四中的「左」和「右」障礙物，本身是由土堆組成，其邊界在人工測量時很難確定，只能透過觀察土堆大致在攝影機視場中的位置然後再量取，因此，

作為標準的人工測量值（即真實值）也不一定非常貼切，但是本章算法對這些障礙物測量的值與人工量取值的趨勢總體上是趨近的。

④ 在障礙物提取過程中，標記地面時錯誤地將本屬於障礙物的物體標記為地面，以及腐蝕、膨脹處理時去掉了一些障礙物上的點，造成識別障礙物比實際障礙物小。例如，圖 3-19 中的斜坡，圖 3-20 的場景四中「左中」「右中」兩個障礙物都有部分被標記為地面。

在定量實驗中，將本節所提出的方法與以文獻中僅採用顏色特徵進行區域分割的方法（下文表示為「方法 1」）和文獻中透過分析 3D 點雲中各資料點的關係完成區域分割的方法（下文表示為「方法 2」）在同一臺機器上、同一環境下對上述五個場景障礙物提取進行了性能比較。表 3-8 中的耗費時間為提取這五個場景中區域平均消耗的時間。方法 1 的前提是場景中各類物體間必須有顏色上的差異，除了因為場景二中草地、樹的顏色區別較大，能夠將樹、草地與牆區分開，對其他幾個場景都無法分割。對於上述五個場景，方法 2 因為要分析場景中全部點的三維關係，因此需耗費較多的時間。

表 3-8 本算法與方法 1、方法 2 的性能比較

方法	耗費時間/ms
方法 1	—
方法 2	25
本算法	16

(2) 障礙物識別

智慧機器人在未知環境下隨機採集了包含不同障礙物的場景圖像和空間三維資訊共計 500 幅。對這些場景利用本章提出的方法提取障礙物，以向量｛長度、高度、長高比、凹凸度/寬度、面積｝表示障礙物的特徵，並人為指定障礙物的類別，訓練樣本和測試樣本的數量如表 3-9 所示。

表 3-9 訓練樣本和測試樣本的數量

障礙物類型	訓練樣本	測試樣本
①石塊	238	163
②石頭	282	201
③斜坡	167	114
合計	687	478

訓練 RVM 障礙物分類，並與 SVM 對比障礙物分類的性能，SVM 和 RVM 的核函數都選取徑向基核函數：

$$K(x, x_i) = \exp(-\gamma |x - x_j|^2) \quad (3\text{-}49)$$

訓練 RVM 分類器，取 $\gamma=0.1$，將測試樣本輸入訓練好的網路，測試結果如表 3-10 所示。

表 3-10　測試樣本識別結果

障礙物類型	樣本數	正確率/%
石塊	163	92.7
石頭	201	90.4
斜坡	114	95.5
合計	478	92.86

表 3-11 給出了取不同參數訓練 SVM 分類器對測試樣本的識別率（三種障礙物識別正確率的平均值）和支持向量（SV）數量。表 3-12 給出了取不同參數訓練 RVM 分類器對測試樣本的識別率和相關向量（RV）數量。從結果中可看到，近似的識別正確率下，RVM 的 RV 數目比 SVM 的 SV 數量要少很多，因此，分類的時間也相應地減少。RVM 分類的最大識別正確率比 SVM 分類的最大識別正確率大約低 2.1%，可能的主要原因在於 RVM 分類器所用的 RV 數量遠少於 SVM 分類器所用的 SV 數量，導致了更稀疏的解。

表 3-11　SVM 識別障礙物的正確率和 SV 數量

核參數 σ	懲罰因子 C	正確率/%	SV
0.1	1000	93.62	322
1	65	94.07	338
1.74	40	95.85	353
1.74	1000	95.56	335

表 3-12　RVM 識別障礙物的正確率和 RV 數量

核參數 σ	正確率/%	RV
0.1	92.86	45
0.7	93.40	56
1	93.67	61
1.74	93.24	50

3.3 基於視覺的地形表面類型識別方法

智慧機器人在前進過程中，不同的地形表面對機器人移動性能的影響也不一樣。例如，沙地偏軟，行動機器人輪子容易陷入其中，由此產生較大的阻力，行動機器人甚至可能陷在其中而無法移動。而碎石偏硬且高低不平，行動機器人在碎石地上速度過快容易打滑和上下顛簸。行動機器人需要根據地表的類型，採取不同的控制策略——減速、繞行、加速等。為此，地表類型的識別成為亟需解決的問題。

為了採集地面圖像用於識別地表類型，分析地表對智慧機器人移動性能的影響，在智慧機器人前端的固定支架上俯視安裝高解析度彩色攝影機，專門用於獲取地表的圖像資訊。以該攝影機作為 SR-3000 的補充，來實現地表類型識別，最終獲得硬度。該攝影機在智慧機器人上的安裝固定位置如圖 3-22 所示。

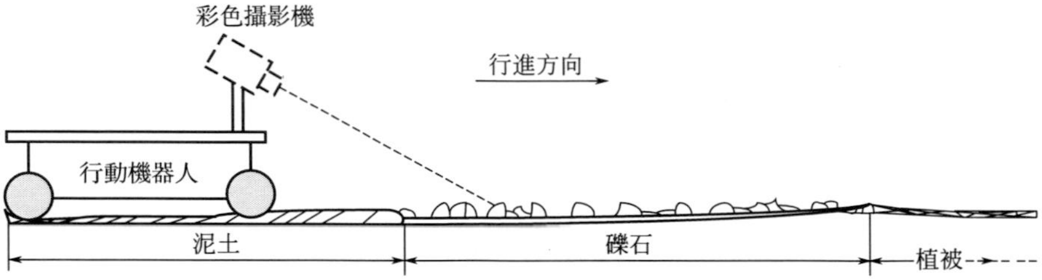

圖 3-22　高分辨彩色攝影機的安裝

如圖 3-23 所示給出了六種常見的地表類型，在隨機性很強的非結構化場景中，地形的外觀變化無常，有如下特點：

① 即使同一類型的地表從外觀上看也不盡相同；

② 具有相似外觀的地表卻分屬不同類型，對行動機器人的移動性也有不同的影響；

③ 不僅只存在泥土、礫石、碎木等單一物質組成的地表，還包括了這些物質的不同組合。

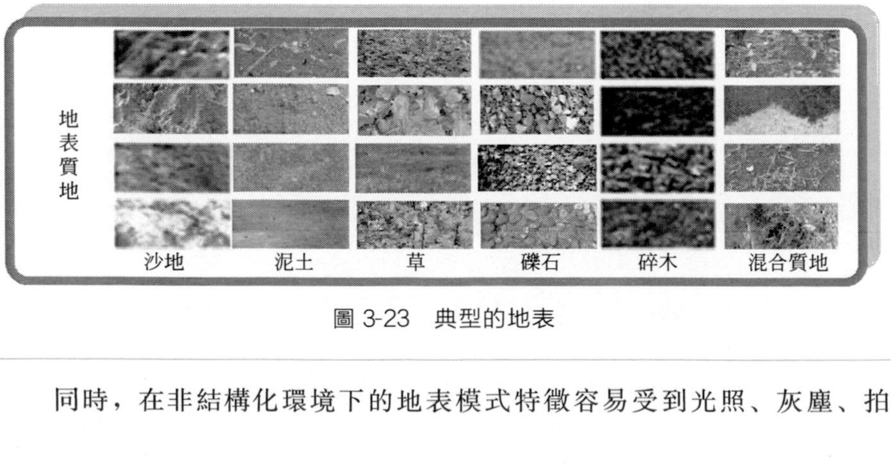

圖 3-23　典型的地表

同時，在非結構化環境下的地表模式特徵容易受到光照、灰塵、拍攝角度、各種幾何形變的影響，不容易提取出高度結構化的環境特徵，這給地表質地的識別帶來很大的挑戰。基於視覺的地表質地識別過程主要包括 3 個步驟：圖像預處理、特徵提取和分類識別，其中特徵提取是後續分類識別的關鍵。因此，這方面的研究工作主要集中在地表的特徵提取上，主要是對顏色、紋理的分析。常用的顏色特徵有紅色均值（average red)、顏色均值（average color)、顏色直方圖（color histogram)，表示不同地表物質。對於紋理，則採用不同的濾波器組提取地表圖像某個區域的紋理。Alon 等[12] 利用 OGD 濾波器（oriented gaussian derivatives filters)、Walsh-Hadamard 濾波器組提取地面特徵。在非結構化環境下光照條件隨機性較強，甚至是雲層的遮擋引起的光線變化也可能造成地形外觀上（包括顏色和紋理）的變化，為此，Helmick 等[13] 同時提取顏色和紋理特徵，然後透過訓練的手段減小光線變化帶來的影響，以提高系統的魯棒性。

3.3.1 基於 Gabor 小波和混合進化算法的地表特徵提取

在非結構化環境下，光照、灰塵、拍攝角度、各種幾何形變隨機性很強，不容易提取出高度結構化的環境特徵，傳統的顏色、紋理特徵提取方法很難以較高正確率識別圖 3-23 所示的六種地表類型。Gabor 小波能夠同時捕捉空域、時域和方向上的最佳解析度，具有和人類視覺相似的識別效果，其變換係數描述了圖像上給定位置附近區域的紋理特徵。Gabor 小波在實際應用中被廣泛用於提取圖像的紋理特徵。同時，特定尺度特定方向上的 Gabor 小波係數可以反映該方向上的形狀特徵，其提取的圖像特徵受光照影響小且對一些形變也不敏感。而地表由於組成物質的不同，其特徵表現一般沿一定的方向分布。因此，這裡提出採用 Gabor 小波提取地表圖像中多個尺度多個方向上的特徵。然而，在 Gabor 小波運算時，需進行多個不同尺度多個方向上的運算，形成一個高維統計特徵，特徵維數過高引起較大的計算量和記憶體消耗，將直接影響分類器的分類效果和效率。為此，本章利用分級進化優化算法選取地表特徵，算法的整體框圖如圖 3-24 所示。

離線訓練階段為混合進化算法，選取最能區分地表特徵的圖像節點及 Gabor 小波的方向和尺度參數。在確定圖像節點和 Gabor 小波參數後，將特徵量輸入分類器分類。

(1) Gabor 小波提取地表特徵

根據 Gabor 小波的定義，可以將 Gabor 小波的函數形式表示為：

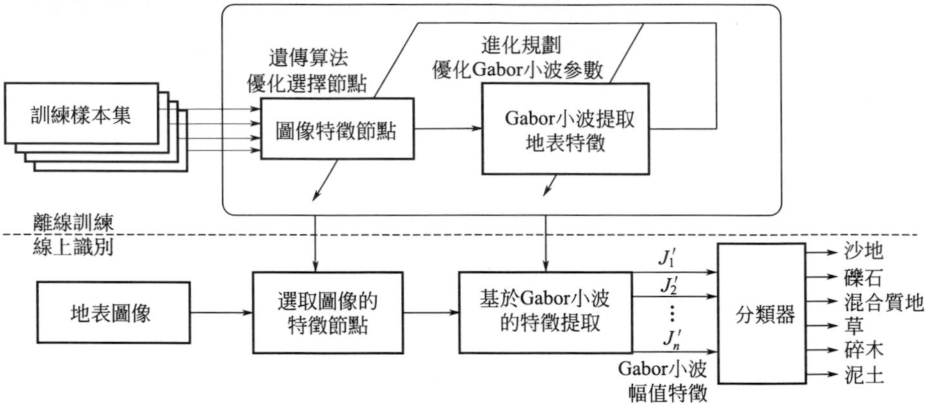

圖 3-24 地表特徵優化提取整體結構圖

$$\psi_j(x)=\frac{\| k_v \|^2}{\sigma^2}\mathrm{e}^{\| k_v \boldsymbol{A}x \|^2}\left(\mathrm{e}^{ik_v \boldsymbol{CA}x}-\mathrm{e}^{\frac{-\sigma^2}{2}}\right) \tag{3-50}$$

式中

$$\boldsymbol{A}=\begin{bmatrix}\cos\theta & \sin\theta \\ -\sin\theta & \cos\theta\end{bmatrix},\boldsymbol{C}=[1 \quad 0]$$

式中，$k_v=k_{\max}/f^v$，f 是頻率參數，v 為與波長相關的參數，相當於伸縮因子；θ 為方向參數，通常文獻中取 $\theta=\mu\pi/N$，N 是方向數目，μ 表示第幾個方向；x 是一個 2×1 的列向量，表示二維平面上的一個點；$\mathrm{e}^{ik_v CAx}$ 為變換核定振盪部分；$\mathrm{e}^{\frac{-\sigma^2}{2}}$ 為補償變換核定的直流分量，達到消除圖像灰度絕對值影響的目的。當 σ 足夠大時，直流項的影響可忽略。

圖像 $f(x)$ 的 Gabor 小波定義如下：

$$GW(k,x_0)=(f*\psi_k)(x_0) \tag{3-51}$$

式中，$k=[k_v \quad \mu]$；$*$ 為捲積運算符。

透過改變參數波長 v 和方向參數 μ 的方式，可獲得在不同尺度、不同方向上的 Gabor 小波，利用式(3-51) 計算出函數中多個尺度、多個方向上的 Gabor 小波係數。

Gabor 小波捲積計算產生的是一個由實部和虛部組成的複數響應。在這兩個分量邊緣附近可能產生振盪，將影響後續的分類識別效果。為此，將 Gabor 響應表示為實部和虛部平方和開根號的幅值響應，幅值響應反映了圖像局部的能量譜，有利於分類識別。

對於地表圖像，利用 Gabor 小波變換將圖像分解到 M 個尺度和 N

個方向，則對於圖像上位於（i,j）處的像素 $p(i,j)$ 可得到 $M\times N$ 個幅值特徵，將這些幅值特徵級聯起來表示為 $\boldsymbol{J}_{p(i,j)}$。再將所有位置上像素的 $\boldsymbol{J}$ 級聯，可得到輸入圖像 I 的 Gabor 特徵表示：

$$\boldsymbol{J}_I=\{\boldsymbol{J}_{p(i,j)}\mid(i,j)\in I\} \tag{3-52}$$

（2）混合進化算法優化地表特徵選擇

若將每一個像素都當作一個特徵點，對於 128×128 大小的圖像，採用尺度和方向為 5×8 的 Gabor 小波，總的 Gabor 特徵數量為 128×128×40＝655360 個，計算量非常大，將耗費大量的計算時間和記憶體，在後續分類識別中也容易造成維數災難，因此需要對特徵向量進行降維處理。常見的降維方法：①在使用 Gabor 小波與圖像捲積之前稀疏圖像；②對 Gabor 小波與圖像捲積之後的特徵向量降維。

透過網格對分析地表圖像稀疏化，以部分像素（本節稱之為圖像特徵節點）代替整個圖像像素與 Gabor 小波捲積，一定程度上能降低特徵的維數。但是如何選擇圖像特徵節點的數量和位置，確保後續識別率高和計算量少是使用 Gabor 小波提取地表特徵的一大難題。

此外，當圖像特徵節點確定後，特徵提取的時間將消耗在計算不同尺度、不同方向的 Gabor 特徵上，尺度和方向越多，計算量越大，相應地也越能代表圖像的特徵；尺度和方向越少，計算量也越小，其描述圖像的精度也越低。因此，Gabor 小波參數的尺度和方向的選擇是進行地表特徵時的另一難題。

為此，採用混合進化算法優化選取圖像特徵節點和 Gabor 小波的尺度及方向參數。其中，遺傳算法（genetic algorithm，GA）位於外層，優化選取那些對地表區分能力較強的圖像特徵節點；進化規劃（evolutionary programming，EP）位於內層，優化選取特徵節點中所包含的多個尺度多個方向上的特徵。

1）進化算法

進化算法從遺傳學角度，如個體的變異、選擇，來模擬自然進化過程，在由個體構成的群體層面上實現適應性學習。個體操作是隨機的，因此進化算法可視為一種隨機搜索和優化的技術。EA 主要包括以下 3 類方法[14]。

① 遺傳算法（GA）。遺傳算法的理論和方法由 Michigan 大學 J. H. Holland 在 1975 年出版的著作《Adaptation in Natural and Artificial System》中系統地闡述。遺傳算法是一種全局優化算法，GA 主要強調染色體的操作。

② 進化規劃（EP）。進化規劃思想是美國的 L. J. Fogel 等於 1960 年代提出的，最初被用於預測輸入符號序列的有限狀態機的進化，後

來大量用於優化實參數。其特點是進化發生在個體上，而不是發生在個體染色體上；新個體的出現只依賴於個體的突變，而沒有任何重組算子。

③ 進化策略（evolution strategy，ES）。德國的 Rechenberg 在解決彎管形態優化問題過程中形成了進化策略思想。它將定義於 n 維實向量空間上的實函數作為優化對象，進化策略中的自然選擇採用確定性選擇。進化策略中提供了重組算子，但與遺傳算法中的交換不同，它使個體中的每一位發生結合，新個體中的每一位都包含有兩個舊個體的相應資訊。存在兩種進化策略，它們之間稍微有一點區別：$(\mu+\lambda)-ES$ 的選擇過程中採用 μ 個父體和 λ 個子個體一起作為候選解，生成 μ 個後代；$(\mu,\lambda)-ES$ 僅由 λ 個子個體中形成 μ 個後代。

GA、EP 和 ES 三種方法很大程度上具有相似性，因此將它們表示在統一的框架下，統稱為進化算法（EA）。

2）進化算法優化地表選擇步驟

地表特徵的優化可分為特徵節點的優化和 Gabor 小波的參數優化兩部分。圖 3-25 給出了本章提出的混合進化算法優化地表特徵選擇的流程，為雙層結構，首先在外層用 EA 算法優化特徵節點的選取，在外層特徵節點確定的情況下，內層 EP 開始優化 Gabor 小波參數。

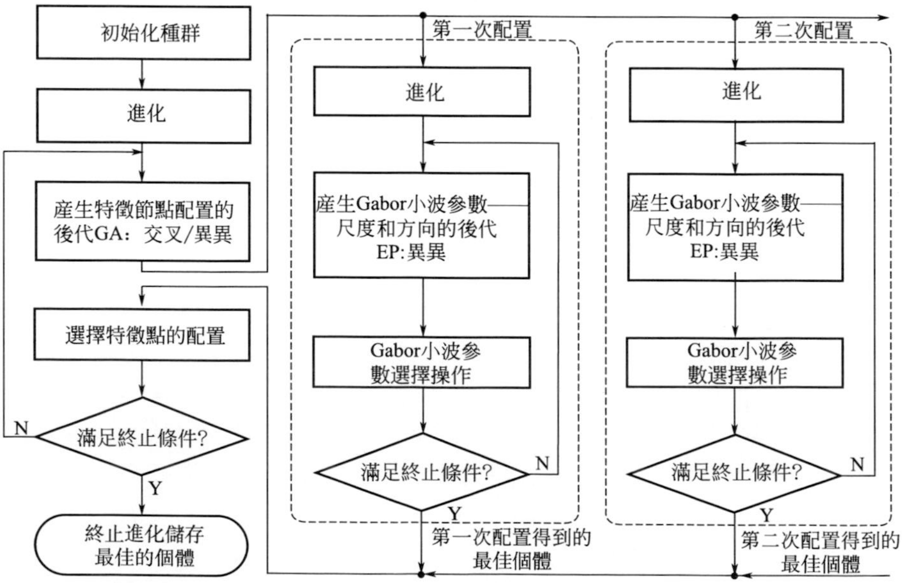

圖 3-25 雙層混合優化選擇圖像特徵節點和 Gabor 小波參數的流程

① 編碼　外層 GA 採用二進位編碼，將原始地表特徵分為被選擇特徵節點和未選擇特徵節點，當位置為 (i,j) 的特徵節點被選擇時，它在染色體上對應的基因為 1，否則為 0，記為 $Link_n(n=0,1,2,\cdots,i\times j-1)$。內層 EP 的編碼採用整數編碼，將尺度和方向的數量排列在一起。其染色體的組成如圖 3-26 所示。

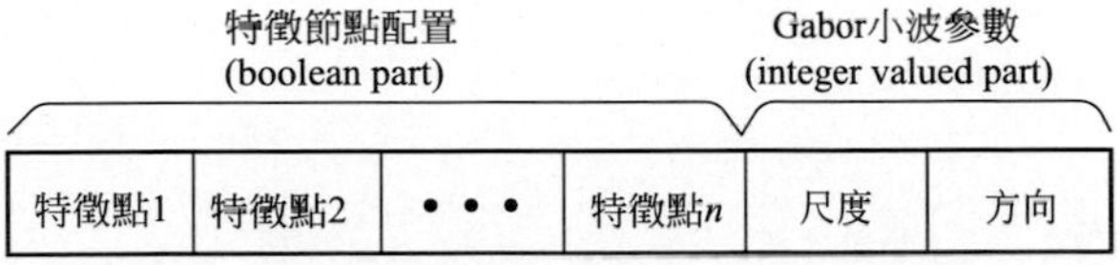

圖 3-26　優化選擇地表特徵的染色體編碼

② 交叉和變異　在外層的 GA 中，採用典型的單點交叉（one-point crossover）和基本位變異操作，內層的 EP 中，沒有交叉過程，僅採用高斯隨機變異：

$$GaussMution(x)=\exp\left(-\frac{|x-\eta_i|^2}{(H_i-L_i)/PopNum}\right) \tag{3-53}$$

式中，η_i 表示內層第 i 個分量；H_i 和 L_i 為該分量的最大和最小值。

③ 適應度函數　適應度函數的選擇關係到地表物質的識別，為此，以選擇的特徵維數小、分類的錯誤率最低為標準來確定適應度函數的基本原則。

為達到第一個目標，需要滿足選擇的特徵節點數少，分解節點特徵的尺度和方向數目小，定義適應度函數 $Fitness_1$ 為：

$$Fitness_1=\exp\left[-\left(\frac{Lng}{s}+\frac{K}{100}\right)\right] \tag{3-54}$$

式中，s 為圖像的大小（此處為 128×128）；$Lng=\sum_{n=1}^{s}Link_n$，即圖像的像素被選中用於表示地表特徵的特徵節點的數量和；K 為用於分解圖像的 Gabor 小波尺度與方向數量的乘積。

這樣選擇的特徵節點數目越少，選用的 Gabor 小波尺度與方向數目越小，評價函數 $Fitness_1$ 值越高。

對於第二個目標，實際中計算錯誤率實現起來有較大困難，因此選用其他指標間接代替。各類樣本能分開是因為它們處於特徵空間中的不同區域，這些區域之間的距離越大，則可分性越高；而同一類別的樣本之間的距離越小，則分類的可靠性越高。

定義類間距為：

$$S_1=\sum_{m=1}^{M}\sum_{\substack{n\neq m,\\ n=1}}^{M}\left[(u_m-u_n)(u_m-u_n)^{\mathrm{T}}\right]^{1/2} \tag{3-55}$$

式中，M 表示類別個數；$u_m=\mathrm{E}[J_m]$，$u_n=\mathrm{E}[J_n]$，其中 J_m 和 J_n 分別表示 m 類和 n 類各自經 Gabor 小波提取的特徵幅值向量，運算符 E [] 表示求均值。

定義類間距為：

$$S_2=\sum_{m=1}^{M}\left\{\frac{1}{L_m}\sum_{i=1}^{L_m}\left[(x_i^m-u_m)(x_i^m-u_m)^{\mathrm{T}}\right]^{1/2}\right\} \tag{3-56}$$

式中，M 表示類別個數；L_m 表示第 m 類樣本的數量；x_i^m 表示屬於 m 類的第 i 個樣本經 Gabor 小波提取的特徵幅值。

可分性和可靠性適應度函數如下：

$$Fitness_2=\frac{1}{2}[1-\exp(-S_1)+\exp(-S_2)] \tag{3-57}$$

最終的適應度函數可表示為 $Fitness_1$ 和 $Fitness_2$ 的加權組合：

$$Fitness=\alpha Fitness_1+\beta Fitness_2 \tag{3-58}$$

式中的加權係數 α 和 β 根據實驗設定。

④ 選擇　在 GA 和 EP 中，均採用結合輪盤賭和菁英選擇法，滿足條件則選入下一代，形成新種群。

⑤ 終止條件　當算法滿足設定的收斂判斷條件時，算法終止。收斂的條件設為：疊代到指定代數終止，實驗中設 GA 的代數為 250 代，EP 的代數為 50 代。

3.3.2 基於相關向量機神經網路的地表識別

Tipping 提出的相關向量機應用於迴歸與分類，透過最大化邊際似然函數原理獲得相關向量和權值，但不具備線上調整參數的能力。而基於經驗風險最小化原則的神經網路，常面臨如何確定隱層節點數的問題。隱層節點過多，計算時間增加，而且網路泛化能力下降；隱層節點太少，則學習性能不足，網路難以收斂。實際應用中往往靠經驗確定，顯然不可靠。這裡提出一種相關向量機神經網路，首先訓練構建相關向量機用以確定網路結構並初步確定網路的參數，然後將其等價為神經網路，用 BP 算法進行線上訓練其權值，提高地表類型識別效果。

(1) 相關向量機與神經網路的關係

如圖 3-27 所示，相關向量機與多層前向神經網路具有相似的結構。

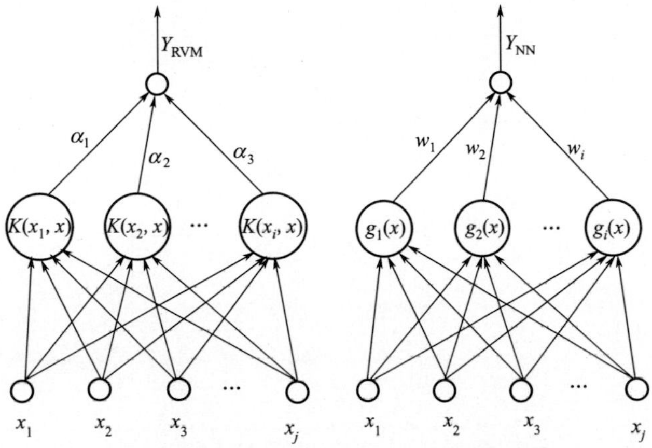

(a) 相關向量機　　(b) 神經網路

圖 3-27　相關向量機和神經網路

對於一個基函數的相關向量機，其決策函數為：

$$f_{\text{RVM}}(x)=\sum \alpha_i K(x, x_i)+b \tag{3-59}$$

式中，α_i 為輸出權值；$K(x, x_i)$為基函數；x_i 為相關向量；b 為偏置。

對於一個三層前向神經網路，其輸出函數為：

$$f_{\text{NN}}(x)=\sum w_i g_i(x)+c \tag{3-60}$$

式中，w_i 為隱層到輸出層的連接權值；$g_i(x)$ 為隱層的傳輸函數；c 為輸出偏置值。

將式(3-59) 和式(3-60) 對比可發現，它們的網路輸出函數同樣也有相似性。若將這兩個網路中各個參數一一對應取值，則兩個網路的輸出也相同。因此，可將相關向量機轉化為對應的神經網路。將相關向量機轉化為神經網路後，相應的神經網路的結構被確定。相關向量機具備優良的全局性能，因此也就得到了優化的神經網路結構，神經網路的推廣性能也得到了保證。同時，等價得到的神經網路的參數與全局最佳點接近。在此基礎上採用 BP 算法進一步優化神經網路，減小了再次陷入局部最佳的可能性，還能利用其局部搜索能力強的優點，從而又快又好地找到全局最佳點。

(2) 相關向量機神經網路結構

使用訓練樣本集訓練，得到訓練好的相關向量機。將這個相關向量機轉化為相應的神經網路。轉化後的神經網路結構如圖 3-28 所示。

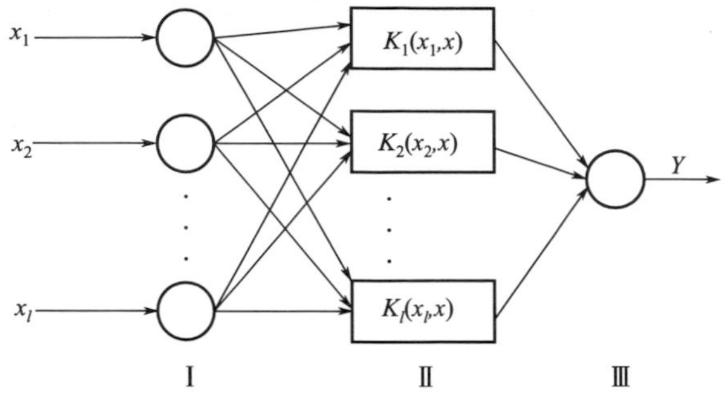

圖 3-28 相關向量機神經網路的結構

第一層是輸入層，其輸入輸出關係為：

$$O_i^{(1)}=I_i^{(1)} \tag{3-61}$$

$$I_i^{(1)}=x_i \tag{3-62}$$

第二層是基函數層，該層的輸入輸出關係如下式：

$$I^{(2)}=O^{(1)} \tag{3-63}$$

$$O_j^{(2)}=K_j(I^{(2)},x_j^*) \tag{3-64}$$

$$K_j(x,x_i^*)=k_{1j}(xx_i^*)^{d_j}+k_{2j}[\exp(-r_j|xx_i^*|^2)] \tag{3-65}$$

式中，$j=1,2,\cdots,k$；k 為訓練得到的相關向量機中相關向量的數目；$K_j(x,x_i^*)$是相關向量機中的基函數。

第三層為輸出層,該層的輸入/輸出如下：

$$I^{(3)}=\sum_{j=1}^{k}O_j^{(2)}W_j \tag{3-66}$$

$$Y=O^{(3)}=I^{(3)} \tag{3-67}$$

（3）相關向量機神經網路的訓練

採用 BP 算法學習等價轉換的神經網路，而神經網路參數的初值由預先訓練得到的相關向量機確定。對於神經網路訓練初值，輸出層中的 W_j 等於相關向量機中的 α_j，基函數層中的 x_j^* 為相關向量機中對應的相關向量。

定義神經網路的學習誤差為：

$$J=\frac{1}{2}(D-Y)^{\mathrm{T}}(D-Y) \tag{3-68}$$

式中，D 為神經網路的期望輸出；Y 為神經網路的實際輸出。

輸出層中，網路權值 $\boldsymbol{W}$ 的反向修正公式表示為：

$$\Delta W_j = -\frac{\partial J}{\partial W_j} = (D-Y)O_j^{(2)} \tag{3-69}$$

式中，$j=1,2,\cdots,k$，k 為相關向量機中相關向量的數目。

$$W_j(t+1) = W_j(t) + \eta \Delta W_j \tag{3-70}$$

式中，η 是學習率。

定義基函數層中參數的誤差修正為：

$$\Delta k_{1j} = -\frac{\partial J}{\partial k_{1j}} = (D-Y)W_j[(I^{(2)}x_j^*)^{d_j}] \tag{3-71}$$

$$\Delta k_{2j} = -\frac{\partial J}{\partial k_{2j}} = (D-Y)W_j[\exp(-r_j|I^{(2)}-x_j^*|^2)] \tag{3-72}$$

$$k_{1j}(t+1) = k_{1j}(t) + \eta \Delta k_{1j} \tag{3-73}$$

$$k_{2j}(t+1) = k_{2j}(t) + \eta \Delta k_{2j} \tag{3-74}$$

$$\Delta d_j = -\frac{\partial J}{\partial d_j} = (D-Y)W_j[k_{1j}(I^{(2)}x_j^*)^{d_j}\ln(I^{(2)}x_j^*)] \tag{3-75}$$

$$\Delta r_j = -\frac{\partial J}{\partial r_j} = -(D-Y)W_j\{k_{2j}[\exp(-r_j|I^{(2)}-x_j^*|^2)](|I^{(2)}-x_j^*|^2)\} \tag{3-76}$$

$$\begin{aligned}\Delta x_j^* &= -\frac{\partial J}{\partial x_j^*} \\ &= (D-Y)W_j\{k_{1j}d_j(I^{(2)}x_j^*)^{d_j-1}I^{(2)} + \\ &\quad k_{2j}[\exp(-r_j|I^{(2)}-x_j^*|^2)](2r_j|I^{(2)}-x_j^*|)\}\end{aligned} \tag{3-77}$$

$$d_j(t+1) = d_j(t) + \eta \Delta d_j \tag{3-78}$$

$$r_j(t+1) = r_j(t) + \eta \Delta r_j \tag{3-79}$$

$$x_j^*(t+1) = x_j^*(t) + \eta \Delta x_j^* \tag{3-80}$$

透過混合進化算法確定了圖像特徵節點的位置及數量 N_1、Gabor 小波的參數尺度 N_v 和方向 N_θ，在最大可能表徵原圖像的情況下，有效減少捲積的次數。將僅由圖像特徵節點組成的圖像記作 I'，對於地表圖像上位於 (i,j) 處的像素 $p(i,j)$ 可得到 $N_v \times N_\theta$ 個幅值特徵，將這些幅值特徵級聯起來表示為 $J'_{p(i,j)}$。再將所有位置上像素的 J' 級聯，可得到輸入圖像 I 的優化後 Gabor 特徵表示：

$$J'_{\mathrm{I}} = \{J'_{p(i,j)} \mid (i,j) \in I'\} \tag{3-81}$$

將優化後的特徵向量 J'_{I} 輸入相關向量機神經網路進行分類，特徵向量的每一個分量對應神經網路的一個輸入節點，即輸入層的節點數為 $N_1 \times N_v \times N_\theta$，隱層的節點數為 N_{hidder}，輸出節點只有一個，與地表類型相對應。地表的類型為 0～1 的數，每一類地表類型對應一個值，如表 3-13 所示。

表 3-13　地表類型真值表

地表類型	參數值
沙地	0
礫石	0.2
混合質地	0.4
草	0.6
碎木	0.8
泥土	1

本節提出的地表識別算法總體流程如圖 3-29 所示。

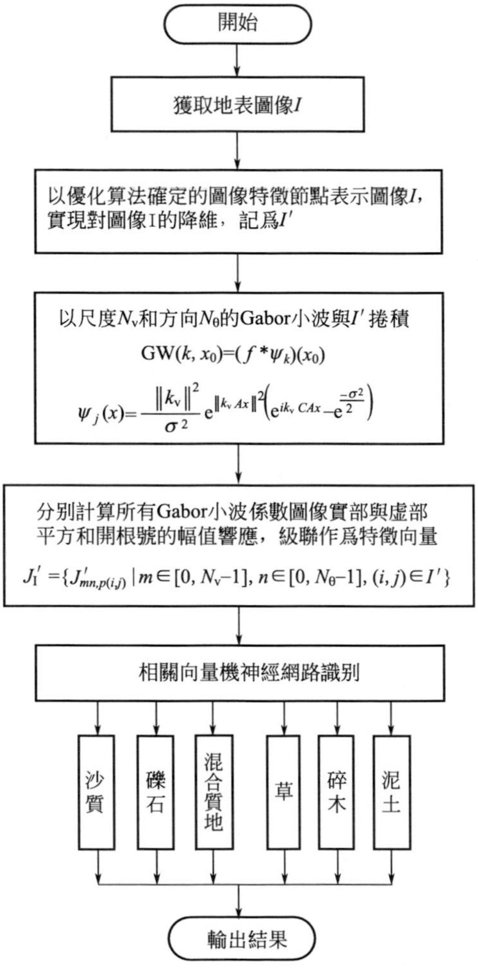

圖 3-29　本章地表類型識別算法

3.3.3 實驗結果

智慧機器人在如圖 3-23 所示的沙地、混合質地、草、碎木、礫石和泥土等六類地表上行走時，隨機獲取每種地表的圖像 400 幅，合計 2400 幅，並取這些圖像的中心 128×128 像素大小的區域作為樣本。圖 3-30 給出了部分泥土地表樣本。

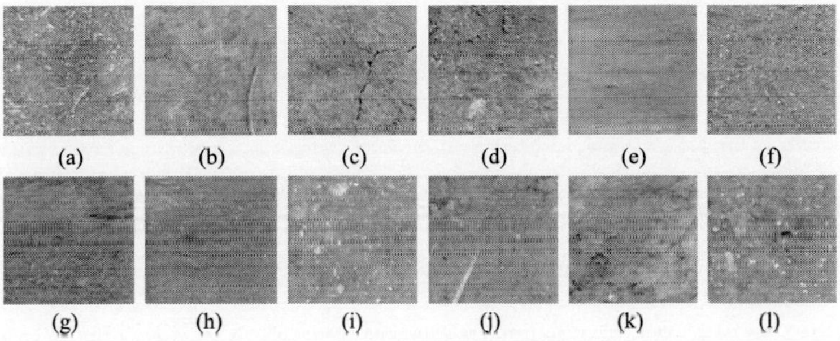

圖 3-30　部分泥土地表樣本

(1) 圖像特徵節點和 Gabor 小波參數優化結果

利用 3.3.1 節提出的混合進化算法對圖像特徵節點的配置和 Gabor 小波參數的選擇進行優化，該雙層混合進化算法所用到的參數如表 3-14 所示。

表 3-14　混合 EA 所用到的參數

參數/遺傳算子	參數值
GA/EP 最大運行代數	250/50
群體規模/編碼方法	68
個體長度/編碼方法	16386
菁英數目	5
GA 的交叉機率/交叉算子	0.4
GA 的變異機率/變異算子	0.03

優化過程曲線如圖 3-31 所示。圖像特徵節點的配置結果見表 3-15，表中的圖像特徵節點位置以 (i,j) 表示，其中 i 和 j 分別對應原圖像中的行和列。與優化之前相比，需用 Gabor 小波分解的特徵節點只有 109 個，不到原有特徵節點數量的 1/150，使得參與 Gabor 小波捲積計算的像素大大減少，計算量隨之也大大減少。Gabor 小波參數的優化結果為採用 4 個尺度、6 個方向進行紋理特徵提取，即 $v=\{0,1,2,3\}$，$\theta=\{0,1,$

2,3,4,5}，圖 3-32 給出了應用於地表特徵提取的 24 個小波系列。

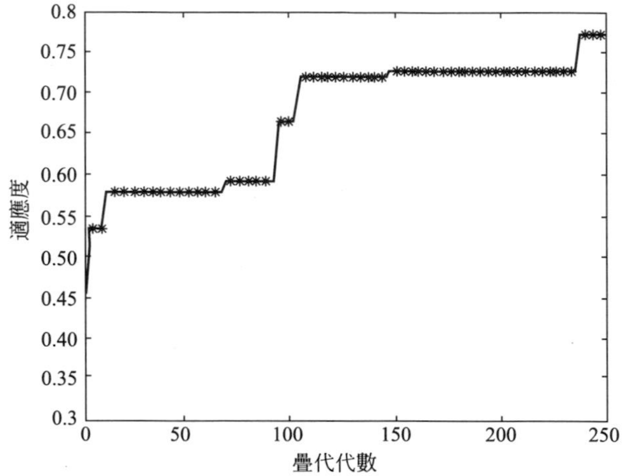

圖 3-31 適應度優化疊代曲線

表 3-15 圖像特徵節點配置優化結果

編號	圖像特徵節點在圖像中的位置(行,列)						
1～7	(1,88)	(2,123)	(3,6)	(5,47)	(5,75)	(7,109)	(8,25)
8～14	(8,61)	(8,100)	(10,12)	(10,81)	(11,113)	(12,39)	(15,70)
15～21	(16,35)	(16,96)	(17,27)	(20,2)	(20,116)	(23,31)	(23,55)
22～28	(23,104)	(24,67)	(25,87)	(27,74)	(28,39)	(28,61)	(29,95)
29～35	(31,10)	(31,111)	(32,81)	(33,91)	(36,74)	(37,12)	(39,32)
36～42	(39,97)	(41,4)	(41,108)	(42,53)	(42,60)	(43,41)	(43,102)
43～49	(44,117)	(45,25)	(45,67)	(45,122)	(48,83)	(49,103)	(50,13)
50～56	(51,55)	(52,76)	(53,127)	(56,111)	(57,88)	(59,38)	(59,68)
57～63	(59,83)	(60,6)	(60,119)	(61,32)	(62,46)	(63,92)	(64,20)
64～70	(65,5)	(67,86)	(68,13)	(68,40)	(71,105)	(74,23)	(75,112)
71～77	(76,20)	(76,63)	(76,127)	(77,80)	(77,114)	(78,32)	(78,48)
78～84	(78,95)	(80,66)	(82,22)	(84,68)	(84,110)	(85,9)	(87,105)
85～91	(88,58)	(88,98)	(90,74)	(90,127)	(93,33)	(93,85)	(96,45)
92～98	(96,50)	(99,123)	(100,54)	(100,59)	(108,15)	(108,88)	(108,104)
99～105	(110,35)	(110,69)	(111,113)	(115,78)	(118,67)	(123,43)	(123,84)
106～109	(124,108)	(125,22)	(126,50)	(126,120)	—	—	—

(2) 結果評價

為了檢驗分級進化優化算法對特徵項優化組合及分類器的優化結果的可靠性，做了驗證試驗。其測試結果如表 3-16 所示。

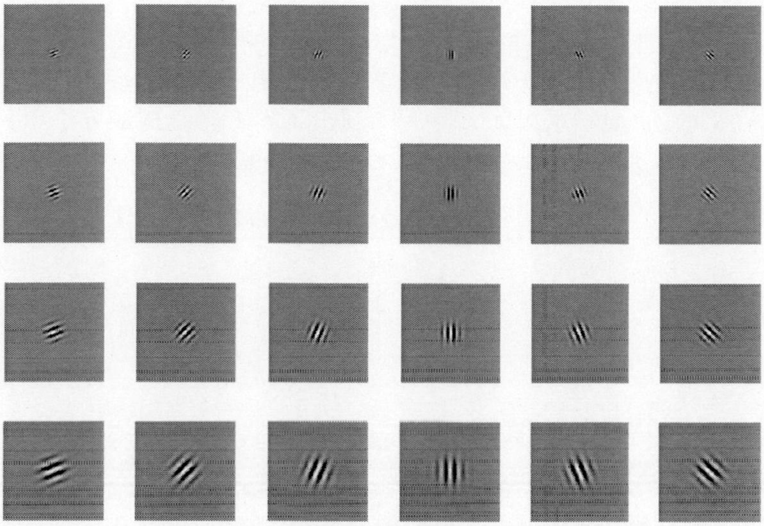

圖 3-32 用於提取地表特徵的 Gabor 小波

表 3-16 本章方法識別地表的測試結果

項目	沙地	混合質地	礫石	碎木	草	泥土	正確個數	樣本總數	正確率/%
沙地	69	8	3	1	0	1	69	82	84.1
混合質地	3	50	4	2	2	2	50	63	79.3
草	0	0	0	0	147	0	147	147	100
碎木	1	3	4	73	0	2	73	83	88.0
礫石	1	3	122	3	0	3	122	130	90.7
泥土	0	2	2	1	0	99	99	104	95.1
合計	—	—	—	—	—	—	560	609	91.9

從實驗結果可以看到，採用本章方法對地表物質進行分類，總體識別正確率達到 91.9%，這說明該特徵提取方法對地表分類是有效的。混合質地的識別正確率稍低，這是因為其中物質組合比較隨機，表現的紋理特徵與其他類比較相近，從而造成錯分。

下面將該方法與其他方法做對比試驗。

① 特徵選取方法不一樣，分類器均採用相關向量機神經網路。

a. 採用 10×10 大小網格直接對樣本圖像網格化，得到圖像特徵節點為 163 個，利用 Gabor 小波對其分解到 4 個尺度、6 個方向上，稱為圖像降維方法。

b. 利用 Gabor 小波直接將 128×128 的樣本圖像分解到 4 個尺度、6 個方向上，然後採用 PCA 方法降維，稱為特徵降維法。

c. 提取地表圖像的顏色直方圖特徵。

d. Walsh-Hadamard 濾波器組提取地面特徵。

利用上述方法提取的特徵，分別訓練相關向量機神經網路分類器，然後用測試樣本測試。表 3-17 列出了本章特徵選取方法與另外四種特徵選取方法採用同一分類器對六種地表的識別率。

表 3-17 五種特徵選取方法的性能——正確率（%）對比

地表類型 / 算法	沙地	混合質地	礫石	草	碎木	泥土
圖像降維方法	80.7	74.9	85.6	97.4	84.5	87.2
特徵降維方法	82.4	75.2	87.2	98.9	86.1	91.3
Color histogram	67.5	57.9	75.4	97.8	71.8	80.7
Walsh-Hadamard 濾波器	77.7	71.6	82.9	94.2	80.4	85.3
本章方法	84.1	79.3	90.7	100	88	95.1

從實驗結果可以得出如下結論。

a. 在使用相同分類器的情況下，本章方法選取的特徵對六種地表類型的識別率要高於圖像降維方法和特徵降維方法的識別率。在採用同樣的 Gabor 小波參數的情況下，不同位置的圖像特徵節點對分類的貢獻也不一樣。

b. 五種方法都能較好地識別「草」類地表，這是因為「草」無論是顏色還是紋理與其他幾類地表差別較大。

c. Walsh-Hadamard 濾波器提取特徵不如 Gabor 小波提取特徵的識別率高。

d. 顏色直方圖識別率最低，因為顏色容易受光線、灰塵等環境因素的影響，同一地表在不同光線下的顏色可能也不一樣。

目前，本章算法在 VC.net 下實現，識別一幅 128×128 的地表圖像需要 70ms，能夠滿足行動機器人即時性的要求。

② 特徵選取方法一樣，採用不同的分類器。

作為對比，同時採用了相關向量機神經網路、RBF 核函數相關向量機和 RBF 神經網路作為分類器進行上述六種地表類型識別實驗。取實驗所得到的六種地表類型的總體識別率作為結果，實驗結果見表 3-18。

表 3-18 地表類型識別結果

算法	總體識別率/%
相關向量機神經網路識別算法	91.9
相關向量機識別算法	90.2
神經網路識別算法	87.5

從實驗結果看，基於相關向量機神經網路的地表識別的平均識別準確率優於相關向量機檢測算法和神經網路識別算法。

3.4 非結構化環境下地形的可通行性評價

如何讓行動機器人更好地理解它所處的環境，甚至能具備與智慧生命體相似的環境認知能力，是實現行動機器人自主導航的基礎和關鍵，長期以來引起了學者的密切關注和積極研究。透過提取地形特徵來評價可通行性（traversability），是解決智慧機器人在未知環境下導航的一個重要手段。

本節在假設已知智慧機器人越障能力的前提下，主要研究在模糊邏輯框架下如何度量行動機器人透過某地形的難易程度，提出融合視覺資訊和空間資訊從粗糙度、開闊度、坡度、不連續度和地面硬度五個方面評價地形的可通行性方法，以增加行動機器人對非結構化環境的理解能力。

3.4.1 地形的可通行性

在室內環境或室外結構化環境中運行的智慧機器人，因為地面較平整，結構相對簡單，一般僅僅將場景定義為嚴格的自由空間（free space）和障礙物（obstacle）兩類，它們分別對應可通行區域和不可通行區域。在非結構化環境下，地面不再是平面，而是隨機起伏、不連續、有坡度的，此時，智慧機器人不僅要避免與障礙物發生碰撞，還要防止在攀爬斜坡的過程中傾覆、陷入壕溝或者因為在不平整地面上的運動速度過快引起顛簸。因此，要求智慧機器人具備根據地形特點選擇合理的運動方式的能力。例如，如果智慧機器人在非結構化環境下遇到的障礙物是柔軟的，且小於一定的坡度時，行動機器人可以以較慢的速度翻越該障礙物，而不是繞開該障礙物。為此，有學者研究透過語言描述來提取場景全局統計資訊，Seraji 提出了區域的可通行性來度量行動機器人通過某個地形的容易程度。目前，可通行性方面的研究主要是採用人工智慧和統計學的方法分析地形的物理屬性，其中粗糙度（roughness）和坡度（slope）為最常用和基本的參數。

美國噴氣動力實驗室（JPL）的學者從地形特點出發，利用語言描述和模糊邏輯方法，用粗糙度、坡度、擴展度（expansion）等物理屬性描述場景，並分析當前地形的可通行性係數（traversability index）來量化行動機器人透過自然地形的容易程度。可通行性係數通常以區間［0,1］內的數值表示，地形區域的可通行性係數越大，行動機器人通過該區域就越困難[15]。Gennery[16] 利用立體視覺或者雷射掃描儀獲取地形表面的三維輪廓，透過提取一定區域內地形的高度、坡度及粗糙度來描述地形，然後結合行動機器人的運動性能，判定機器人能否通過該區域。在隨後的研究中，Howard 和 Seraji[17,18] 採用視覺獲取環境資訊，根據隸屬函數，將地形粗糙度、地形坡度、硬度的地形屬性轉化為語言變數描述，然後利用模糊邏輯規則推理得到地形的可通行性係數。其中，粗糙度由地形區域內岩石的密度確定，而地形的坡度取決於地形上的點與從圖像中提取得到的地平線之間的角度。上述方法主要針對行星地表某些特殊地形，即假設行星地表平坦且主要由岩石組成。在此框架下，從統計矩出發，分析圖像中的紋理資訊，建立亮度直方圖，以此獲得粗糙度，透過訓練的神經網路，根據地面紋理預測起伏度，經過模糊推理確定地形可通行性，並用於搜救機器人的導航中[19]。

另一種方法是透過構造三維地形數據相關矩陣，運用統計的方法估計坡度和粗糙度等地形特性，並據此構造代價函數決定地形的可通行性。Singh 等[20]、Jin 等[21] 將地形分成若干小塊區域，用最小二乘法將這些小區域分別擬合為平面，並以此平面相對於地面的俯仰和橫滾作為該區域的俯仰角和橫滾角。粗糙度由擬合平面與實際區域表面之間的殘差表示。在此基礎上，Ye 等[22] 對獲得的某一區域地形的三維資料點集，採用最小二乘平面法對數值地面擬合得到一近似平面，以該近似平面與水平面的夾角作為地形的坡度；地形的粗糙度以地形三維資料點集與近似平面之間距離的方差表示，從而得到地形的可通行性評價，對在城市環境中運行的機器人進行路徑規劃。文獻［23］採用相對特徵實現對地面起伏度的表徵，透過曲面擬合獲得地形的坡度，結合布朗運動模型提取用以反映地形的破碎程度和不規則度的地形粗糙度，並以模糊邏輯思想入手組合三個地形資訊，推理出地形的可通行性評價。

採用人工智慧的方法，對於克服噪音和不確定性等影響有較強的魯棒性，但是具體需要哪些地形屬性去評價地形的可通行性，以及如何定義地形的物理屬性尚沒有統一的標準。後一種方法的缺點在於對感測器噪音、姿態等不確定性較敏感，而且從不同角度獲取同一地形的高程很難達到一致，其變換過程難以精確建模。

除此以外，Iagnermma 等[24] 從不同物質組成的地表對車輪的應力也不一樣的角度出發，分析車輪-地面接觸模型，透過訓練建立車輪在不同介質地面上運行時驅動電機輸出電流與該地表之間的關係，即時分析地形的可通行性。

3.4.2 基於模糊邏輯的地形可通行性評價

根據 3.3 節的分割結果，得到場景中的障礙物，可用於度量地形的粗糙度、開闊度、坡度和不連續性。根據 3.4 節的地表識別方法可獲得地表類型，用於分析地形的硬度。因為模糊系統對感測器噪音、環境不確定性的影響具有良好的魯棒性，而且可以較好模擬人的行走思維方式，便於後續導航的實現，本節在模糊邏輯框架下融合視覺資訊和空間資訊推理得到反映非結構化環境中地形可通行性的可通行性指數，其總體流程如圖 3-33 所示。

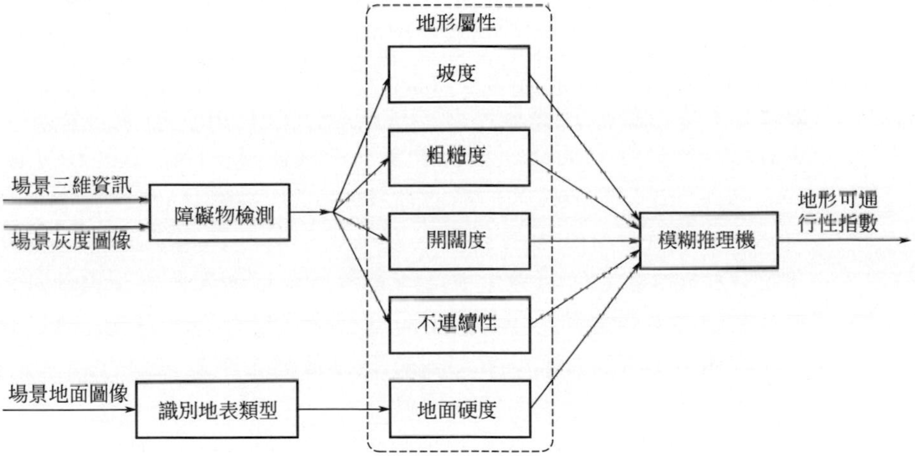

圖 3-33　地形可通行性評價總體流程

(1) 地形坡度

坡度作為地形的一種關鍵屬性，它的大小決定了行動機器人的導航策略——攀爬或避讓。Gennery[16] 根據三維資訊使用平滑插值方法計算地形的坡度。Castejon 等[25] 運用 Sobel 算子作用於粗糙地表上的點，可得到沿座標軸 x、y 方向的正切向量，由兩個正切向量計算平面上該點的方向，以其與座標軸 z 之間的角度作為地形的坡度。Howard 等採用雙目視覺得到反映環境資訊的一對圖像，在圖像對中分別標記出地面與背景的分界線，兩幅圖像各自的分界線上存在相互關聯的像素，透過訓練神經網路尋找這些關聯像素的位置與地形坡度的內在關係，最終估算出坡度。神經網路的輸入節點為四個，以關聯像素 $I_L(x_1,y_1)$、$I_R(x_2,y_2)$ 各自在圖像中的行和列的位置作為神經網路的輸入，隱層節點為兩個，一個輸出節點對應地形坡度[19]，如圖 3-34 所示。

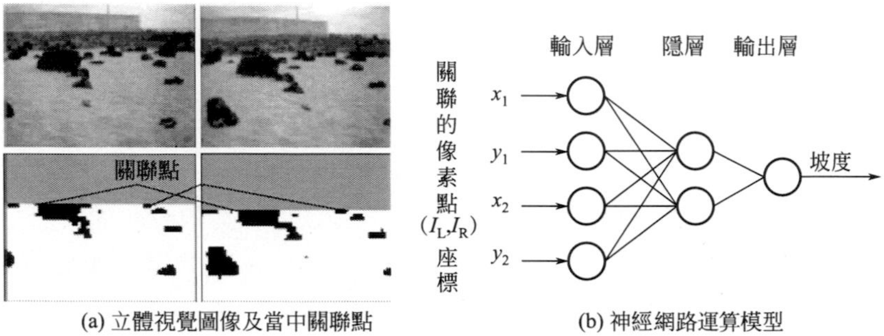

圖 3-34 Howard 確定斜坡地形的示意圖

Howard 將圖像中一點與其他四個鄰域點的最大灰度差值作為該點的坡度值，進一步求得地形內所有像素點的平均坡度值作為地形的坡度。Williams 等透過 Hough 變換檢測雪地中的條形痕跡，估算覆雪地形的坡度。如前所述，光照條件的隨機性較強，對圖像中的灰度等有很大影響，因此僅透過分析區域內的像素灰度來確定坡度的方法並不穩定和可靠。同時，相關文獻在分析地形坡度時只考慮了行動機器人正對斜坡的情況。當行動機器人側對斜坡時，斜坡的分析描述模型有了變化。在此情況下，如何利用所獲取的有限的感測器資訊去得到正確坡度值以及確定行動機器人與斜坡的相對位置則鮮有報導。

RBF 神經網路是一種典型的局部逼近神經網路，具有很強的非線性映射能力，適用於大工況範圍內的非線性建模分析。基於此思想，提出訓練 RBF 網路尋找地形坡度與測量的三維資訊之間的內在關係。即使行動機器人觀察斜坡的方位未知，也能正確估算出斜坡的坡度，然後推算行動機器人與斜坡之間的相對位置，以期為行動機器人的導航決策提供正確的依據。

① 建立斜坡地形描述模型　自然地形表面任意一點的坡度是該點的切平面與水平面的夾角，坡度表示了地平面在該點的傾斜程度。如圖 3-35 (a)、(b) 所示，當行動機器人正對斜坡，理想情況下，坡度數值上等於圖像中該點與它同列向下相鄰點之間的高度差除以深度差取反餘切。

$$\beta=\arctan\left(\left|\frac{y_{i,j}-y_{i+1,j}}{z_{i,j}-z_{i+1,j}}\right|\right) \tag{3-82}$$

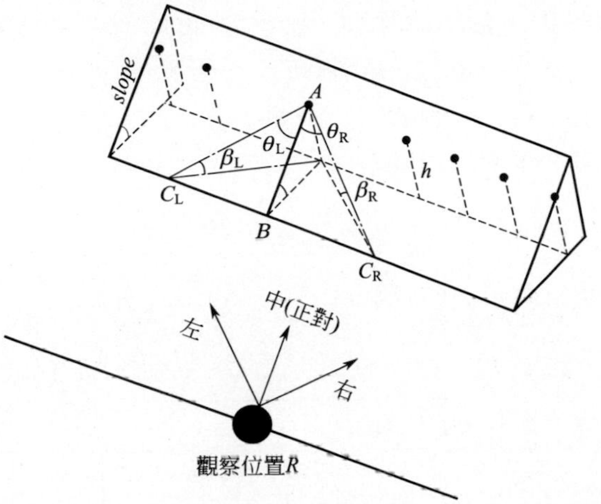

(a) 坡度與觀察位置

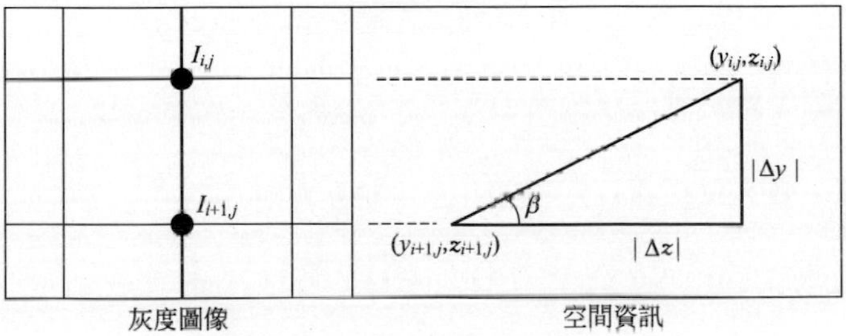

(b) 正對斜坡的坡度計算示意圖

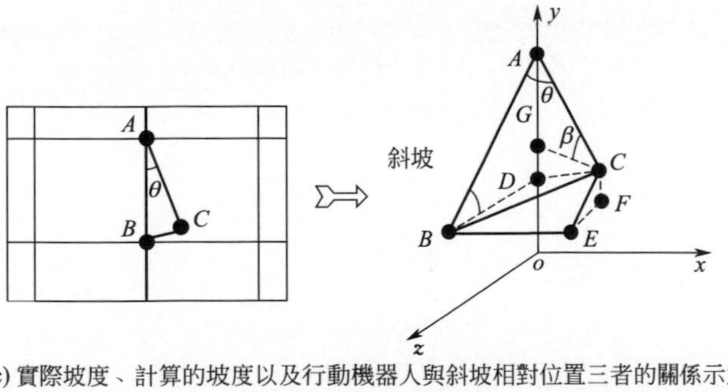

(c) 實際坡度、計算的坡度以及行動機器人與斜坡相對位置三者的關係示意圖

圖 3-35　斜坡分析

設點 A 為圖像中某個區域內要計算坡度的像素。當以角度 θ［即行動機器人與斜坡法線的夾角，圖 3-35(a) 中 R 位置的偏左或右方位］側視斜坡，再用式(3-82) 計算的坡度 β 實際上是圖像中 AC 兩點間直線相對地平面的夾角，而 AB 兩點間直線相對地平面的夾角才是真正的坡度

$slope$。圖 3-35(c) 給出了 θ、β 和 $slope$ 間的幾何關係。點 D 為點 B 在 y 軸上的投影，點 G 為點 C 在 y 軸上的投影，$\angle BAC=\theta$，$\angle ABD=slope$，$\angle ACG=\beta$。三角形 CEF 平行於平面 ABD，B、D、E 和 F 四個點的高度一致，故有 $\angle CEF=slope$。

考慮三角形 BCE 有：

$$CE=BC\sin\frac{\theta}{2} \tag{3-83}$$

考慮三角形 ABC 有：

$$BC=2\times AB\sin\frac{\theta}{2} \tag{3-84}$$

考慮三角形 CEF 有：

$$CF=CE\times\sin(slope) \tag{3-85}$$

式(3-83) 和式(3-84) 代入式(3-85) 有：

$$CF=2\times AB\times\sin^2\frac{\theta}{2}\sin(slope) \tag{3-86}$$

考慮三角 ACG 有：

$$AG=AC\sin\beta \tag{3-87}$$

因為 $AB=AC$，式(3-87) 可改寫為：

$$AG=AB\sin\beta \tag{3-88}$$

考慮三角 ABD 有：

$$AD=AB\sin(slope) \tag{3-89}$$

又因為 $GD=CF$，

$$CF=AD-AG \tag{3-90}$$

將式(3-86)、式(3-88) 和式(3-89) 代入式(3-90) 得：

$$\sin\beta=\left(1-2\times\sin^2\frac{\theta}{2}\right)\times\sin(slope) \tag{3-91}$$

即：

$$slope=\arcsin\frac{\sin\beta}{\cos\theta} \tag{3-92}$$

另外，對於圖 3-35(a) 中同一高度 h 上的點，在斜坡前同一位置 R 上從左、中、右不同角度觀察該斜坡，同一座標系下，這些點到 R 的距離變化趨勢也不一樣。為此，做了三組實驗，從左、中、右三個方位觀察同一斜坡，如圖 3-36(a)～(c) 所示，圖 3-36(d)～(e) 給出了斜坡同一高度 h（選取 0.8m 及 0.4m）上的點在機器人直角座標系下 Z 方向上到觀察位置 R 的距離變化趨勢。

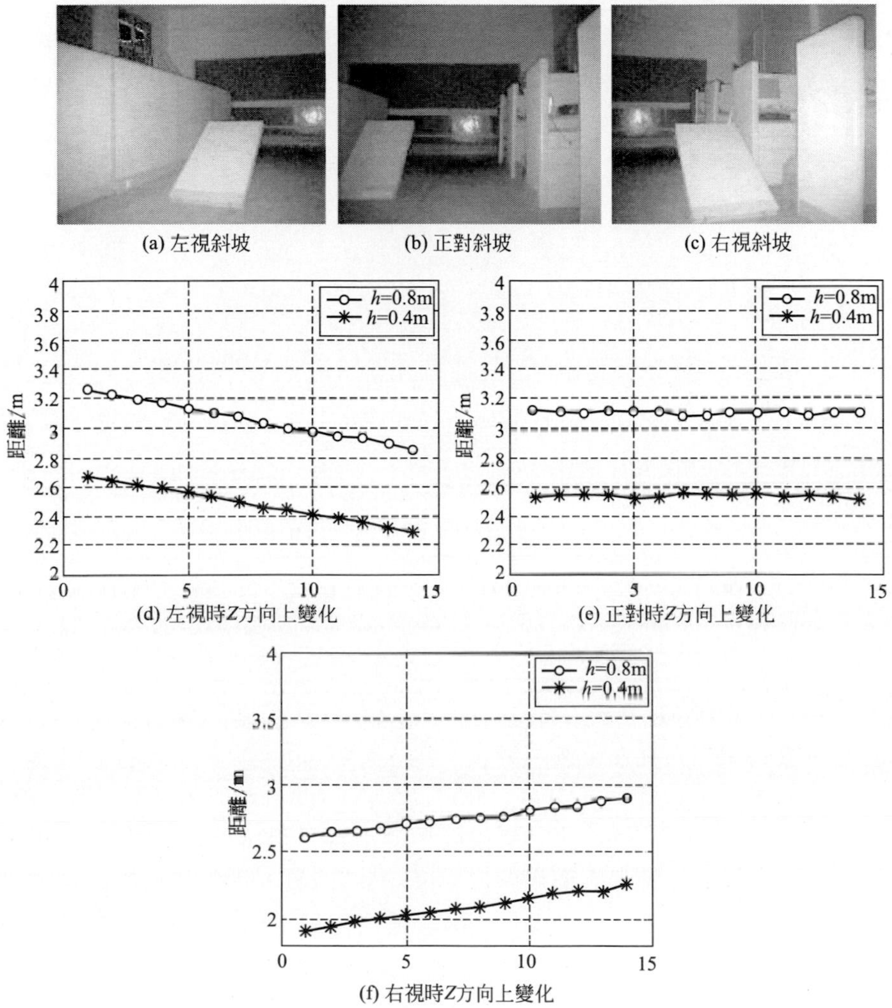

圖 3-36 行動機器人與斜坡同一高度上的點之間的深度變化趨勢

可得到如下結論：機器人直角座標系下 Z 方向上，當行動機器人從右邊側視斜坡時，斜坡區域內同一高度上右邊的點比左邊的點到行動機器人的距離近；當行動機器人正對斜坡時，斜坡區域內同一高度上的點到行動機器人的距離基本相等；當行動機器人從左邊側視斜坡時，斜坡區域內同一高度上左邊的點比右邊的點到行動機器人的距離近。

②「投票法」確定行動機器人與斜坡的相對方位　為了計算地形坡度，首先要確定行動機器人觀察斜坡的方向，即行動機器人是從左邊還是右邊側視斜坡，或者是正對斜坡。這裡從行動機器人與斜坡同一高度

上的點之間的深度變化趨勢出發，判斷行動機器人與斜坡的相對方位。

步驟1，計算圖像上區域重心（l,k）所在行從左到右兩兩相鄰點之間的深度差：

$$\Delta z_{n-n_0}=z_{l,n}-z_{l,n+1} \tag{3-93}$$

式中，$n\in[n_0,n_1]$，n_0 和 n_1 分別為斜坡區域重心所在行的起始和結束列。

步驟2，計算屬於 $|\Delta z_{n-n_0}|>d$ 且 $\Delta z_{n-n_0}<0$ 區間的像素數 r_0 占整個區間的百分比：

$$r_{\text{left}}=\frac{r_0}{(n_1-n_0)+1}\times 100\% \tag{3-94}$$

步驟3，計算屬於 $|\Delta z_{n-n_0}|>d$ 且 $\Delta z_{n-n_0}>0$ 區間的像素數 r_1 占整個區間的百分比：

$$r_{\text{right}}=\frac{r_1}{(n_1-n_0)+1}\times 100\% \tag{3-95}$$

步驟4，計算屬於 $|\Delta z_{n-n_0}|\leqslant d$ 區間的像素占整個區間的百分比為：

$$r_{\text{face}}=100\%-r_{\text{left}}-r_{\text{right}} \tag{3-96}$$

步驟5，求 r_{left}、r_{right} 和 r_{face} 中的最大值。當 r_{left} 為最大時，認為行動機器人從左邊側視斜坡；當 r_{right} 為最大時，認為行動機器人從右邊側視斜坡；當 r_{face} 為最大時，認為行動機器人正對斜坡。

③ 基於 RBF 神經網路的估算地形坡度方法　從上一小節的分析可知，在行動機器人側視斜坡的情況下，式(3-82) 計算的地形坡度並不能反映真實情況。行動機器人與斜坡法線的夾角 θ 越小，按式(3-82) 計算的坡度值 β 就越接近實際的坡度 $slope$；夾角 θ 越大，按式(3-82) 計算的 β 與實際的坡度 $slope$ 間的偏差越大。未知環境下，感測器所獲知的場景資訊通常為圖像及其各像素點對應的空間三維資訊，而夾角 θ 很難事先確定或者透過現有的感測器得到。此處採用 RBF 網路學習地形的空間三維資訊與其坡度之間的關係，從而估算地形的坡度。

用式(3-82) 計算圖像區域的重心及其四鄰域（間隔距離為四個點，即 $I_{l,k}$、$I_{l+4,k}$、$I_{l-4,k}$、$I_{l,k+4}$ 和 $I_{l,k-4}$）各自的坡度 $\beta_m(m=1,2,\cdots,5)$，然後求這些坡度的平均值：

$$\bar{\beta}_{l,k}=\sum_{m=1}^{5}\beta_m/5 \tag{3-97}$$

以重心及其四鄰域點各自在機器人座標系下的高度資訊、深度資訊和它們的坡度平均值作為 RBF 坡度估算網路的輸入，共計 11 個節點，

記為向量 $\boldsymbol{P}$。左邊側視與右邊側視具有互補性，因此，若行動機器人左邊觀測斜坡，則：

$$\boldsymbol{P}=\{y_{l,k},z_{l,k},y_{l-4,k},z_{l-4,k},y_{l+4,k},z_{l+4,k},y_{l,k+4},z_{l,k+4},y_{l,k-4},z_{l,k-4},\bar{\beta}_{l,k}\} \tag{3-98}$$

否則

$$\boldsymbol{P}=\{y_{l,k},z_{l,k},y_{l+4,k},z_{l+4,k},y_{l-4,k},z_{l-4,k},y_{l,k+4},z_{l,k+4},y_{l,k-4},z_{l,k-4},\bar{\beta}_{l,k}\} \tag{3-99}$$

它們之間的區別在於分別交換了節點 3 與 5 的輸入、節點 4 與 6 的輸入。

$$\boldsymbol{P}'=\boldsymbol{P}/10 \tag{3-100}$$

$$angle'=angle/90 \tag{3-101}$$

式(3-100) 和式(3-101) 中，P'和 $angle'$為歸一化值，P 和 $angle$ 為標定值。RBF 的輸出節點只有一個，對應該區域真正的坡度 $slope_{l,k}$。

圖 3-37 中採用的 RBF 網路結構為 11-u-1，RBF 模型中的基函數為高斯函數，網路輸出函數為

$$y^{out}=\sum_{m=1}^{u}\exp\left[-\frac{\|\boldsymbol{P}-\boldsymbol{C}_m\|^2}{\left(\frac{\sigma}{2}\right)^2}\right]\times\omega_m \tag{3-102}$$

式中，u 為隱層節點數；$\boldsymbol{P}$ 為 $p_1,\cdots,p_{11}$ 組成的 11 維輸入向量；$\boldsymbol{C}_m$ 為第 m 個非線性變化單元的中心向量；σ 為高斯寬度；y^{out} 代表網路輸出；ω_m 為第 m 個隱層單元與輸出之間的連接權值。

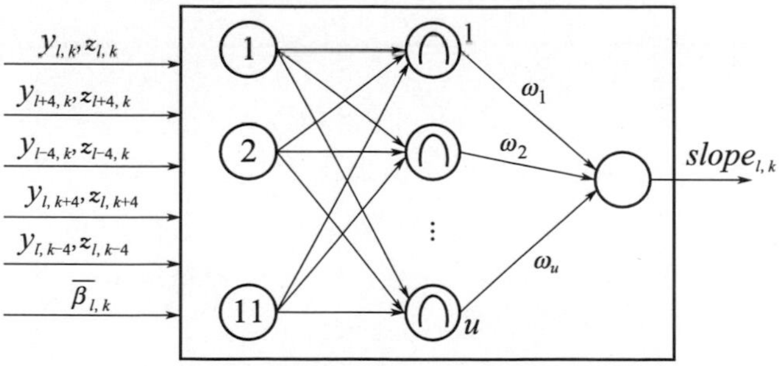

圖 3-37 地形坡度估算模型

地形坡度估算 RBF 網路的學習過程分為離線學習和線上學習兩個階段。離線學習採用目前應用較多的 K 均值聚類算法確定徑向基函數的中心，隱層與輸出層之間的連接權值矩陣 ω 可由最小二乘法計算得到。與 BP 網路相比，RBF 的隱層節點具有了明確的物理含義。為了提高地形坡度估算模型對動態環境的自適應能力，採用線上調整策略對 RBF 線上學習，主

要包括添加和刪除隱層節點的操作。設視窗包含的樣本總數為 n，樣本序列 (x_k, y_k)，(x_{k+1}, y_{k+1})，…，(x_{k+n}, y_{k+n})，網路的調整步驟如下。

① 計算輸入向量與各隱層節點中心之間的距離。定義新的判據為：

$$\|x_k - c_n\| > D_n \tag{3-103}$$

式中，c_n 為與當前樣本距離最近的隱層中心；D_n 為該節點類的最大類距。若輸入滿足式(3-103)，則添加新節點。調整新節點的步驟為：

a. 初始化新增隱層中心：$v_{c+1}(0) = x_k$；

$\sigma_{c+1}^2(0) = \sum_{x \in X_{c+1}} [x - v_{c+1}(0)]^{\mathrm{T}} [x - v_{c+1}(0)]/n$，並新增加輸出權值：$\omega_{c+1} = y_k - f(x_k)$，$f(x)$ 為高斯基函數。

b. 計算誤差函數 $e_k = |y_k - y^{out}|$，並疊加計入到網路的總體評價 $J = \sum_{i=1}^{n} e_i$。若 $J < \varepsilon$（ε 為閾值），調整完成，否則順序執行步驟 c。

c. 用梯度下降法反向調節。

d. 返回步驟 b 繼續疊代。

② 若隱層節點 i 與輸出層的連接權值滿足：$|\omega_i| < \varepsilon^n$，則認為該隱層節點對輸出的貢獻程度過小，對該隱層節點執行刪除操作。其中，ε^n 為隱層節點的貢獻程度閾值。

由 $\bar{\beta}_{l,k}$ 和 RBF 網路的輸出 $slope_{l.k}$ 可得到行動機器人與斜坡法線的夾角：

$$\theta = \arccos[\sin\bar{\beta}_{l,k} / \sin(slope_{l,k})] \tag{3-104}$$

將 θ 用模糊語言 {NB, NS, Z, PS, PB} 表示，坡度用模糊語言 {Flat, Sloped, Steep} 表示，圖 3-38(b) 給出了它們的隸屬度函數。由行動機器人與斜坡法線的夾角與坡度共同確定斜坡的攀爬難度，顯然正對斜坡且坡度很小時，更容易攀爬上坡面。將斜坡的攀爬難度（Climb Slope）定義用模糊語言 {Easy, Normal, Difficult} 表示，其隸屬度函數見圖 3-38(c)，模糊控制規則見表 3-19。

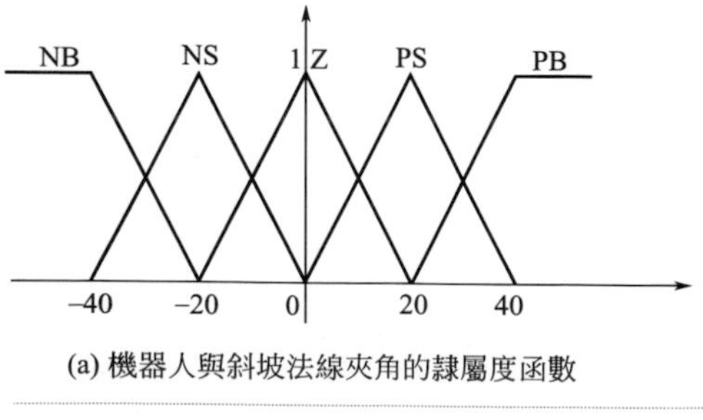

(a) 機器人與斜坡法線夾角的隸屬度函數

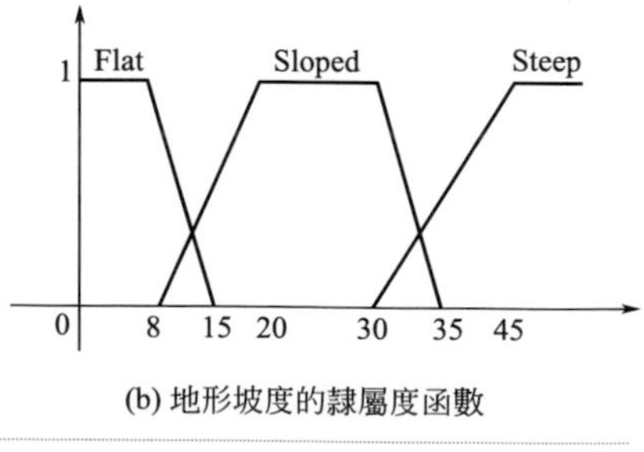

(b) 地形坡度的隸屬度函數

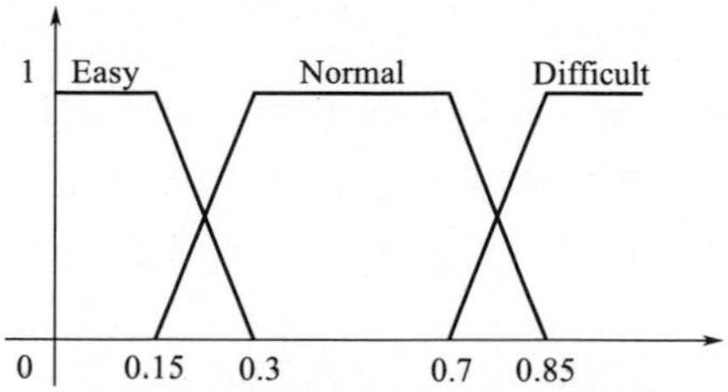

(c) 斜坡地形攀爬難易程度的隸屬度函數

圖 3-38　機器人與斜坡位置關係及地形坡度的隸屬度函數

表 3-19　斜坡地形可爬性模糊規則

θ	斜塊類型	可爬性
×	Steep	Difficult
NB/PB	×	Difficult
NS/PS	Flat	Normal
NS/PS	Sloped	Difficult
Z	Flat	Easy
Z	Sloped	Normal

注：×表示可以任取其定義的模糊語言。

(2) 地形粗糙度

地形粗糙度反映了地面上某個區域內的高低不平情況，也就是通常意義上的「顛簸」。地形的粗糙程度對行動機器人在該區域內的移動速度有很大的影響。如 3.2.1 節分析，在標記地面過程中，因為地面的不平整，有很多本屬於地面的空間點並沒有被標記為地面，表現為圖像下方的很多不連續區域，即比地平面稍高（起）或稍低（伏）區域，稱為起伏區域，如圖 3-39 所示。起伏區域為 3.2 節中地面上的非障礙物區域。

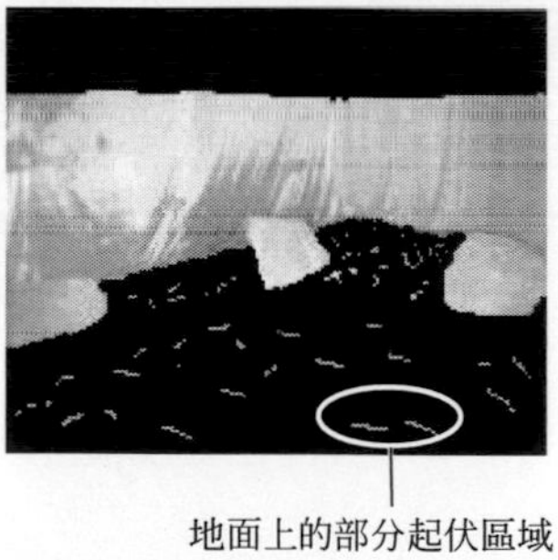

圖 3-39　地面上的起伏區域

起伏區域的數量及所有起伏區域的像素總數分別表示為 g_{higher} 和 P_{gHigher}，同時整個地面的像素總數記為 P_{ground}。定義的起伏區域的密度和大小如下：

$$Concentration=\frac{P_{\text{gHigher}}}{P_{\text{ground}}} \tag{3-105}$$

$$Size=\frac{P_{\mathrm{gHigher}}}{g_{\mathrm{higher}}} \tag{3-106}$$

密度反映了起伏區域在整個地面中所占的比例，用模糊語言｛Few，Many｝表示；而大小反映了起伏區域平均占用的範圍，用模糊語言｛Small，Large｝表示。根據表 3-20 所示的模糊規則。經過推理後可得到地形粗糙度模糊語言變數表述｛Smooth，Rough，Bumpy｝。它們的模糊隸屬度函數如圖 3-40 所示。

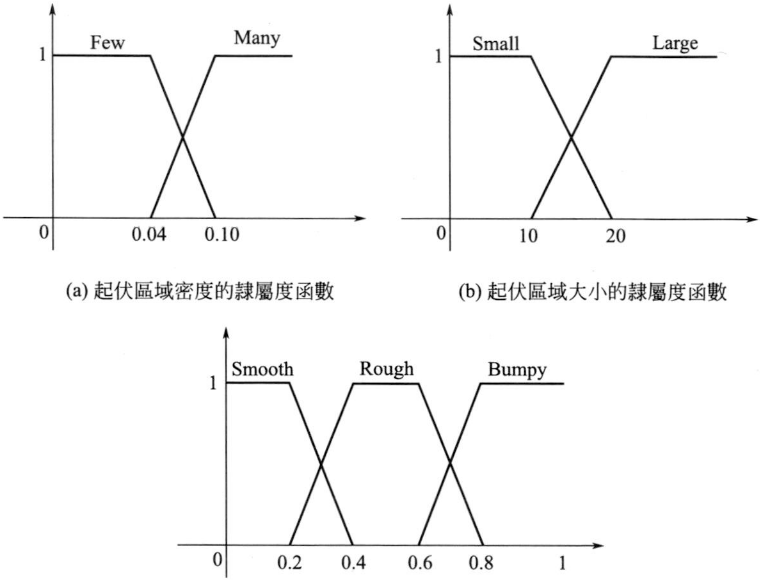

(a) 起伏區域密度的隸屬度函數

(b) 起伏區域大小的隸屬度函數

(c) 地面粗糙度的隸屬度函數

圖 3-40　地形粗糙度模糊隸屬度函數

表 3-20　地形粗糙度模糊規則

區域密度	區域大小	地面粗糙度
Few	Small	Smooth
Few	Large	Rough
Many	Small	Rough
Many	Large	Bumpy

(3) 地形開闊度

地形開闊度表示行動機器人前方不可攀爬、跨越的障礙物分布情況。在開闊的情況下，行動機器人速度快，否則行動機器人低速或者轉向等。

步驟 1，區分障礙物類型。根據 3.2 節的障礙物識別結果，對於行動機器人能攀爬的石塊障礙物認為是小型障礙，否則是大型障礙物。

步驟 2，目標合併。將障礙物間距小於 1.2 倍行動機器人寬度的大型障礙物合併為新的障礙物，並更新目標標誌。

步驟 3，計算小型障礙物和大型障礙物各自的密度，分別定義如下。

$$C_{\text{small}}=\frac{Object_{\text{small}}}{Object}\times\frac{P_{\text{small}}}{P_{\text{image}}} \tag{3-107}$$

$$C_{\text{large}}=\frac{Object_{\text{large}}}{Object}\times\frac{P_{\text{large}}}{P_{\text{image}}} \tag{3-108}$$

式中，$Object_{\text{small}}$ 和 $Object_{\text{large}}$ 分別表示場景中識別的小型障礙物和大型障礙物的數量；$Object$ 表示場景中的障礙物總數；P_{small}、P_{large} 和 P_{image} 分別表示場景中所有小型障礙物所占像素總數，場景中所有大型障礙物所占像素總數以及場景圖像除天空與遠景外所占像素總數。然後將 C_{small} 和 C_{large} 均用模糊語言 {Few,Many} 表示，它們的隸屬度函數如圖 3-41(a) 所示。

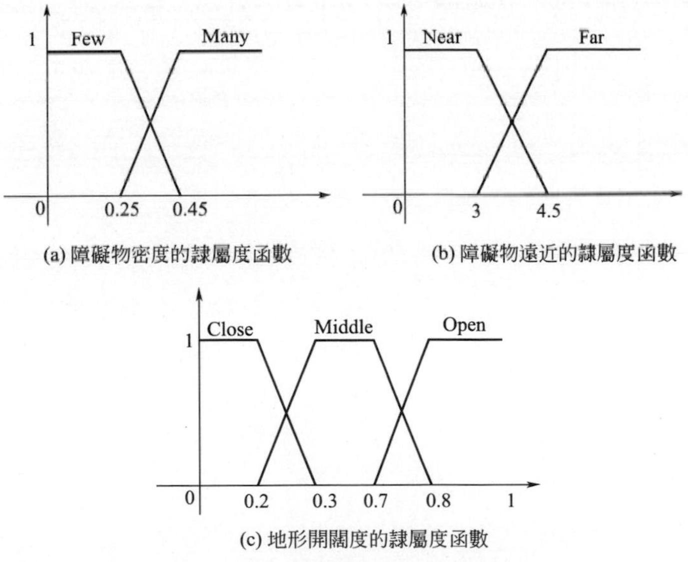

圖 3-41　地形開闊度模糊隸屬度函數

步驟 4，計算所有小型障礙物和大型障礙各自與行動機器人的平均距離為

$$Dis_{\text{small}}=\frac{\sum Dis_{\text{small}}}{Object_{\text{small}}} \tag{3-109}$$

$$Dis_{large}=\frac{\sum Dis_{large}}{Object_{large}} \tag{3-110}$$

然後將 Dis_{small} 和 Dis_{large} 均用模糊語言 {Near,Far} 表示，圖 3-41(b) 給出了它們的隸屬度函數。

根據表 3-21 所示的模糊規則，經過推理後可得到地形開闊度模糊語言變數表述 {Close，Middle，Open}，其模糊隸屬度函數見圖 3-41(c)。

表 3-21 地形開闊度模糊規則

C_{small}	C_{large}	Dis_{small}	Dis_{large}	Openness
Few	Few	Far	×	Open
Few	Few	Near	×	Middle
Few	Many	Far	Far	Open
Few	Many	Near	Far	Middle
Few	Many	×	Near	Close
Many	Few	Far	Far	Opne
Many	Few	Far	Near	Middle
Many	Few	Near	Far	Middle
Many	Few	Near	Near	Close
Many	Many	×	×	Close

注：×表示可以任取其定義的模糊語言。

(4) 地形不連續度

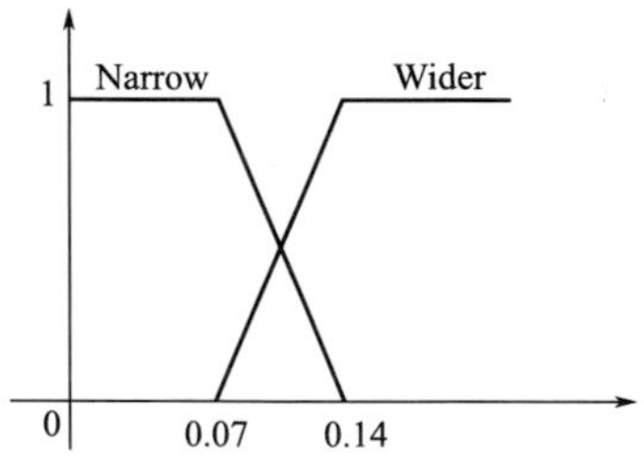

圖 3-42 地形不連續度的隸屬度函數

地面除了凸起障礙物外，還有諸如溝的凹陷物。3.2 節中以是否高出地面為依據判斷是否為負障礙物，然後根據其寬度判斷是否可以跨越。由行動機器人的輪子大小（單位 m），將凹陷物的寬度（即不連續性，Discontinuity）用模糊語言 {Narrow,Wider} 表示，其模糊隸屬度函數如圖 3-42 所示。

(5) 地形表面硬度

在 3.4 節中透過神經網路分類器識別得到地表的類型，並得到一個在區間 [0,1] 之間的數，透過對該參數值模糊化來表示地面的硬度，所用的模糊語言為 {Soft,Moderate,Hard}，其模糊隸屬度函數如圖 3-43 所示。

(6) 地形可通行性評價

一旦提取出視野內地形的幾何和物理屬性，利用模糊邏輯，並制定相應的模糊規則，就可進一步確定行動機器人通過視場內地形的難易程度，用可通行指數表示。為此，將可通行性指數用模糊語言 {Low, Normal, High} 表示，其模糊隸屬度函數如圖 3-44 所示，模糊規則庫如表 3-22 所示。

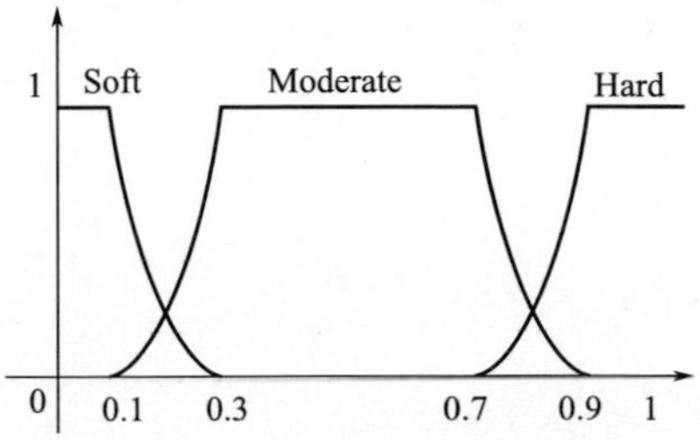

圖 3-43　地面硬度的隸屬度函數

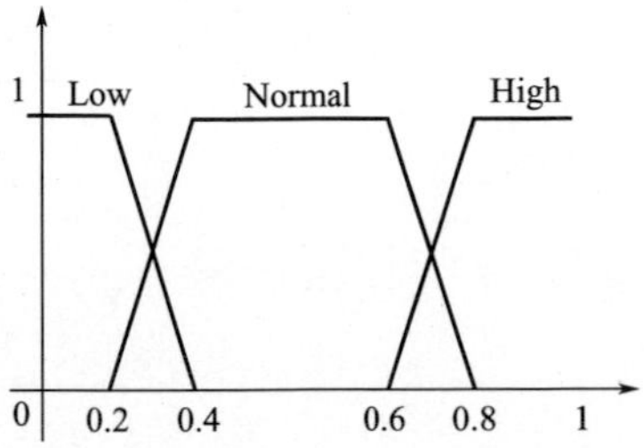

圖 3-44　地形可通行指數的隸屬度函數

表 3-22　地形可通行指數模糊規則

Roughness	Openness	Climb Slope	Discontinuity	Hardness	Traversability index
×	×	×	×	Soft	Low
×	Close	×	×	×	Low
×	×	Difficult	×	×	Low
×	×	×	Wider	×	Low
Smooth	Middle	Easy	Narrow	Moderate	Normal
Smooth	Middle	Normal	Narrow	Moderate	Low
Smooth	Middle	Easy	Narrow	Hard	Normal
Smooth	Middle	Normal	Narrow	Hard	Low
Smooth	Open	Easy	Narrow	Moderate	High
Smooth	Open	Easy	Narrow	Hard	High
Smooth	Open	Normal	Narrow	Moderate	Normal
Smooth	Open	Normal	Narrow	Hard	Normal
Rough	Middle	Easy	Narrow	Moderate	Normal
Rough	Middle	Easy	Narrow	Hard	Normal
Rough	Middle	Normal	Narrow	Moderate	Low
Rough	Middle	Normal	Narrow	Hard	Low
Rough	Open	Easy	Narrow	Moderate	High
Rough	Open	Easy	Narrow	Hard	High
Rough	Open	Normal	Narrow	Moderate	Normal
Rough	Open	Normal	Narrow	Hard	Normal
Bumpy	Middle	Easy	Narrow	Moderate	Low
Bumpy	Middle	Easy	Narrow	Hard	Normal
Bumpy	Middle	Normal	Narrow	Moderate	Low
Bumpy	Middle	Normal	Narrow	Hard	Low

續表

Roughness	Openness	Climb Slope	Discontinuity	Hardness	Traversability index
Bumpy	Open	Easy	Narrow	Moderate	Normal
Bumpy	Open	Easy	Narrow	Hard	Normal
Bumpy	Open	Normal	Narrow	Moderate	Low
Bumpy	Open	Normal	Narrow	Hard	Low

注：×表示可以任取其定義的模糊語言。

3.4.3 實驗結果

(1) RBF 神經網路的訓練

本節提出的斜坡估計及行動機器人與斜坡方位確定算法的總體流程如圖 3-45 所示。

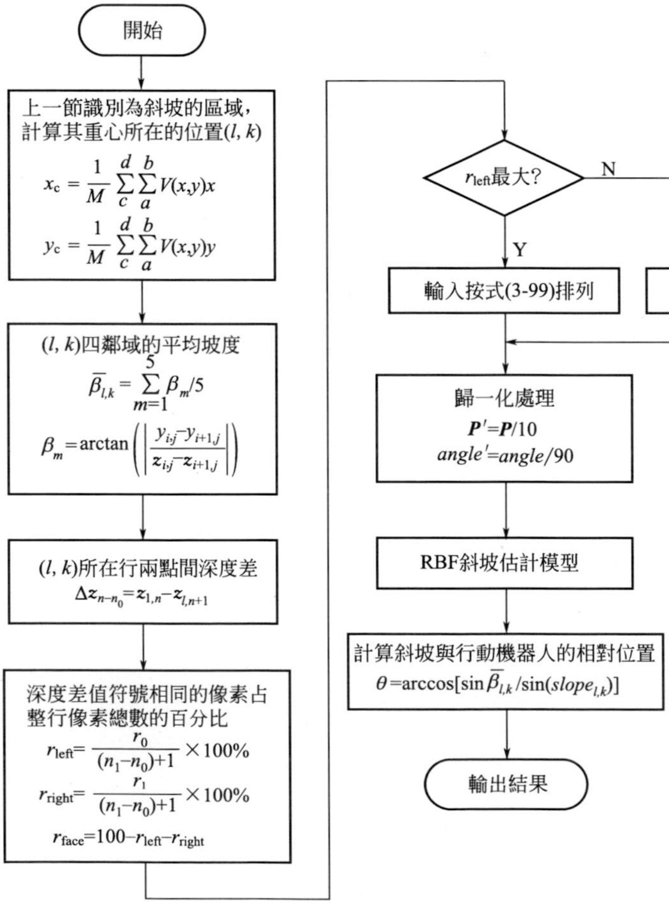

圖 3-45 斜坡估計算法流程

行動機器人在不同坡度斜坡前的不同觀測點透過 SR-3000 獲取場景圖像及其對應的三維數據，樣本選擇規則如下。

① 斜坡的選取：這裡假設行動機器人的最大爬坡能力為 45°。遠大於該坡度的斜坡，即使 RBF 模型輸出誤差很大，只要大於 45°，在行動機器人的導航決策中仍不可攀爬。坡度較小的斜坡，即使 RBF 模型估算的坡度比真實值稍大，也不會影響到行動機器人的導航決策。因此，選擇斜坡坡度在 10°～45°並以 2°為間隔變化。斜坡為定制標準平面。

② 觀測距離的選取：根據三維相機的視場，選取觀測距離在 2.5～6.5m 之間，並等分為 8 個距離。

③ 觀測方位的選取：考慮到行動機器人側視斜坡且行動機器人與斜坡法線的夾角 θ 取 20°，式(3-82) 計算的坡度與真實坡度值的誤差並不大，故忽略 $\theta<20°$時的情況。因為 $\theta>60°$時，斜坡在行動機器人視場內的範圍較小，在此也不予考慮。右邊側視與左邊側視有互補性，因此只需從斜坡的一側獲取訓練樣本。此處選左邊作為觀測方位，θ 在 20°～60°等分為 8 個觀測點。

按上述方法，得到 1088 幅斜坡的數據。選取其中的 800 幅作為訓練樣本，剩下 288 幅為測試樣本。

(2) RBF 神經網路的智慧估算結果及評價

圖 3-46 為離線學習測試樣本場景，上面一行是灰度圖像，下面一行是將距離作為圖像的灰度值顯示的深度圖像，從左到右編號為場景 1～3。表 3-23 給出了各場景斜坡的真實值、RBF 模型估算輸出和按式(3-82)的計算結果。

圖 3-46 離線學習測試樣本場景

表 3-23 RBF 神經網路離線估算結果

場景	真實值	RBF 估算值	式(3-82)計算值
1	20°	19.8°	15.2°
2	30°	30.2°	18.7°
3	44°	43.7°	36.9°

線上估算樣本分為 2 組，第一組樣本與之前的離線學習樣本相似，在圖 3-47(a) 中從左到右對應場景 4～6；另一組為離線學習樣本，選取規則之外的新場景，圖 3-47(b) 中從左到右對應場景 7～9。

(a) 線上估算樣本一

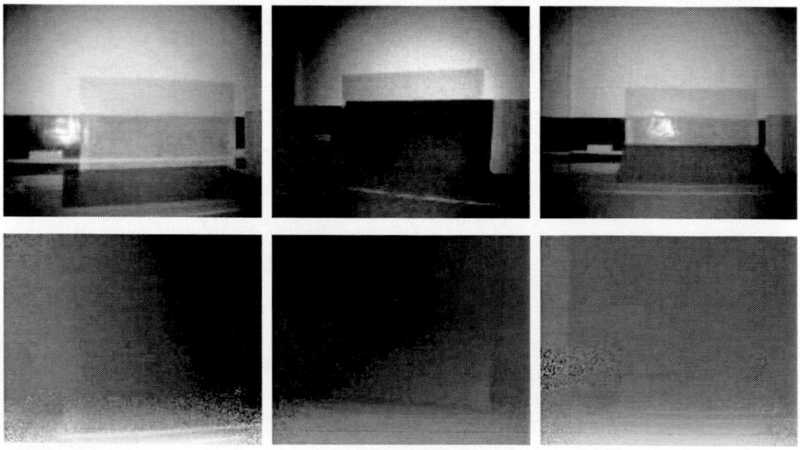

(b) 線上估算樣本二

圖 3-47 線上估算樣本

將訓練好的 RBF 模型推廣到非結構化環境中的地形坡度估算。圖 3-48

中從左到右對應場景 10～12，坡面為沙堆，坡面略有些起伏、不平整。該模型面對略有不平整的斜坡也十分有效，有較好的魯棒性。

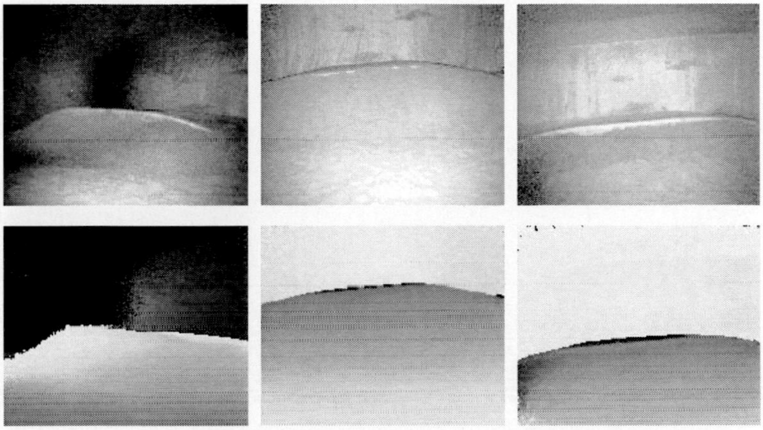

圖 3-48 非結構化環境下斜坡坡度估算

表 3-24 給出了各場景斜坡的真實值、RBF 模型線上估算輸出和按式(3-82) 的計算結果。即使面對場景 10～12 中稍有不平整的非結構化環境下的斜坡估算偏差也不大，可見 RBF 地形坡度估算模型的輸出基本接近真實值，很好地解決了行動機器人與斜坡位置未知情況下的斜坡坡度測量問題。

表 3-24 RBF 神經網路線上估算結果

場景	真實值/(°)	RBF 估算值/(°)	式(3-82)計算值/(°)
4	15	15.1	11.3
5	37	36.7	33.8
6	33	32.6	28.6
7	8	7.9	7.7
8	64	63.7	59.8
9	25	24.9	24.89
10	31	29.4	25.8
11	39	36.2	35.6
12	27	24.6	22.5

(3) 行動機器人與斜坡的相對位置

對場景 1～9 中的斜坡，行動機器人與斜坡法線的夾角 θ 的真實值和由式(3-104) 得到的計算結果見表 3-25。根據本書提出的判斷行動機器人與斜坡的相對方位算法，場景 1～3 和 7、12 均為從左側視斜坡，場景 4～6 和 8、10 均為從右側視斜坡，場景 9 和 11 為正對斜坡，與實際情況相吻合。

表 3-25 行動機器人與斜坡的相對位置

場景	真實值/(°)	計算值/(°)	r_{left}/%	r_{right}/%	r_{face}/%
1	40	39.3	89.7	2.7	7.6
2	50	50.4	93.3	0.4	6.3
3	30	29.7	88.2	7.4	4.4
4	41.9	41.5	3.0	87.4	9.6
5	22	21.4	8.3	83.4	8.3
6	28	27.3	3.1	87.6	9.3
7	12.2	13	81.7	6.1	12.2
8	16.1	15.5	6.4	82.6	11.0
9	0.2	0.7	0.6	0.3	99.1
10	32	27.2	5.2	83.3	11.5
11	6.4	9.7	22.6	7.3	70.1
12	18.7	23.2	74.9	10.9	14.2

參考文獻

[1] Kahlmann T, Ingensand H. Calibration and development for increased accuracy of 3D range imaging cameras, 2008, 2: 1-11.

[2] Linder M, Schiller I, Kolb A, Koch R. Time-of-Flight sensor calibration for accurate range sensing. Comput Vis Image Underst, 2010, 11(4): 1318-1328.

[3] Dragos Falie, Vasile Buzuloiu. Noise Characteristics of 3D Time-of-Flight Cameras, 2007: 1-6.

[4] A Prasad, K Hartmann, W Weihs, S. E. Ghobadi, A Sluiter. First steps in ehancing 3d vision technique using 2d/3d sensors. Computer Vision Winter Workshop, Czech Pattern Recognition Society, Chum and Franc, Eds, 2006.

[5] Sigurjón Árni Guðmundsson, Henrik Aanæs, Rasmus Larsen. Fusion of Stereo Vision and Time-of-Flight Imaging for Improved 3D Estimation, Int. J. Intelligent Systems Technologies and Applications, 2008: 1-8.

[6] K. D Kuhnert, M Stommel. Fusion of stereo camera and pmd-camera data for real-time suited precise 3d environment reconstruction. In IEEE/RSJ International Conference on Intelligent Robots and Systems (IROS'06), 2006.

[7] Benjamin Huhle, Sven Fleck, Andreas Schilling. Integrating 3D Time-of-Flight Camera Data and High Resolution Images for 3DTV Applications, 2008: 1-4.

[8] Miles Hansard, Georgios Evangelidisa, Quentin Pelorsona, Radu Horauda. Cross-calibration of time-of-flight and col-

our cameras. Computer Vision and Image Understanding, 2014, 9 (1) .

[9] S. May, B. Werner, H. Surmann, et al. 3D time-of-flight cameras for mobile robotics. Proceedings of the 2006 IEEE International Conference on intelligent Robots and Systems, 2006: 790-795.

[10] S. A. Guðmundsson, H. Aanes, R. Larsen. Environmental effects on measurement uncertain ties of time-of-flight cameras. International Symposium on Signals, Circuits and Systems, 2007, 1: 1-4.

[11] Martin T. Hagan, Howard B. Demuth, Mark H. Beale. Neural Network Design (1st edition) . PWS Publishing Company, 1996.

[12] Y. Alon, A. Ferencz, A. Shashua. Off-road path following using region classification and geometric projection constraints. Proc. Of the 2006 IEEE Computer Society Conference on Computer Vision and Pattern Recognition, 2006: 1-8.

[13] D. Helmick, A. Angelova, L. Matthies. Terrain adaptive navigation for planetary rovers. Journal of Field Robotics, 2009, 26 (4) : 391-410.

[14] D. J. Kenneth. Evolutionary computation. Wiley Interdisciplinary Revews: Computational Statistics, 2009, 1 (1): 52-56.

[15] Weiqiang Wang, Minyi Shen, Jin Xu, et al. Visual traversability analysis for micro planetary rover. IEEE International Conference on Robotics and Biomimetics, 2009: 907-912.

[16] D. B. Gennery. Traversability analysis and path planning for a planetary rover. Autonomous Robots, 1999, 6 (2): 131-146.

[17] A. Howard, H. Seraji. An intelligent terrain-based navigation system for planetary rovers. IEEE Robotics & Automation Magazine, 2001, 18 (10): 9-7.

[18] A. Howard, H. Seraji. Vision-based terrain characterization and traversability assessment. Journal of Robotic Systems, 2001, 18 (10): 577-587.

[19] 郭晏，包加桐，宋愛國，等. 基於地形預測與修正的搜救機器人可通過度. 機器人，2009，31 (5): 445-452.

[20] S. Singh, R. Simmons, T. Smith, et al. Recent progress in local and global traversability for planetary rovers. Proc IEEE International Conference on Robotics and Automations, 2000, 1194-1200.

[21] Gang-Gyoo Jin, Yun-Hyung Lee, Hyun-Sik Lee, et al. Traversability analysis for navigation of unmanned robots. SICE Annual Conference, 2008: 1806-1811.

[22] C. Ye. Navigating a mobile robot by a traversavility field histogram. IEEE Transactions on Systems, Man, and Cybernetics PartB: Cybernetics, 2007, 37 (2): 361-372.

[23] 劉華軍，陸建峰，楊靖宇. 基於相對特徵的越野地形可通過性分析. 數據採集與處理，2006，21 (3): 58-63.

[24] K. Iagnermma, K. Shinwoo, H. Shibly, et al. Online terrain parameter estimation for wheeled mobile robots with application to planetary rovers. IEEE Transactions on Robotics, 2004, 20 (5): 921-927.

[25] C. Castejon, D. Blanco. Compact modeling technique for outdoor navigation. IEEE Transactions on Systems, Man and Cybernetics, Part A: Systems and Humans, 2008, 38 (1): 9-24.

第4章

行動機器人的自主導航

自主導航是行動機器人應具備的基本功能，展現了行動機器人的智慧性。即時導航對人類和動物來說是很簡單的任務，但對於機器人來說具有相當大的挑戰性。即時自主導航意味著行動機器人利用感測器獲取環境資訊，在理解環境資訊的基礎上，在起始位置與目標點之間即時制定一條路徑，透過控制行動機器人的運動速度和方向無碰撞地到達目標位置。因為環境的複雜性、多變性、隨機性，至今仍沒有令人滿意、通用的行動機器人導航控制方案。

4.1 行動機器人反應式導航控制方法

給定已知起始位置和目標位置資訊，行動機器人依賴於已知或未知環境資訊，沿給定路徑或者自主制定路徑快速無碰撞地運行至目標位置，即完成導航控制任務。反應式控制是針對感測器所探測到環境資訊的即時響應，它以路徑的子目標點、即時環境資訊和機器人的即時位姿參數為輸入，輸出為行動機器人驅動輪速度控制參數，以避免在往期望目標方向行駛過程中與障礙物發生碰撞。其優點在於能夠對環境的即時變化作出響應，計算代價小、即時性好、簡單而有效，因而得到廣泛應用。但由於反應式控制方法僅利用局部提供的環境資訊，而忽視了全局資訊的積累，行動機器人通常會陷入局部最小情況，形成長期無效的徘徊和振盪。

4.1.1 單控制器反應式導航

將導航任務看成一個大的、複雜的非線性系統，設計單個控制器，以完成任務。模糊邏輯因為具有類似人思維決策和處理感測器資訊不確定性的能力，在反應式控制中得到了廣泛應用[1,2]，其基本框架如圖 4-1 所示。輸入量為多個測距類等感測器探測的環境資訊，輸出為執行器上行動機器人的運動速度和方向。因為行動機器人所面臨的環境複雜、未知，所以其導航控制是一個非常複雜的任務，如何確定模糊隸屬度函數、制定完備的導航控制規則是模糊邏輯方法的主要難點。

基於模糊的反應式導航控制系統設計時，為了克服難以制定導航控制規則的困難，相關研究人員將模糊邏輯與神經網路相結合，透過學習構建導航控制器。根據神經網路在模糊控制中的作用，神經網路與模糊邏輯有三種組合方式：①利用神經網路儲存模糊控制規則；②利用神經網路產生模糊控制規則；③利用神經網路優化模糊規則和模糊隸屬度函數的參數。有研究人員透過離線訓練 BP 神經網路儲存模糊控制規則，實現行動機器人的導航[3]。Kumar 等首先設計了 T-S 型模糊推理系統控制行動機器人的導航，然後將該模糊系統對應到一個六層結構的神經網路，透過神經網路的學習，實現對該 T-S 型模糊推理系統後件參數的調整[4]。

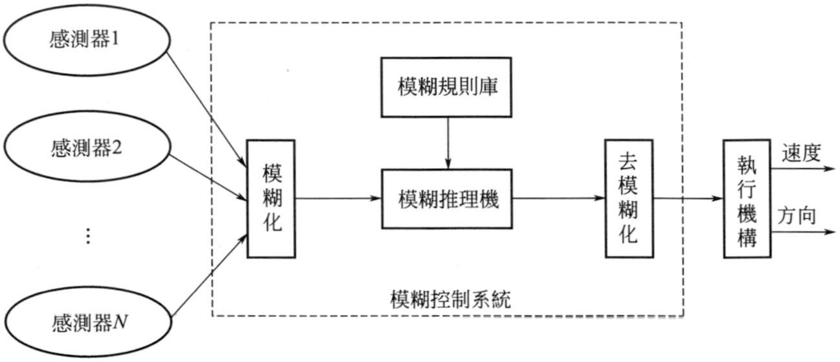

圖 4-1 基於模糊的反應式控制原理框圖

Marichal 等[5] 提出了一種模糊神經網路結構，用於結構化環境下的行動機器人導航避障。該神經網路控制器為三層結構，隱層採用徑向基函數。其學習過程分為兩個階段。第一個階段透過輸入-輸出數據確定中間層到輸出層之間的連接權值、徑向基函數的中心點和寬度。第二階段為優化隱層節點數量，隱層的節點數對應於導航模糊控制規則數。其主要思想是透過計算隱層與輸出層的連接權值兩兩間的歐式距離來增加或裁剪隱層的節點。

Zhu 等[6] 在此基礎上，提出一個五層結構的模糊神經網路導航控制器。第一層為輸入層，以左、前、右三個方向的障礙物距離資訊、目標方向角度（行動機器人運動方向與行動機器人中心和目標連線之間的夾角）、行動機器人當前運行速度作為該模糊神經網路導航控制器的輸入。第二層表示輸入變數的模糊隸屬度。第三層為規則庫。第四層為輸出變數的模糊隸屬度。第五層為控制器的輸出，即左、右輪的速度。該方法與傳統模糊神經網路導航控制器[7] 相比有如下優點。

① 所需的規則更少，僅 48 條，有些傳統的方法需要大量的規則，模糊神經網路隱層節點數的減少，簡化了模糊神經網路的結構，相應地減少了計算時間。

② 在訓練過程中每個參數的物理意義仍十分明確，而在傳統方法中

已失去了參數原有的物理意義。

③ 改進了導航控制的整體性能。

行動機器人要在未知環境下安全和可靠地完成指定任務，除了需具備規劃、建模、運動等基本功能外，更重要的是還要能夠處理突發情況，逐漸適應環境的特點。相應地要求行動機器人的導航控制系統具有較強的自適應能力。因此，在導航控制系統的設計中引入了強化學習（reinforcement learning）理論和算法、進化算法等機器學習算法[8,9]。與監督學習和無監督學習方法不同的是，強化學習和進化學習是利用與環境的互動而獲得的評價性回饋訊號（分別對應於增強訊號或進化算法的個體適應度）來實現系統性能的優化。目前，應用強化學習和進化學習方法等機器學習算法來設計和優化未知環境下行動機器人導航控制器成為一個重要的發展趨勢。

強化學習在行動機器人導航控制器設計的應用上已有很多成功的例子，將強化學習與模糊推理系統結合形成模糊強化學習系統，並用於機器人導航控制中。Ganapathy[10] 提出強化學習與神經網路結合，透過兩個階段的學習構建機器人導航控制器。由於行動機器人導航控制具有連續的狀態和行為空間，因而強化學習在行動機器人導航系統中應用研究的重點和難點主要在於狀態空間的泛化、強化訊號的確定及探索策略的選擇等問題。

基於進化學習的行動機器人導航控制系統主要採用的控制結構有模糊推理系統、人工神經網路、LISP 程序等。例如，Hani Hagras 等[11] 提出一種新型模糊遺傳算法用於機器人避障行為學習，系統採用 life-long 學習方法，動態適應新環境並更新知識庫。文獻［12］提出一種軟計算方法用於機器人行為設計，透過基於遺傳算法訓練的模糊控制規則，用於保全機器人的導航。Zhou 等[13] 則提出一種新型動態自組織模糊控制器用於機器人的導航，系統採用 GA 算法學習調整模糊規則及參數，動態適應新環境並更新知識庫。基於進化學習的行動機器人導航控制系統的主要優點在於可以簡化設計過程，設計結果具有一定的魯棒性。但是進化學習在仿真設計、運行時間、評估性能指標等方面還沒有理論依據，需要更進一步的探討。

4.1.2 基於行為的反應式導航

隨著行動機器人工作範圍的擴展，行動機器人所面臨的環境越來越複雜、多變，單獨一個控制器很難滿足機器人在所有環境下工作的需要。

為了減小智慧控制系統的複雜性，提高導航控制系統對不同環境的適應能力，有學者採用「分而治之」的策略，將作為整體的任務劃分為若干個子任務來實現。這種子任務通常稱為行為，即保證機器人安全運行並成功完成任務的一系列功能模組。通常每種行為都遵循「感知—決策—控制」的架構：利用感測器資訊決定行為是否觸發，並為行為的執行過程提供相應的決策依據。這些行為相互協調和合作，產生行動機器人的整體行為。基於行為的控制方法有效提高了對環境動態變化的響應速度。

圖 4-2 所示為基本的行為控制原理，表示基於行為的機器人的相關操作。從最高層次看，機器人由感知單元、智慧控制單元和執行單元組成。環境資訊透過感測器檢測傳遞給智慧控制單元內部的一些基本行為模組。基本行為包括避障行為、奔向目標行為、沿牆走行為等。行為協調器將這些基本行為模組所計算出的運動命令進行融合或選擇，然後將仲裁後的命令發送給驅動電機去執行。

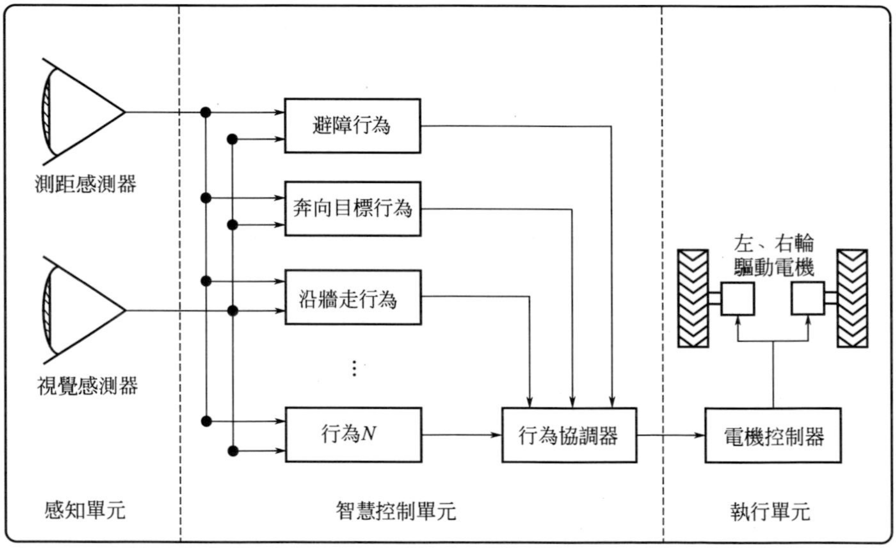

圖 4-2 基本的行為控制原理框圖

基於行為的導航控制技術主要集中在子行為控制器的設計和行為協調控制器的研究兩個方面。其中，子行為的設計方法和過程跟上一節控制器的設計類似，只是將任務簡化，一個子行為對應某一特定任務，相應地簡化了控制器的設計難度。針對不同目的的子行為的決策在某一時刻特定的場合下可能會互相矛盾，從而導致整個系統不穩定。因此，需要構建一個有效的行為協調機制，在某一時刻所處的某個場合能選擇相關的行為產生最合理的系統響應。

目前，行為協調機制主要可以分為兩類：行為仲裁機制和命令融合機制。行為仲裁機制在某一時刻從眾多行為中只選擇一個行為作為輸出，適合相互之間存在競爭衝突的行為，但是，各種不同行為之間選擇切換，時常會導致機器人不穩定。而命令融合機制透過同時啟動所有的行為的方式，部分解決了此問題，即在同一時刻由多個行為共同作用的結果，每個行為對最終決策的貢獻由權值確定，適用於相互合作的行為。然而，當多個子行為出現相互衝突的控制命令時，命令融合機制將會導致行動機器人運行出現抖動、停滯等現象。為此，研究人員對行為協調機制開展了大量的研究工作。E. Gat 等[14] 提出了優先級仲裁策略，即給每個子行為分配優先級，每一時刻優先級高的行為被選中執行，而優先級低的任務則被忽略，並沒有充分考慮多個行為的併發性，例如，在避障的同時完成奔向目標這個最終目的。R. C. Arkin[15] 為每個子行為的輸出預先分配一個固定的權值，最後行為的輸出為子行為輸出與其對應權值的乘積之和。這種方法由於權值固定，只能用於特定的環境下，當環境發生變化時，需要重新分配權值。文獻［16］設計了避障接近目標行為和沿牆走行為，兩個行為的切換使用檢測特徵閾值的方法，當環境發生變化時，固定的閾值可能不能滿足行為切換的需要。Han[17] 將環境劃分為九種典型環境，相應設計了九種子行為，計算當前感測器輸入與預定義的環境模型中感測器檢測到資訊的歐式距離，然後將這些距離歸一化後作為各行為的權值，實現行為融合。

有學者提出了一些基於模糊邏輯的命令融合方法解決此類問題。Vadakkepat 等[18] 將行為分為兩層結構——低級行為和高級行為，低級行為指與行動機器人動作相關的最基本的行為，如沿牆走、原地旋轉、到指定位置等；高級行為由一個或多個低級行為組合而成。首先制定了模糊規則庫，根據環境和任務選擇要執行的高級行為，然後該高級行為所包含的若干個低級行為根據感測器檢測資訊得到各自的操作命令，這些命令與預先分配的權值乘積求和得到最終的輸出。這種方法結合了行為仲裁機制和命令融合機制，但是低級行為的融合尚不能適應環境的變化。Aguirre 等[19] 提出一種用於識別局部環境特徵的模糊感知模型，對牆、走廊、角點、大廳等識別，透過控制、執行和規劃分層結構，協調優化行動機器人的行為。Tunstel[20] 定義了模糊規則庫，根據感測器資訊即時辨識環境，以確定在當前環境下各行為的權值。此類方法的缺點在於對於複雜的基於行為系統，需要制定相應龐大的規則庫。

神經網路良好的分類性能和學習能力，在行為協調機制中也被廣泛地應用。Im 等[21] 將結構化環境劃分為五種典型環境，相應地設計五種子行為控制器，然後訓練神經網路對環境分類，根據分類的結果選擇執行的子行為。Zalama 等[22] 將行動機器人的控制分為碰撞、隨機運動、避障、沿牆走、奔向目標、探索、調整校正七種行為，並利用自組織競爭神經網路模型，根據感測器資訊，自適應選擇機器人行為。文獻［23］將機器人的行為分為避障、奔向目標和漫步，透過強化學習方法在不同環境中訓練行為切換器，實現機器人根據周圍障礙物的分布狀況，在多個行為間自適應切換。

綜上所述，作為性能卓越的控制器核心的行為協調機制應該有如下特徵：

① 結合行為仲裁和命令融合；

② 便於協調合作和存在競爭的行為。

4.2 基於混合協調策略和分層結構的行為導航方法

4.2.1 總體方案

因為行動機器人所處環境通常是複雜、部分或全部未知、不可預測的，如果使用單個控制器，如模糊控制器、神經網路控制器亦或模糊神經網路控制器等，為解決導航這一複雜非線性問題需要確定很多內部參數，其結構也十分複雜。因此，本章基於行為的導航控制方法將導航任務劃分為若干行為，再分別設計子行為控制器，建立行為協調機制，從而更容易實現複雜環境下的導航控制。

如圖 4-3 所示，行為由高層行為和底層基本行為組成。高層行為為抽象的語言描述性行為；底層基本行為為行動機器人最基本的執行動作行為。高層行為定義為四類：①自由漫步，四周空曠、開闊，行走不受限制；②限制性行走，向目標點行走過程中可能會碰到各種類型的障礙物，需要完成避障等基本動作；③沿物體輪廓走，在行動機器人的一側有障礙物，機器人與該障礙物保持一定距離或避障，同時盡快向目標靠近；④死區，機器人陷入陷阱，需要返回。底層基本行為包括：①奔向目標，即直接往目標位置前進；②避障，檢測到前面障礙物，機器人調整前進方向和速度繞開障礙物；③沿牆走，機器人與其一側的障礙物保持一定距離前進；④掉頭，機器人停止前進，調整為相反的方向返回。高級行為層中的行為包括一個或多個底層基本行為。對於底層基本行為，採用模糊神經網路設計子行為導航控制器。

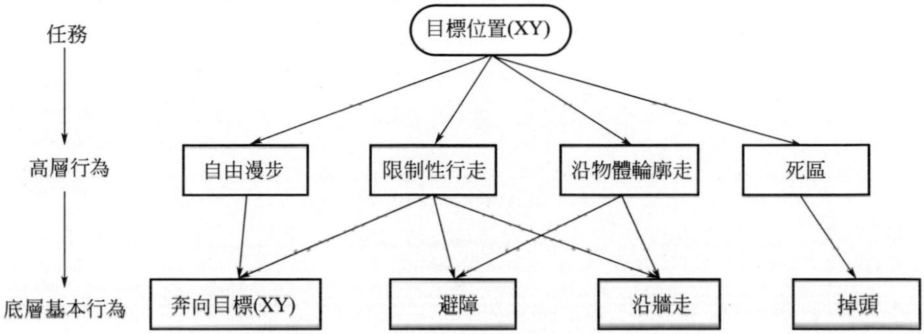

圖 4-3　行動機器人的分層行為表示

在行為協調機制上，本章提出一種基於混合仲裁和融合行為協調機制，滿足 4.1.2 節所總結的行為協調機制的要求。該行為協調方法在上層採用行為仲裁機制，根據神經網路辨識當前環境的結果，從高層行為中選出要執行的行為；在底層採用融合機制，透過計算聲納探測數據與環境模型之間的匹配度為被選的高層行為所包含的各基本行為分配融合的權值。透過仲裁機制，在高層行為中將有衝突的行為自由漫步和死區區分開；對於可以協調的行為，在底層融合共同作用於機器人的動作，符合要求①和②。本章提出的行動機器人導航控制方案如圖 4-4 所示。

4.2.2 基於模糊神經網路的底層基本行為控制器設計

底層基本行為包括奔向目標、避障、沿牆走和掉頭四個基本行為。本節採用模糊神經網路分別設計①～④的基本行為的控制器。依據人的駕駛習慣和經驗，所有控制器的輸出為行動機器人的速度 v 和相對當前行進方向要旋轉的角度 β_d。控制器的輸入為感測器資訊，包括行動機器人上安裝的 8 個聲納檢測的距離資訊 $\boldsymbol{d}=\{d_1, d_2, \cdots, d_8\}$，行動機器人當前行進方向與目標位置間的夾角為 θ_t，行動機器人當前的速度為 v_c。為了說明問題，圖 4-5 給出了行動機器人安裝的感測器配置示意圖。圖中數字 1～8 的位置為聲納感測器安裝位置，根據方位分為左側、前方和右側，分別用 $d_L=\min(d_1, d_2, d_3)$、$d_F=\min(d_4, d_5)$ 和 $d_R=\min(d_6, d_7, d_8)$ 表示，min 為取最小操作。θ_t 和 v_c 分別由 GPS 和速度感測器得到。控制器的輸入和輸出可表示為：

$$\boldsymbol{u}=[d_L, d_F, d_R, \theta_t, v_c] \tag{4-1}$$

$$\boldsymbol{y}=[v, \beta_d] \tag{4-2}$$

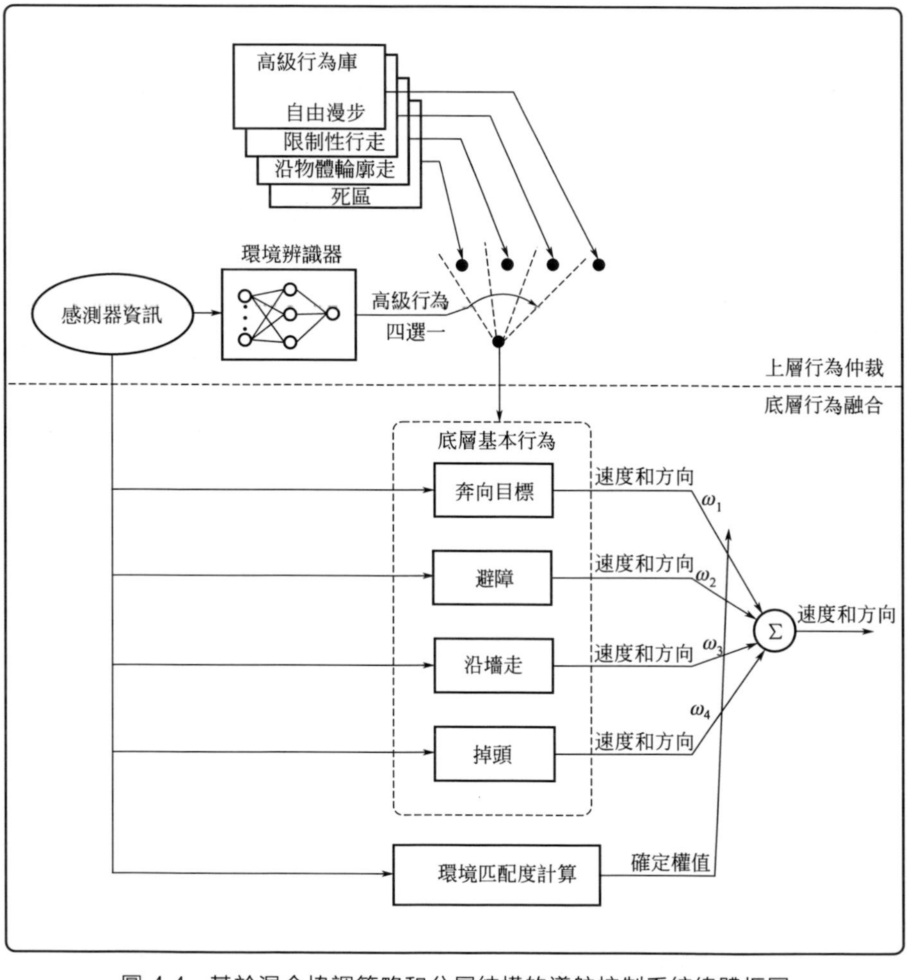

圖 4-4 基於混合協調策略和分層結構的導航控制系統總體框圖

避障行為相對其他基本行為更複雜、更具典型性，因此以避障行為為例詳細分析說明子行為控制器的設計過程，其他兩個行為設計過程類似，僅介紹關鍵步驟。

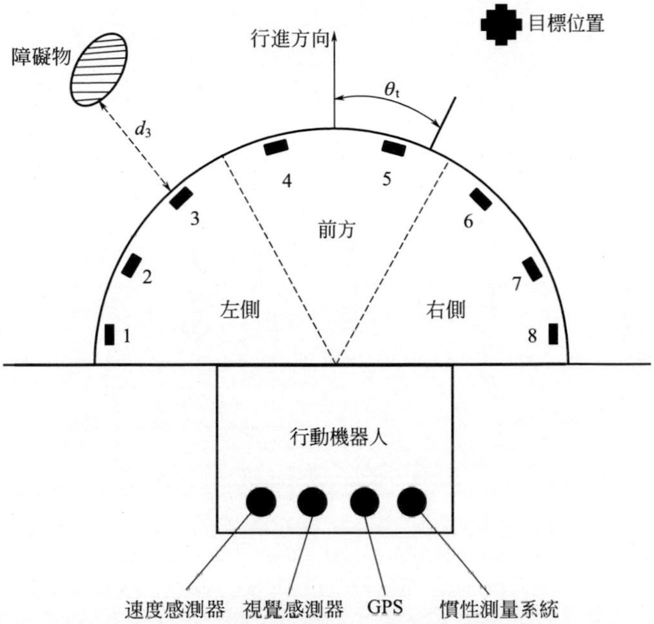

圖 4-5　行動機器人感測器配置示意圖

(1) 避障行為

① 基於模糊神經網路的導航控制器結構　模糊邏輯提供了處理不確定性、不精確問題的框架，以語言規則的形式充分利用了人類的知識。然而，FIS 主要依賴於專家經驗制定規則，特別是缺乏自組織和自學習機制，給模糊隸屬度函數的確定帶來很大困難。另外還缺少將專家知識轉化為規則庫的系統化、理論化過程，導致規則庫中存在冗餘規則。不過，神經網路具有較強的學習能力，在複雜非線性系統的建模方面有優良的性能。因此，神經網路與模糊推理系統結合，能用於解決複雜的行動機器人導航控制問題，並透過學習改進其性能。

本章採用 Zhu 等提出的五層模糊神經網路結構設計導航控制器，其結構如圖 4-6 所示。第一層為輸入層，將行動機器人左側、前方、右側三個方向障礙物的距離資訊、目標方向角度作為該模糊神經網路導航控制器的輸入，如式(4-1) 所示。第二層表示輸入變數的模糊隸屬度。第三層為規則庫。第四層為輸出變數的模糊隸屬度。第五層為控制器的輸出，即行動機器人的速度和旋轉方向，如式(4-2) 所示。該模糊神經網路結構與模糊推理系統結構一一對應，結構清晰，各參數都有明確的物理意義，其本質上還是一個模糊控制器。

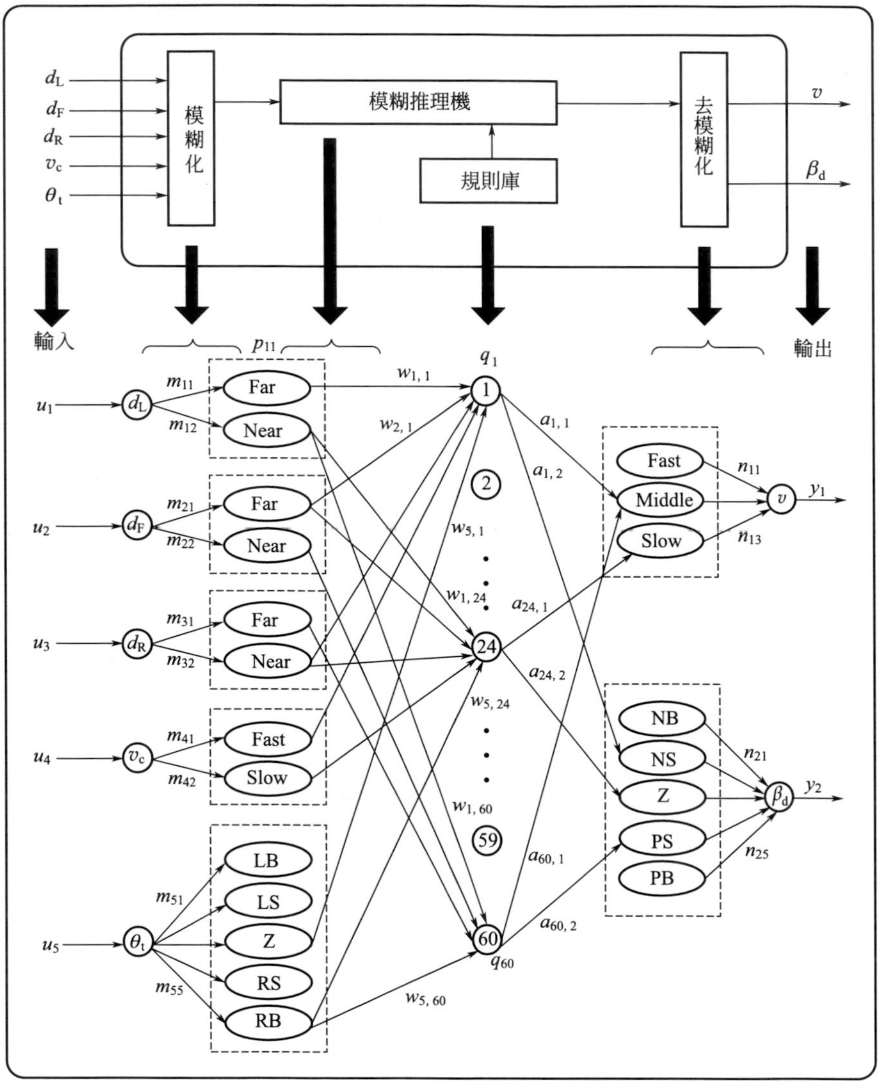

圖 4-6 模糊神經網路導航控制器結構

② 模糊控制器設計

a. 模糊化。對控制器的輸入距離資訊{d_L,d_F,d_R}用{Far,Near}兩個模糊語言變數表示，輸入 θ_t 用{LB,LS,Z,RS,RB}五個模糊語言變數表示，輸入 v_c 用{Fast,Slow}兩個模糊語言變數表示。控制器的輸出 v 由{Fast,Middle,Slow}三個模糊語言變數表示，輸出 β_d 由{LB,LS,Z,RS,RB}五個模糊語言變數表示。它們的隸屬度函數如圖 4-7 所示，當中採用的三角函數、S 型函數和 Z 型函數，依次定義如下：

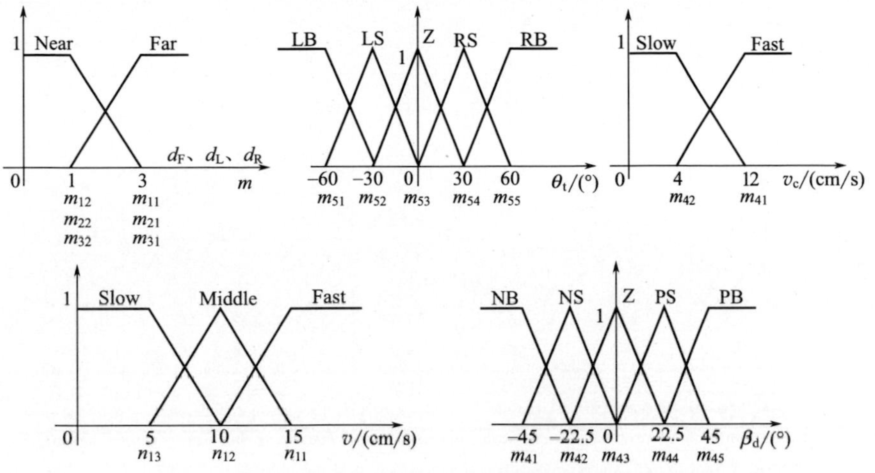

圖 4-7 輸入輸出變數的隸屬度函數

$$P_{ij}=\begin{cases}1-\dfrac{2|u_i-m_{ij}|}{\sigma_{ij}}, & m_{ij}-\dfrac{\sigma_{ij}}{2}<u_i<m_{ij}+\dfrac{\sigma_{ij}}{2}\\ 0, & \text{其他}\end{cases} \tag{4-3}$$

$$P_{ij}=\begin{cases}0, & u_i<m_{ij}-\dfrac{\sigma_{ij}}{2}\\ 1, & u_i>m_{ij}\\ 1-\dfrac{2|u_i-m_{ij}|}{\sigma_{ij}}, & \text{其他}\end{cases} \tag{4-4}$$

$$P_{ij}=\begin{cases}0, & u_i>m_{ij}+\dfrac{\sigma_{ij}}{2}\\ 1, & u_i<m_{ij}\\ 1-\dfrac{2|u_i-m_{ij}|}{\sigma_{ij}}, & \text{其他}\end{cases} \tag{4-5}$$

式中，$i=1,2,3,4,5$ 為第 i 個輸入變數；$j=1,2,3,4,5$ 表示輸入變數的語言變數數目；P_{ij} 對應於第 i 個輸入變數的第 j 個語言變數的隸屬度；m_{ij} 和 σ_{ij} 分別為該函數的中心和寬度；u_i 為模糊控制器的第 i 個輸入變數，其中 $\{u_1,u_2,u_3,u_4u_5\}=\{d_L,d_F,d_R,\theta_t,v_c\}$。

b. 建立導航控制知識規則。避障行為用於行動機器人附近有障礙物的情況，放棄原有前進方向而繞開障礙物。制定的規則如表 4-1 所示。

表 4-1　避障行為模糊控制規則庫

規則編號	輸入					輸出	
	d_L	d_F	d_R	v_c	θ_t	v	β_d
1	Far	Far	Near	Fast	Z	Middle	NS
2	Far	Far	Near	Fast	RS	Slow	NS
3	Far	Far	Near	Fast	RB	Slow	NS
4	Far	Near	Near	Slow	Z	Middle	NS
5	Far	Far	Near	Slow	RS	Slow	NS
6	Far	Far	Near	Slow	RB	Slow	NS
7	Far	Near	Near	Fast	LB	Slow	NB
8	Far	Near	Near	Fast	LS	Slow	NS
9	Far	Near	Near	Fast	Z	Slow	NS
10	Far	Near	Near	Fast	RS	Slow	NS
11	Far	Near	Near	Fast	RB	Slow	NS
12	Far	Near	Near	Slow	LB	Middle	NB
13	Far	Near	Near	Slow	LS	Middle	NS
14	Far	Near	Near	Slow	Z	Middle	NS
15	Far	Near	Near	Slow	RS	Slow	NS
16	Far	Near	Near	Slow	RB	Slow	NS
17	Near	Far	Near	Fast	LB	Middle	Z
18	Near	Far	Near	Fast	LS	Middle	Z
19	Near	Far	Near	Fast	RS	Middle	Z
20	Near	Far	Near	Fast	RB	Middle	Z
21	Near	Far	Near	Slow	LB	Slow	Z
22	Near	Far	Near	Slow	LS	Slow	Z
23	Near	Far	Near	Slow	RS	Slow	Z
24	Near	Far	Near	Slow	RB	Slow	Z
25	Far	Near	Far	Fast	LB	Middle	NB
26	Far	Near	Far	Fast	LS	Middle	NS
27	Far	Near	Far	Fast	Z	Middle	NS
28	Far	Near	Far	Fast	RS	Middle	PS
29	Far	Near	Far	Fast	RB	Middle	PB
30	Far	Near	Far	Slow	LB	Slow	NB
31	Far	Near	Far	Slow	LS	Slow	NS
32	Far	Near	Far	Slow	Z	Slow	NS
33	Far	Near	Far	Slow	RS	Slow	PS
34	Far	Near	Far	Slow	RB	Slow	PB
35	Near	Near	Near	Fast	LB	Slow	NB
36	Near	Near	Near	Fast	LS	Slow	NB
37	Near	Near	Near	Fast	Z	Slow	NS
38	Near	Near	Near	Fast	RS	Slow	PS
39	Near	Near	Near	Fast	RB	Slow	PB
40	Near	Near	Near	Slow	LB	Slow	NB
41	Near	Near	Near	Slow	LS	Slow	NB

續表

規則編號	輸入					輸出	
	d_L	d_F	d_R	v_c	θ_t	v	β_d
42	Near	Near	Near	Slow	Z	Slow	NS
43	Near	Near	Near	Slow	RS	Slow	PS
44	Near	Near	Near	Slow	RB	Slow	PB
45	Near	Near	Far	Fast	LB	Slow	PS
46	Near	Near	Far	Fast	LS	Slow	PS
47	Near	Near	Far	Fast	Z	Slow	PS
48	Near	Near	Far	Fast	RS	Slow	PB
49	Near	Near	Far	Fast	RB	Slow	PB
50	Near	Near	Far	Slow	LB	Middle	PS
51	Near	Near	Far	Slow	LS	Middle	PS
52	Near	Near	Far	Slow	Z	Middle	PS
53	Near	Near	Far	Slow	RS	Slow	PB
54	Near	Near	Far	Slow	RB	Slow	PB
55	Near	Far	Far	Fast	LB	Middle	PS
56	Near	Far	Far	Fast	LS	Middle	PS
57	Near	Far	Far	Fast	Z	Middle	PS
58	Near	Far	Far	Slow	LB	Slow	PS
59	Near	Far	Far	Slow	LS	Slow	PS
60	Near	Far	Far	Slow	Z	Middle	PS

c. 去模糊化。採用重心法確定模糊量中能反映出整個模糊量資訊的精確值，這個過程類似於機率化的求數學期望過程。控制器輸出$\mathbf{y}=[v,\beta_d]$為：

$$v=\frac{\sum_{k=1}^{60}a_{k,1}q_k}{\sum_{k=1}^{60}q_k} \tag{4-6}$$

$$\beta_d=\frac{\sum_{k=1}^{60}a_{k,2}q_k}{\sum_{k=1}^{60}q_k} \tag{4-7}$$

$$q_k=\min\{p_{1,k},p_{2,k},p_{3,k},p_{4,k},p_{5,k}\} \tag{4-8}$$

式中，$a_{k,1}$ 和 $a_{k,2}$ 為第 k 條規則的輸出；$p_{i,k}$ 為第 i 個輸入變數用於第 k 條規則的隸屬度。

③ 模糊神經網路導航控制器結構的參數優化　圖 4-6 中模糊神經網路結構與模糊推理的過程一一對應，其參數仍保留了模糊變數的物理意義。$i=1,2,3,4,5$ 為輸入向量的數目；u_i 為控制器的第 i 個輸入，其中 $\{u_1,u_2,u_3,u_4u_5\}=\{d_L,d_F,d_R,\theta_t,v_c\}$；$j=1,2,3,4,5$ 表示輸入向量的

語言變數數目；P_{ij} 對應於第 i 個輸入變數的第 j 個語言變數的隸屬度，由式(4-3)～式(4-5) 計算，m_{ij} 和 σ_{ij} 分別為該函數的中心和寬度；$k=1,2,\cdots,60$ 為規則數量；$l=1,2$ 為輸出的數量；y_l 為控制器的第 l 個輸出向量，其中 $\{y_1,y_2\}=[v,\beta_d]$；$s=1,2,3,4,5$ 為控制器輸出向量的模糊語言變數數目；q_k 為第 k 條規則的連接度，由式(4-8) 得到；變數 $w_{i,k}$ 對應於第 i 個輸入對於第 k 條規則的隸屬度函數的中心，即可根據規則庫將 m_{ij} 分配給相應的 $w_{i,k}$，如 $w_{1,1}=m_{11}$，$w_{2,1}=m_{21}$，$w_{1,24}=m_{12}$，$w_{3,24}=m_{32}$，$w_{5,24}=m_{55}$，$w_{5,60}=m_{55}$ 等；變數 $a_{k,l}$ 為第 k 條規則對第 l 個輸出變數的估算值；$n_{l,s}$ 為第 l 個輸出 v 或 β_d 的第 s 個語言變數的隸屬度。設隸屬度函數的寬度為常數，有 $a_{1,1}=n_{12}$，$a_{24,1}=n_{13}$，$a_{50,2}=n_{24}$ 等。

為了提高模糊控制器的性能，在隱層節點數確定的情況下採用遺傳算法優化模糊神經網路（FNN）中的參數，即已知模糊規則集，優化隸屬函數。這裡主要優化隸屬函數的中心，而將其寬度設為固定值。需要調整的參數有 21 個，以向量 $\mathbf{Z}$ 表示：

$$\mathbf{Z}=\{m_{11},m_{12},m_{21},m_{22},m_{31},m_{32},m_{41},m_{42},m_{51},m_{52},m_{53},m_{54},m_{55},\\ n_{11},n_{12},n_{13},n_{21},n_{22},n_{23},n_{24},n_{25}\} \tag{4-9}$$

遺傳算法優化 FNN 參數的步驟：

步驟 1：選擇一個全體，即隨機產生 m 個字串，每個字串表示整個網路的一組參數。採用實數編碼，21 個參數依次串聯形成一個個體，個體的長度即參數的個數，$L=21$。

步驟 2：計算每一組參數的適應度值 $f_i(i=1,2,\cdots,m)$。

選擇適應度函數時，同時考慮兩個方面的問題：

a. 樣本實際輸出和模型輸出之間的誤差越小越好；

b. 隸屬函數的形狀需要控制，不能過分重疊和過分稀疏。

FNN 的學習誤差定義為：

$$J=\frac{1}{2}\sum_{i=1}^{n}\sum_{l=1}^{2}|\boldsymbol{y}_l-\hat{\boldsymbol{y}}_l|^2 \tag{4-10}$$

式中，$\boldsymbol{y}_l=\{y_1,y_2\}=\{v,\beta_d\}$，$l=1,2$，為 FNN 的輸出向量；$\hat{\boldsymbol{y}}_l=\{\hat{y}_1,\hat{y}_2\}$，$l=1,2$，為期望的輸出向量，由人工手動操作獲取的數據；$n$ 為樣本數。

為了避免出現隸屬度函數之間重疊或稀疏，需要定義懲罰項來控制隸屬度之間的關係：

$$C_q=\sum_{i=1}^{k-1}[\min(d_i-\sigma_i,0)+\min(d_i-\sigma_{i+1},0)+\min(\sigma_i+\sigma_{i+1}-d_i,0)] \tag{4-11}$$

式中，$q=1,2,\cdots,7$ 為 FNN 輸入輸出變數的數量；k 為某一變數的隸屬度函數的中心數量；σ_i 為隸屬度函數的寬度；$d_i=m_{q,i+1}-m_{q,i}$ 是相鄰兩個模糊數的隸屬度函數的中心點之間的距離。如圖 4-8(a) 所示，當相鄰隸屬函數中心點之間的距離小於第一個隸屬函數的右寬度或小於第二個隸屬度函數的左寬度時，出現隸屬度函數的相互重疊，需要進行懲罰，並且重疊的越多，懲罰的力度越大；當相鄰隸屬函數中心點之間的距離大於第一個隸屬函數的右寬度和第二個隸屬度函數的左寬度之和時，隸屬度函數之間過於稀疏，如圖 4-8(b) 所示，這時也需要懲罰，稀疏的程度越大，懲罰的力度相應地也就越大。

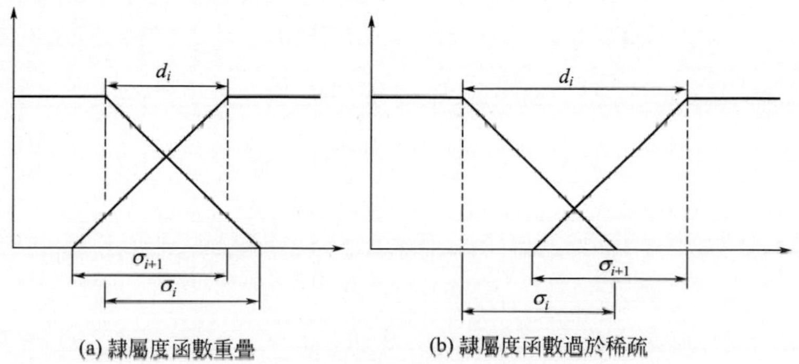

圖 4-8 隸屬度函數之間的關係示意圖

相應地，輸入輸出的隸屬度關係懲罰值為：

$$C=\sum_{q=1}^{7}C_q \tag{4-12}$$

最終的適應度函數可表示為：

$$f=\frac{1}{2}(\mathrm{e}^{-J}+\mathrm{e}^{C}) \tag{4-13}$$

步驟 3：根據下面的步驟產生新群體，直至新群體中串總數達到 m。

a. 分別用機率 $f_i/\sum f_i$、$f_j/\sum f_j$ 從群體中選出兩個串 S_i、S_j；

b. 以機率 P_c 對 S_i，S_j 執行交換操作，生成新的串 S'_i、S'_j；

c. 以機率 P_m 對 S'_i，S'_j 執行變異操作；

d. 返回步驟 a，直到生成 $m-3$ 個新一代個體；

e. 產生的 $m-3$ 個新一代的個體與上一代中性能最好的 3 個個體一起構成新的群體。

步驟 4：返回步驟 2，當群體中的個體性能滿足要求或者疊代到指定代數時結束。

(2) 奔向目標行為

奔向目標，即直接往目標位置前進。控制器的結構仍如圖 4-6 所示，其輸入輸出見式(4-1)和式(4-2)，隸屬度函數見式(4-3)～式(4-5)及圖 4-7。與避障行為設計不同的是其控制規則，如表 4-2 所示。

表 4-2 奔向目標行為模糊控制規則庫

規則編號	輸入					輸出	
	d_L	d_F	d_R	v_c	θ_t	v	β_d
1	Far	Far	Near	Fast	LB	Middle	NB
2	Far	Far	Near	Fast	LS	Middle	NS
3	Far	Far	Near	Slow	LB	Middle	NB
4	Far	Far	Near	Slow	LS	Middle	NS
5	Near	Far	Far	Fast	RS	Middle	PS
6	Near	Far	Far	Fast	RB	Middle	PB
7	Near	Far	Far	Slow	RS	Middle	PS
8	Near	Far	Far	Slow	RB	Middle	PB
9	Far	Far	Far	Fast	LB	Middle	NB
10	Far	Far	Far	Fast	LS	Fast	NS
11	Far	Far	Far	Fast	Z	Fast	NS
12	Far	Far	Far	Fast	RS	Fast	PS
13	Far	Far	Far	Fast	RB	Middle	PB
14	Far	Far	Far	Slow	LB	Middle	NB
15	Far	Far	Far	Slow	LS	Fast	NS
16	Far	Far	Far	Slow	Z	Fast	NS
17	Far	Far	Far	Slow	RS	Fast	PS
18	Far	Far	Far	Slow	RB	Middle	PB
19	Near	Far	Near	Fast	Z	Middle	Z
20	Near	Far	Near	Slow	Z	Middle	Z

(3) 沿牆走行為

沿牆走，即機器人與其一側的障礙物保持一定距離前進。控制器的結構仍如圖 4-6 所示，其輸入輸出見式(4-1) 和式(4-2)，隸屬度函數見式(4-3)～式(4-5) 及圖 4-7。與其他行為設計不同的是其控制規則，如表 4-3 所示。

表 4-3 沿牆走行為模糊控制規則庫

規則編號	輸入					輸出	
	d_L	d_F	d_R	v_c	θ_t	v	β_d
1	Near	Far	Near	×	LB	Fast	Z
2	Near	Far	Near	×	LS	Fast	Z
3	Near	Far	Near	×	Z	Fast	Z

續表

規則編號	輸入					輸出	
	d_L	d_F	d_R	v_c	θ_t	v	β_d
4	Near	Far	Near	×	RS	Fast	Z
5	Near	Far	Near	×	RB	Fast	Z
6	Near	Far	Far	Fast	LB	Fast	Z
7	Near	Far	Far	Fast	LS	Fast	Z
8	Near	Far	Far	Fast	Z	Fast	Z
9	Near	Far	Far	Slow	LB	Middle	Z
10	Near	Far	Far	Slow	LS	Middle	Z
11	Near	Far	Far	Slow	Z	Middle	Z
12	Far	Far	Near	Fast	Z	Fast	Z
13	Far	Far	Near	Fast	RS	Fast	Z
14	Far	Far	Near	Fast	RB	Fast	Z
15	Far	Far	Near	Slow	Z	Middle	Z
16	Far	Far	Near	Slow	RS	Middle	Z
17	Far	Far	Near	Slow	RB	Middle	Z

注：×表示可以任取其定義的模糊語言。

(4) 掉頭行為

掉頭行為，即機器人停止前進，調整為向相反的方向返回。控制器的結構仍如圖 4-6 所示，其輸入輸出見式(4-1) 和式(4-2)，隸屬度函數見式(4-3)～式(4-5) 及圖 4-7。與其他行為設計不同的是其控制規則，如表 4-4 所示。

表 4-4　掉頭行為模糊控制規則庫

規則編號	輸入			輸出	
	d_L	d_F	d_R	v	β_d
1	Far	×	Near	Slow	NB
2	Near	×	Far	Slow	PB
3	Near	×	Near	Slow	PB

注：×表示可以任取其定義的模糊語言。

4.2.3 多行為的混合協調策略

在行為協調機制上，本章提出一種基於神經網路環境辨識選擇高層行為，在底層透過計算環境匹配度，確定各基本行為的權值的混合協調策略，綜合了行為仲裁機制和行為融合機制的優點。

(1) 環境模型

儘管行動機器人所處環境未知，障礙物形狀、所處位置變化萬千，但還是可以抽象出一些典型的模型。在圖 4-5 所示的行動機器人感測器配置中，透過聲納在不同環境下的檢測距離抽象環境模型，其探測範圍如圖 4-9 所示。

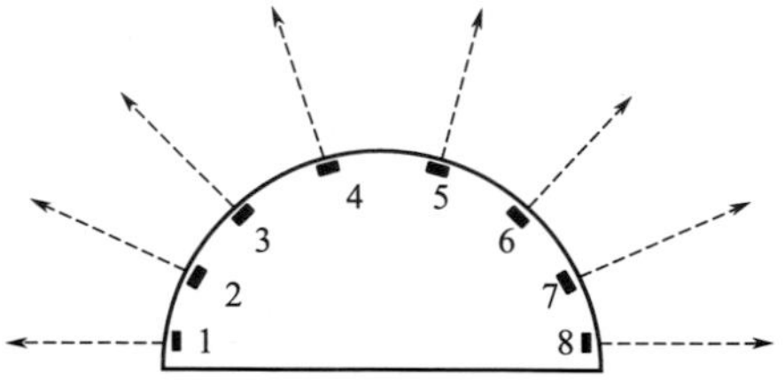

圖 4-9　行動機器人配置的聲納探測範圍示意圖

將行動機器人放置在不同環境下，獲取的距離資訊與環境模型的關係可用圖 4-10 表示，包括開闊空間、有障礙物、通道、左邊物體輪廓、右邊物體輪廓和 U 形區域六種。

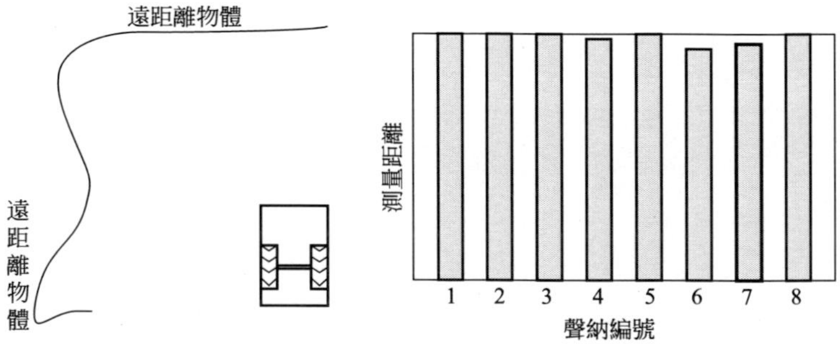

(a) 開闊空間

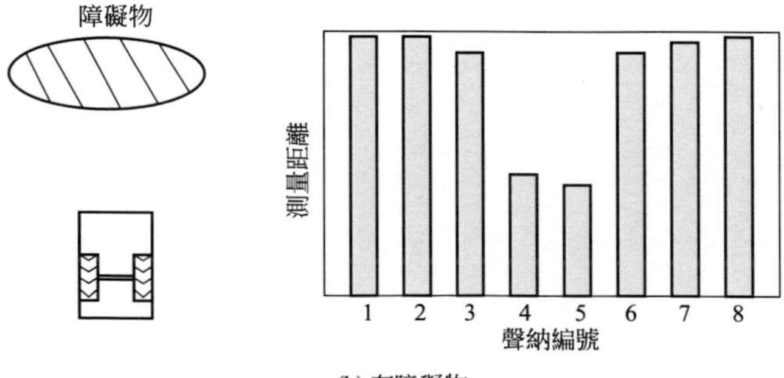

(b) 有障礙物

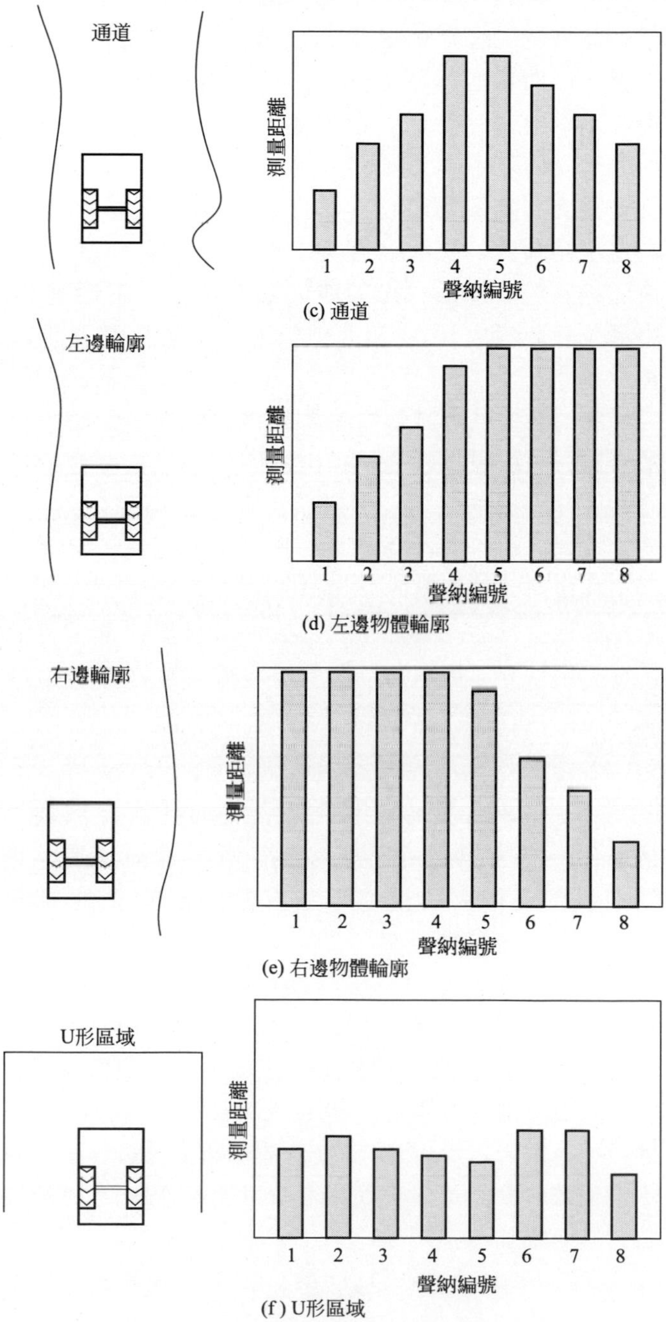

圖 4-10 聲納探測與環境模型示意圖

(2) 神經網路環境辨識選擇高層行為

因為神經網路有從輸入-輸出數據中找到對應關係的能力，此處透過訓練神經網路對環境分類，來選擇高層的四個行為。高級行為分為自由漫步、限制性行走、沿物體輪廓走、死區，將它們與根據聲納探測距離建立的環境典型模型對應：①自由漫步對應開闊空間；②限制性行走對應有障礙物環境；③沿物體輪廓走對應通道、左邊物體輪廓和右邊物體輪廓，統稱為通道環境；④死區對應 U 形區域。將行動機器人隨機置於上述抽象出的四大類環境中，不斷變化行動機器人在環境中的位置，獲取 3200 組 8 個聲納測量的距離資訊，歸一化後用於訓練神經網路。

神經網路環境辨識器為三層結構，包括 8 個輸入節點為聲納的測量距離資訊，中間層為隱層，輸出有四個節點，分類的結果分別對應開闊空間類、有障礙物環境、通道環境、U 形區域四類。根據分類的結果，相應地從高層的四個行為中選出其對應的行為。例如，神經網路環境辨識器根據當前聲納資訊的分類結果為有障礙物，因此，從高層行為中選擇限制性行走行為。該行為又包括奔向目標、避障和沿牆走三個基本行為，這三個行為加權求和得到最終的控制量，其中的權值由環境匹配度確定。

(3) 環境匹配度確定底層行為權值

某一子行為針對特定任務設計，而任務又與環境因素息息相關。底層基本行為的融合透過計算子行為與當前環境的匹配度確定權值。同樣，將底層行為與根據聲納探測距離建立的環境典型模型對應：①奔向目標對應開闊空間；②避障對應有障礙物環境；③沿牆走對應通道、左邊物體輪廓和右邊物體輪廓，統稱為通道環境；④掉頭對應 U 形區域。

首先，將上述 3200 組歸一化後的聲納測距數據，採用聚類的方法找到每一類環境的聚類中心。我們採用模糊 c-means 算法（FCM）完成這些的數據分割。FCM 算法實際上是一種疊代最佳化方法，採用資料點集合中各個資料點與每個聚類中心（共計 c 個）之間的加權距離組成目標函數，其形式如下：

$$\boldsymbol{J}_m : \boldsymbol{M}_{fc} \times \boldsymbol{R}^{cp} \rightarrow R^+$$

$$\boldsymbol{J}_m(\{\boldsymbol{U}_{ik}\},\{\boldsymbol{V}_i\};\{\boldsymbol{X}\}) = \sum_{k=1}^{n}\sum_{i=1}^{c}(\boldsymbol{U}_{ik})^m (d_{ik})^2 \mid \sum_{i=1}^{c}\boldsymbol{U}_{ik} = 1,\ k = 1,2,\cdots,n \tag{4-14}$$

式中，M_{fc} 為模糊分割空間；$U \in M_{fc}$ 為關於 X 的模糊 c 劃分；c 個聚類中心構成的集合為 $\boldsymbol{V}=\{V_1, V_2, \cdots, V_c\}$，$P$ 個特徵資料點的聚類中心為 $\boldsymbol{V}_i, \boldsymbol{V}_i \in \mathfrak{R}^P$；特徵資料點集合的矩陣為 $\boldsymbol{X}$，其中 $\boldsymbol{X}=\{X_1, X_2, \cdots, X_n\}, \boldsymbol{X}_i \in \mathfrak{R}^P$，$n$ 為全部資料點的總數；定義聚類中心與資料點之間的距離 d_{ik}：

$$(d_{ik})^2 = \| x_k - v_i \|^2 \tag{4-15}$$

式中，i 表示每個聚類的序號；k 表示每一個資料點的序號，資料點空間 $\mathfrak{R}$ 的維數為 P，加權指數 $m \in [1, \infty)$ 的作用是調節隸屬度值的權重影響。聚類中心 v_i 為：

$$v_i = \frac{\sum_{k=1}^{n} (u_{ik})^m x_k}{\sum_{k=1}^{n} (u_{ik})^m}, \ i=1,2,\cdots,c; k=1,2,\cdots,n \tag{4-16}$$

模糊隸屬度矩陣為：

$$u_{ik} = \frac{1}{\sum_{j=1}^{c} \left(\frac{d_{ik}}{d_{jk}}\right)^{\frac{2}{m-1}}}, \ i=1,2,\cdots,c; k=1,2,\cdots,n \tag{4-17}$$

式中，若 $d_{ik}=0$，則 $u_{ik}=1$，$u_{jk}=0$，並且有 $j \neq i$。

計算過程中，聚類中心矩陣 $\boldsymbol{V}$ 透過待聚類資料點集合中的隨機值初始化，而模糊劃分矩陣由式(4-17) 計算得到。一旦兩次疊代中對應的模糊劃分矩陣 $\boldsymbol{U}$ 之差小於閾值，即 $\| \boldsymbol{U}^{(b)} - \boldsymbol{U}^{(b+1)} \| < \varepsilon_1$，則疊代結束，可得到相應的聚類中心 $\boldsymbol{V}$。

在實際使用中，計算當前獲取的一組聲納測距歸一化數據 l_i 與四類環境聚類中心 $\{\boldsymbol{V}_1, \boldsymbol{V}_2, \boldsymbol{V}_3, \boldsymbol{V}_4\}$ 的歐式距離：

$$d_j^i = \| \boldsymbol{l}_i - \boldsymbol{V}_j \| \tag{4-18}$$

式中，$j=1,2,3,4$，表示第 j 個聚類中心。

當前獲取的一組聲納測距數據 $\boldsymbol{l}_i$ 與某一聚類中心的距離越小，表示當前環境與該聚類中心所代表的環境越貼近，該環境所對應的子行為控制器就應該產生越大的作用。反映當前聲納測距資訊與某一環境貼近程序的度量稱為環境匹配度，定義為：

$$w_j = \frac{(1-d_j^i)^2}{\sum_{j=1}^{n} (1-d_j^i)^2} \tag{4-19}$$

式中，n 表示當前的子行為數目。例如，根據神經網路環境辨識器的分類結果從高層行為中選擇限制性行走行為，該行為包括奔向目標、避障和沿牆走三個基本行為，則此處 $n=3$。

最終控制器的實際輸出控制量轉角 β 和運動速度 v 為選中子行為的加權求和：

$$\beta=\sum_{j=1}^{N} w_j \beta_j \text{ , } v=\sum_{j=1}^{N} w_j v_j \tag{4-20}$$

4.3 基於模糊邏輯的非結構化環境下自主導航

4.2 節設計的控制器採用聲納檢測環境中影響機器人運動的狀況，稱為基於聲納的行為。受聲納感測器自身原理限制，由多個聲納組成的聲納環只能檢測到特定高度某個面上的障礙物，而無法獲取在非結構化環境下的其他一些關鍵資訊，如坡度、地面硬度等同樣影響行動機器人移動性能的地形屬性。在得到用於度量地形通行難易程度的可通行性指數後，本節據此與 4.2 節基於聲納的行為輸出[式(4-20)]相結合以適應在非結構化環境下的自主導航避障。

如圖 4-11 所示，將行動機器人前方 180°範圍內劃分為左側（L）、前方（F）和右側（R）三個區間，利用第 3 章的方法可分別得到這三個區域的可通行性評價，用 3.5 節中定義的模糊語言 {Low，Normal，High} 表示，三個區域的可通行性評價記為 $\tau=\{\tau_L, \tau, \tau_R\}$。

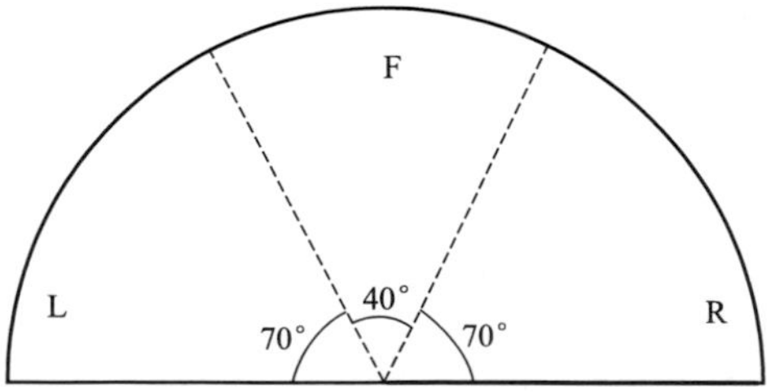

圖 4-11　行動機器人正面劃分為三個區域示意圖

我們稱上述三個區域的可通行性控制行動機器人的運動方向 β_t 和速度 v_t 為基於地形的行為。β_t 和 v_t 的模糊隸屬度如圖 4-12 所示。表 4-5 制定了基於地形的行為控制規則。

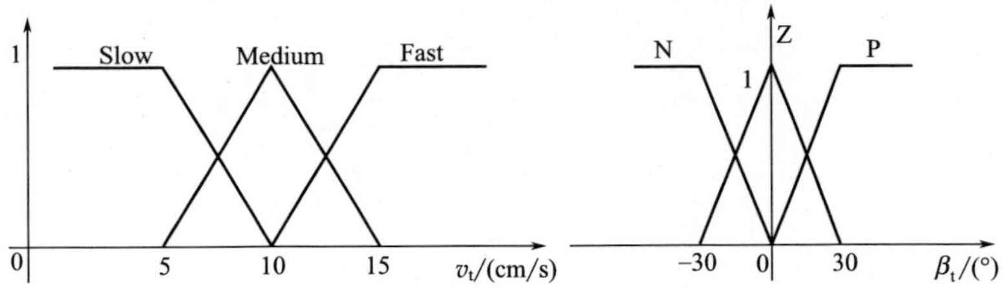

圖 4-12　基於地形的行為輸出隸屬度

表 4-5　基於地形的行為控制規則

規則	輸入			輸出	
	τ_L	τ_F	τ_R	v_t	β_t
1	×	High	×	Fast	Z
2	High	Normal	×	Medium	N
3	Normal	Normal	High	Medium	P
4	Low	Normal	High	Medium	P
5	Normal	Normal	Normal	Medium	Z
6	Normal	Normal	Low	Medium	Z
7	Low	Normal	Normal	Medium	Z
8	Low	Normal	Low	Medium	Z
9	High	Low	×	Medium	N
10	Normal	Low	High	Slow	P
11	Low	Low	High	Slow	P
12	Normal	Low	Normal	Slow	N
13	Normal	Low	Low	Slow	N
14	Low	Low	Normal	Slow	P
15	Low	Low	Low	Slow	Z

注：×表示可以任取其定義的模糊語言。

基於地形的行為輸出與基於聲納的行為輸出融合後得到的輸出作用於行動機器人的執行器上。

$$\beta_{\text{final}}=w_t\beta_t+w_s\beta \tag{4-21}$$

$$v_{\text{final}}=w_t v_t+w_s v \tag{4-22}$$

w_t 對應基於地形的行為在最終輸出中的權值；w_s 對應基於聲納的行為在最終輸出中的權值。w_t 和 w_s 的確定過程如下：

首先判斷 4.2 節設計的基於聲納的行為控制器最終輸出轉角 β 在圖 4-10 中的具體區域，然後根據該區域的可通行性指數確定 w_t 和 w_s，用模糊語言 {Low，Normal，High} 表示。制定的模糊規則如下：

If τ_β is Low, Then w_t is Low and w_s is High
If τ_β is Normal, Then w_t is Normal and w_s is Normal
If τ_β is High, Then w_t is High and w_s is Low

4.4 算法小結

將本章算法流程總結如圖 4-13 所示。

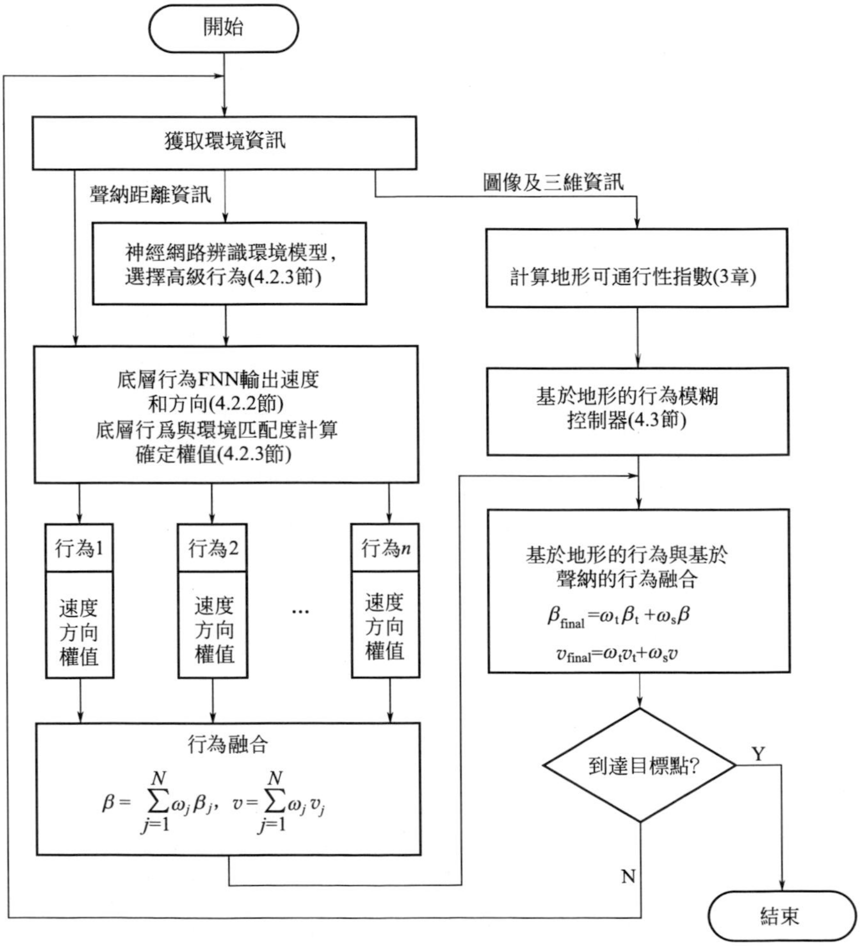

圖 4-13 基於混合協調策略和分層結構的導航算法流程

其中底層行為 FNN 控制器的參數採用遺傳算法優化，其主要步驟如下。

步驟 1：選擇一個全體，即隨機產生 m 個字串，每個字串表示整個網路的一組參數。

步驟 2：計算每一組參數的適應度值 $f_i(i=1,2,\cdots,m)$。

步驟 3：根據下面的步驟產生新群體，直至新群體中串總數達到 m。

① 分別用機率 $f_i/\Sigma f_i$、$f_j/\Sigma f_j$ 從群體中選出兩個串 S_i、S_j；

② 以機率 P_c 對 S_i、S_j 執行交換操作，生成新的串 S'_i、S'_j；

③ 以機率 P_m 對 S'_i、S'_j 執行變異操作；

④ 返回步驟①，直到生成 $m-3$ 個新一代個體；

⑤ 產生的 $m-3$ 個新一代的個體與上一代中性能最好的 3 個個體一起構成新的群體。

步驟 4：返回步驟 2，當群體中的個體性能滿足要求或者疊代到指定代數時結束。

4.5 實驗結果

本章提出的方法首先在仿真軟體下進行仿真實驗，然後應用到作者所在題組研製的智慧服務機器人室內在結構化環境下的清洗作業導航測試中。在此基礎上，應用於室外行動機器人在非結構化環境下的導航避障測試。兩種類型的行動機器人實驗平臺如圖 4-14 所示。

(a) 智慧服務機器人

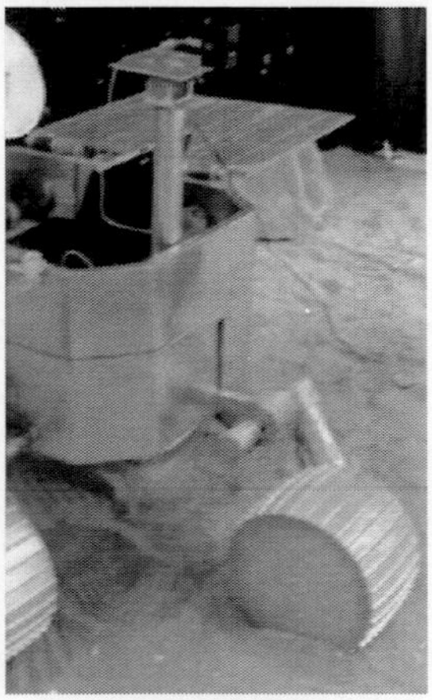

(b) 室外智慧機器人

圖 4-14 智慧機器人實驗平臺

訓練用的環境聲納探測原型樣本由人透過遠端遙控機器人在障礙物不同分布的各種各樣環境中運行時獲得。圖 4-15 表示本章提出的方法在四種典型環境中的導航結果，其中，圖（a）和圖（b）為包含避障和開闊空間的環境，圖（c）～（e）分別對應通道、左邊物體輪廓和右邊物體輪廓的環境，圖（f）為 U 形環境。

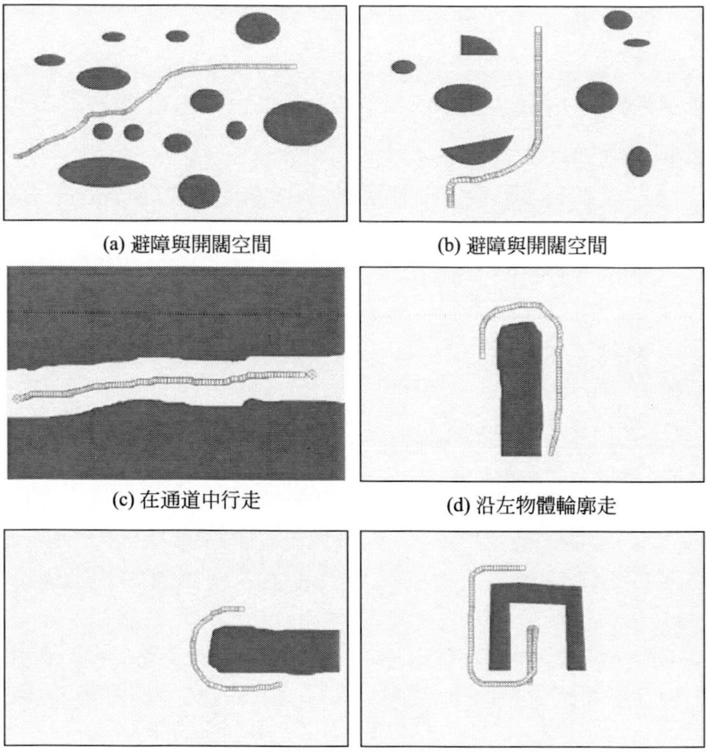

(a) 避障與開闊空間　(b) 避障與開闊空間

(c) 在通道中行走　(d) 沿左物體輪廓走

(e) 沿右物體輪廓走　(f) U形區域

圖 4-15　本章方法在典型環境中的導航結果

將本章方法與單模糊神經網路方法（稱為方法一）分別用於行動機器人在同一環境中的導航，從機器人振盪 Osc、路徑長度 $Pathlen$、行動機器人與障礙物間的距離 $Clearance$ 三個方面來衡量導航性能。Osc 表示行動機器人行駛過程中的角度變化，角度變化小則意味著行走軌跡光滑，機器人振盪小。$Pathlen$ 反映行動機器人從起點運動到目標點的軌跡長度。行動機器人在移動中需要與障礙物保持一定的距離以確保全全，距離太近則有發生碰撞的危險。它們的定義如下：

$$Osc(t)=\left|\alpha(t)-\alpha(t-1)\right|/90 \tag{4-23}$$

式中，$\alpha(t)$ 為 t 時刻的行駛方向。

$$Pathlen(t)=\sqrt{[\Delta x(t)^2+\Delta y(t)^2]^2} \tag{4-24}$$

式中，$\Delta x(t)$ 和 $\Delta y(t)$ 分別表示水平面上橫座標和縱座標兩個方向上當前時刻相對上一時刻的位移。

$$Clearance(t)=\begin{cases}1-\dfrac{\mathrm{Min}\{d_i\}}{\mathrm{Avg}(d_i)}, & \mathrm{Min}\{d_i\}\leqslant D \\ 0, & \text{其他}\end{cases} \tag{4-25}$$

式中，$\mathrm{Min}\{d_i\}$和 $\mathrm{Avg}\{d_i\}$分別為行動機器人所有測距感測器探測的距離資訊的最小值和平均值。因為在如狹窄的通道等狹小空間的環境中，行動機器人與障礙物的距離無法保持在某一距離之外，所以採用除以 $\mathrm{Avg}\{d_i\}$的方式與開闊空間區別開。

總體性能為：

$$Performance=\sum_t Osc+Pathlen+Clearance \tag{4-26}$$

在圖 4-16 的環境中，隨機選擇三組起點和目標位置，具體位置見圖 4-16(a)、(c) 和 (e)。使用方法一和本章方法在相同起點和目標位置的情況下分別執行 10 次行動機器人導航仿真實驗，以此 10 次實驗所得的性能指標的均值作為導航性能，其結果見表 4-6。可見本章方法的總體性能較採用單控制器的方法一性能更好。

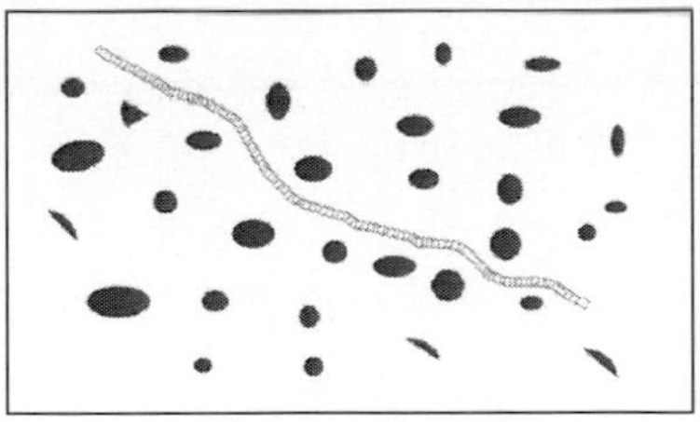

(a) 方法一導航軌跡

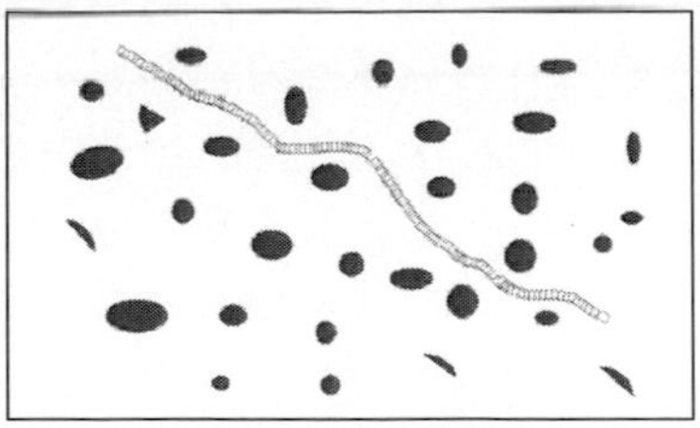

(b) 本章方法導航軌跡

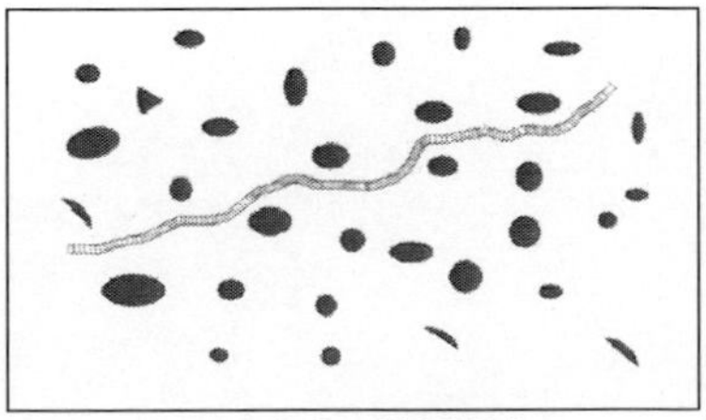

(c) 方法一導航軌跡

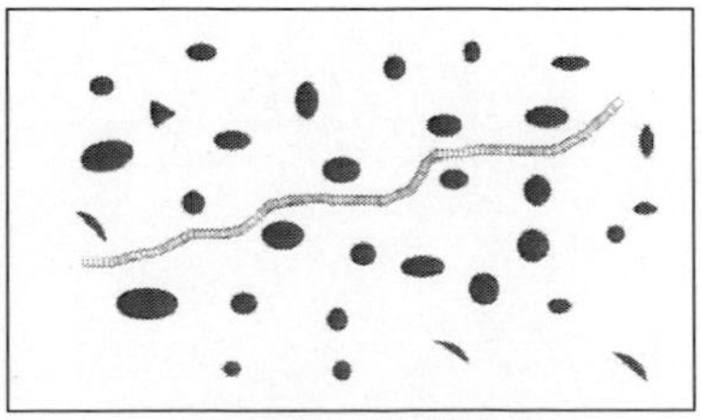

(d) 本章方法導航軌跡

圖 4-16

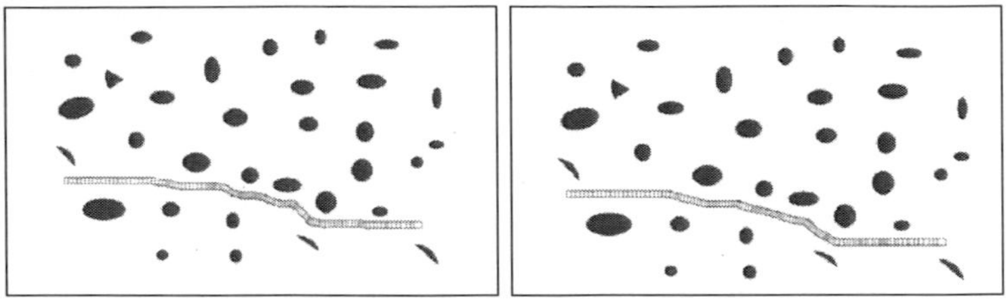

(e) 方法一導航軌跡　　(f) 本章方法導航軌跡

圖 4-16　方法一與本章方法在同一環境中的導航軌跡

表 4-6　本章方法與方法一性能比較

方法	環境及導航軌跡	*Osc*	*Pathlen*	*Clearance*	*Performance*
方法一	圖 4-16(a)	2.0	14.50	63.41	79.91
本章方法	圖 4-16(b)	4.6	15.83	58.82	78.65
方法一	圖 4-16(c)	3.2	15.89	69.30	88.39
本章方法	圖 4-16(d)	2.9	15.11	61.92	79.93
方法一	圖 4-16(e)	3.6	12.60	57.51	73.71
本章方法	圖 4-16(f)	2.3	12.32	42.61	57.23

考慮地形可通行性的情況下，將本章方法應用到室外，行動機器人在如圖 4-17(a) 和 (c) 所示的非結構化環境下導航，圖 (b) 和 (d) 為其模擬三維環境，以顏色區分其可通行性評價，如果不考慮可通行性評價，其導航軌跡為藍線所示，在此情況下，行動機器人實際通行性較低，甚至把根本不可通行的地方也當成可通行區域，如圖 4-17(a) 中的斜坡，導致行動機器人出現危險。白線為行動機器人的導航軌跡，因為考慮了地形的可通行性難易程度，本章方法能很好地滿足行動機器人在非結構化環境中的導航。

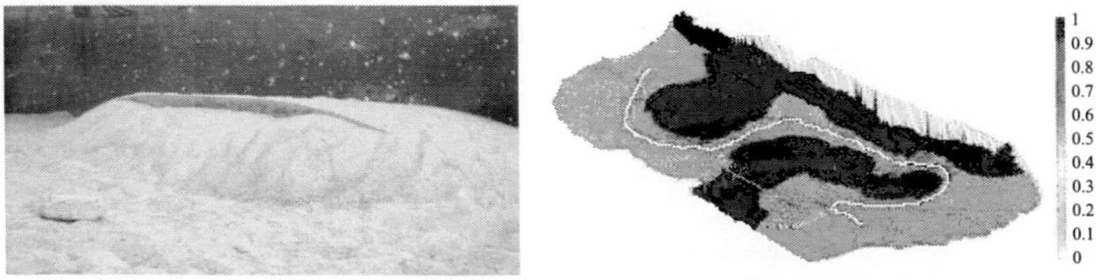

(a) 實驗場景一　　(b) 場景一中的導航軌跡

(c) 實驗場景二

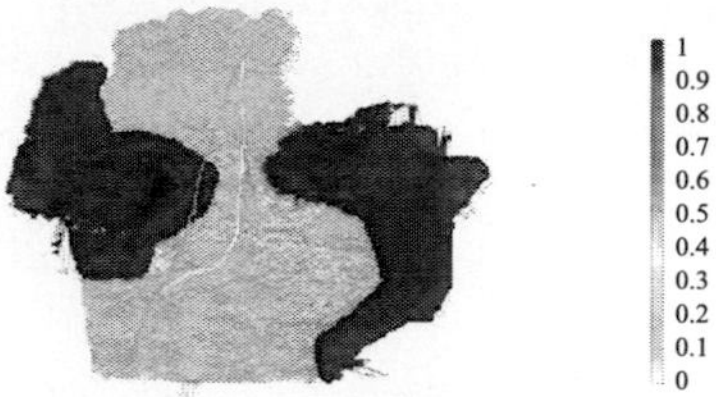

(d) 場景二中的導航軌跡

圖 4-17　本章方法在非結構化環境中的導航軌跡

參考文獻

[1] D. R. Parhi, M. K. Singh. Intelligent fuzzy Interface technique for controller of mobile robot. Journal of Mechanical. Engineering—Part C, 2008, 222 (11): 2281-2292.

[2] S. K. Pradhan, D. K. Parhi, A. K. Panda. Fuzzy logic techniques for navigation of several mobile robots. Application Soft Computer, 2009, 9: 290-304.

[3] Caihong Li, Ping Chen, Yibin Li. Adaptive behavior design based on FNN for the mobile robot. IEEE International Conference on Automation and Logistics, 2009: 1952-1956.

[4] S. M. Kumar, R. P. Dayal, P. J. Kumar. ANFIS approach for navigation of mobile robots. IEEE International Conference on Advances in Recent Technologies in Communication and Computing, 2009: 727-731.

[5] N. Marichal, L. Acosta, L. Moreno, et al. Obstacle avoidance for a mobile robot: A neuro-fuzzy approach. Fuzzy Sets and Systems, 2001, 124: 172-179.

[6] A. Zhu, S. X. Yang. Neurofuzzy-based approach to mobile robot navigation in unknown environment. IEEE Transactions on Systems, Man and Cybernetics. Part C: Applications and Reviews, 2007, 37 (4): 610-621.

[7] P. Rusu, E. Petriu, T. E. Whalen, et al. Behavior-based neuro-fuzzy controller for mobile robot navigation. IEEE Transactions Instrum. Meas, 2003, 52 (4): 1335-1340.

[8] Chia Feng Juang, Chia Hung Hsu. Reinforcement ant optimized fuzzy controller for mobile robot wall-following control. IEEE Transactions on Industrial Electronics, 2009, 56 (10): 3931-3940.

[9] K. S. Senthilkumar, K. K. Bharadwaj. Hybrid genetic-fuzzy approach to autonomous mobile robot. IEEE International

Conference on Technologies for Practical Robot Applications，2009：29-34.

[10] Velappa Ganapathy，Soh Chin Yun，Halim Kusama Joe. IEEE/ASME International Conference on Advanced Intelligent Mechatronics，2009，863-868.

[11] H. Hagras，V. Callaghan，M. Colley. Learning and adaptation of an intelligent mobile robot navigator operating in unstructured environment based on a novel online Fuzzy-Genetic system. Fuzzy sets and systems，2004，141：107-160.

[12] Hao Ju，Jianxun Zhang，Xiaoxu Pei，et al. Evolutionary fuzzy navigation for security robots. World Congress on Intelligent Control and Automation，2008：5739-5743.

[13] Yi Zhou，Meng Joo Er. An evolutionary approach toward dynamic self-generated fuzzy inference systems. IEEE Transactions on Systems，Man，and Cybernetics—Part B：Cybernetics，2008，38（4）：963-969.

[14] E. Gat，R. Ivlev，J. Loch，et al. Behavior control for exploration of planetary surfaces. IEEE Trans. Robot Automat，1994，10（4）：490-503.

[15] R.C. Arkin. Motor schema-based mobile robot navigation. Int. J. Robot. Res，1989，8（4）：93-112.

[16] 段勇，徐心和.基於模糊神經網路的強化學習及其在機器人導航中的應用.控制與決策，2007，22（5）：525-534.

[17] S. J. Han，S. Y. Oh. An optimized modular neural network controller based on environment classification and selective sensor usage for mobile robot reactive navigation. Neural Compute & Application，2008，17：161-173.

[18] P. Vadakkepat，O. C. Miin，X. Peng，et al. Fuzzy behavior-based control of mobile robots. IEEE Transactions Fuzzy System，2004，12（4）：559-565.

[19] E. Aguirre，Antonio Gonzalez. A fuzzy perceptual model for ultrasound sensors applied to intelligence navigation of mobile robots. Applied Intelligence，2003，19：171-187.

[20] E. Tunstel. Coordination of distributed fuzzy behaviors in mobile robot control. In Proceedings IEEE International Systems，Man and Cybernetics，1995：4009-4014.

[21] K. Y. Im，S. Y. Oh，S. J. Han. Evolving a modular neural network-based behavioral fusion using extended VFF and environment classification for mobile robot navigation. IEEE Transactions on Evolutionary Computation，2002，6（4）：413-419.

[22] E. Zalama，J. Gomez，M. Paul，et al. Adaptive behavior navigation of a mobile robot. IEEE Transactions on Systems. Man and Cybernetics—Part A：Systems and Humans，2002，32（1）：160-168.

[23] Junfei Qiao，Zhangjun Hou，Xiaogang Ruan. Application of reinforcement learning based on neural network to dynamic obstacle avoidance. IEEE International Conference on Information and Automation，2008：784-788.

第5章

行動機器人運動控制方法

5.1 基於運動學的行動機器人同時鎮定和追蹤控制

在過去的 20 年中，受實際應用和理論探索上的驅動，輪式行動機器人的運動控制作為非完整系統控制的標準問題，得到了人們的廣泛關注和研究。行動機器人的非完整性使得以二自由度的輸入控制行動機器人三自由度的平面運動成為可能，但同時也給相應控制律的設計帶來了巨大挑戰。Brockett 定理表明，受非完整約束的系統不能被光滑甚至連續的狀態回饋控制律實現漸近鎮定。為繞開這一困難，人們提出了不同的控制策略，包括光滑時變回饋控制、不連續時不變回饋控制以及混合控制策略。第一個可實現行動機器人回饋鎮定的時變控制律由 Samson 提出。這個方法進一步在文獻中推廣到一類非完鏈式系統，其中採用「熱函數（heat function）」來給系統提供持續激勵。受 Samson 工作的啓發，Panteley E. 等引入了所謂的「一致 δ 持續激勵」來解釋非完整系統時變鎮定的機制，提供了一種對非完整系統鎮定問題的新見解。

行動機器人運動控制的另一個問題是軌跡追蹤。一般來說，軌跡追蹤問題比點鎮定問題相對容易一些，已經有一些不同的回饋控制策略被提出。一些文獻研究了行動機器人或更一般的鏈式非完整系統的軌跡追蹤問題。為保證漸近追蹤，這些文獻中所提出的控制策略通常需要參考軌跡滿足一定的持續激勵條件。持續激勵條件的具體定義取決於所提出的控制器結構，在不同的文獻中可能有不同的定義。粗略地說，滿足持續激勵條件意味著期望的參考軌跡是運動的，而不是一個固定的點。這個假設使得這些軌跡追蹤控制策略不能擴展到鎮定控制問題。

非完整系統的點鎮定問題和軌跡追蹤問題被作為兩個不同的子問題進行研究，因此，當行動機器人的具體控制目標未預先已知時，常常需要在兩種不同的控制律之間進行切換。然而，當行動機器人需要以完全自主的模式移動，且無參考軌跡的先驗知識時，這種切換策略是行不通的。在實際中，我們更希望設計一個控制器來同時解決鎮定問題和軌跡追蹤問題。有文獻利用反演控制方法首次研究了獨輪式行動機器人的同時鎮定和追蹤問題。然而，這種方法需假定行動機器人的參考線性速度是非負的，具有較大局限性。由於滾動時域控制是基於數據驅動的，需要線上求解一個優化問題，可能需要耗費大量時間。

在這裡，我們主要考慮光滑的回饋控制策略，這樣使得所設計出的控制律可以很容易地推廣到動力學控制層面。透過充分利用已有的關於行動機器人鎮定和追蹤的結果，本章提出了一種相對簡單的時變回饋控制律來實現同時鎮定和追蹤。值得注意的是，我們並沒有打算提出一種能夠對任意容許參考軌跡漸近追蹤的解決方案，因為在一些文獻中已經證明這是不可能的。在本章所提出的控制律中，我們引入一個時變訊號使得這一個控制律能夠自適應地、平滑地在鎮定律和追蹤控制律之間轉換。我們基於 Lyapunov 方法設計了控制律，保證了鎮定或追蹤誤差的漸近收斂。最後，我們在一個行動機器人平臺上對所提出的控制律進行仿真和實驗驗證，證明了所提出控制策略的有效性。

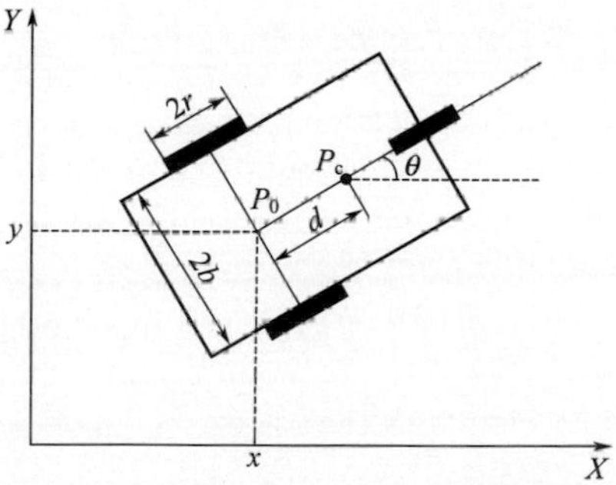

圖 5-1　兩輪差分驅動式行動機器人

5.1.1 問題描述

考慮如圖 5-1 所示的兩輪差分驅動式的行動機器人，其在位形空間的狀態由一個廣義座標描述：

$$\boldsymbol{q}=[x,y,\theta]^{\mathrm{T}} \tag{5-1}$$

式中，(x,y)代表行動機器人的位置；θ 是行動機器人的方向角。我們假定輪子與地面間只發生純滾動無滑動（包括側向和縱向滑動）運動。純滾動無滑動條件使得行動機器人不能側向移動，其運動受如下非完整約束：

$$\dot{x}\sin\theta-\dot{y}\cos\theta=0 \tag{5-2}$$

在這個約束條件下，我們可以得到行動機器人的運動學模型為

$$\dot{x}=v\cos\theta$$

$$\dot{y}=v\sin\theta$$

$$\dot{\theta}=\omega \tag{5-3}$$

式中，v 和 ω 分別代表行動機器人的線速度和角速度。假定行動機器人的參考軌跡是容許的，且可由如下參考系統生成：

$$\dot{x}_{\mathrm{d}}=v_{\mathrm{d}}\cos\theta_{\mathrm{d}}$$
$$\dot{y}_{\mathrm{d}}=v_{\mathrm{d}}\sin\theta_{\mathrm{d}}$$
$$\dot{\theta}_{\mathrm{d}}=\omega_{\mathrm{d}} \tag{5-4}$$

式中，$\boldsymbol{q}_{\mathrm{d}}=[x_{\mathrm{d}},y_{\mathrm{d}},\theta_{\mathrm{d}}]^{\mathrm{T}}$ 是參考狀態；$(v_{\mathrm{d}},\omega_{\mathrm{d}})$是參考的線速度和角速度，並且滿足如下假設條件。

假設 5.1　參考訊號 v_{d}，ω_{d}，$\dot{v}_{\mathrm{d}}$ 和 $\dot{\omega}_{\mathrm{d}}$ 是有界的，並且滿足以下任一條件：

C1：存在 T，$\mu_1>0$ 使得對 $\forall t\geqslant 0$，

$$\int_t^{t+T}(|v_{\mathrm{d}}(s)|+|\omega_{\mathrm{d}}(s)|)\mathrm{d}s\geqslant\mu_1 \tag{5-5}$$

C2：存在 $\mu_2>0$，使得

$$\int_0^{\infty}(|v_{\mathrm{d}}(s)|+|\omega_{\mathrm{d}}(s)|)\mathrm{d}s\leqslant\mu_2 \tag{5-6}$$

這裡我們的控制目標就是設計一個光滑的回饋控制律（v，ω），使得行動機器人能夠同時鎮定和追蹤所給定的參考軌跡，並且最終滿足

$$\lim_{t\to\infty}[\boldsymbol{q}(t)-\boldsymbol{q}_{\mathrm{d}}(t)]=0 \tag{5-7}$$

附注 5.1　我們稱一個可積函數 $f(t)$ 是持續激勵的，如果存在 δ，$\varepsilon>0$，使得對任意 $t\geqslant 0$，有 $\int_t^{t+\delta}|f(s)|\mathrm{d}s\geqslant\varepsilon$，我們稱可積函數 $f(t)$ 屬於 L_1-空間。如果 $\int_0^{\infty}|f(s)|\mathrm{d}s<\infty$，我們稱可積函數 $f(t)$ 屬於L_1-空間。因此，C1 表明 v_{d} 或 ω_{d} 是持續激勵的；C2 表明 v_{d} 和 ω_{d} 都屬於 L_1-空間。點鎮定問題包含在 C2 條件下，追蹤一條直線或圓曲線包含在 C1 條件下。值得注意的是 C1 條件比其他已存在的追蹤控制律所需的持續激勵條件更具一般性。

5.1.2 主要結果

（1）控制器設計

按行動機器人追蹤控制研究中的通常做法，我們定義如下追蹤誤差算式：$\boldsymbol{q}_{\mathrm{e}}=\boldsymbol{T}(\boldsymbol{q})(\boldsymbol{q}-\boldsymbol{q}_{\mathrm{d}})$。

$$\begin{bmatrix} x_e \\ y_e \\ \theta_e \end{bmatrix} = \begin{bmatrix} \cos\theta & \sin\theta & 0 \\ -\sin\theta & \cos\theta & 0 \\ 0 & 0 & 1 \end{bmatrix} \begin{bmatrix} x-x_d \\ y-y_d \\ \theta-\theta_d \end{bmatrix} \tag{5-8}$$

這樣我們可以得到如下追蹤誤差動力學算式：

$$\dot{x}_e = +\omega y_e + v - v_d\cos\theta_e$$

$$\dot{y}_e = -\omega x_e + v_d\sin\theta_e$$

$$\dot{\theta}_e = \omega - \omega_d \tag{5-9}$$

為方便控制律設計，我們定義一個時變訊號 $\alpha = \alpha(t, x_e, y_e)$ 如下：

$$\alpha = \rho(t) h(t, x_e, y_e) \tag{5-10}$$

其中

$$\dot{\rho} = -[|v_d(t)| + |\omega_d(t)|]\rho, \rho(0) = 1 \tag{5-11}$$

並假定 $h(t, x_e, y_e)$ 滿足以下條件：

假設 5.2　$h(t, x_e, y_e)$ 二階可導，其關於時間變數 t 的一階和二階偏導數一致有界，且滿足以下三個性質：

① $h(t,0,0)=0$，且 $h(t, x_e, y_e)$ 滿足

$$\frac{\partial h}{\partial x_e} y_e - \frac{\partial h}{\partial y_e} x_e = 0 \tag{5-12}$$

② $h(t, x_e, y_e)$ 關於 t 和 x_e，y_e 一致有界，也即存在一個常數 $h_0 > 0$，使得

$$|h(t, x_e, y_e)| \leqslant h_0, \forall t \geqslant 0, \forall (x_e, y_e) \in R^2 \tag{5-13}$$

③ $\frac{\partial h}{\partial t}(t, 0, y_e)$ 關於變數 y_e 一致 δ-持續激勵（$u\delta$-PE），即：對於任意 $\delta > 0$，存在常數 $T > 0$ 和 $\mu > 0$ 使得對於所有的 $t \geqslant 0$，

$$\min_{s \in [t, t+T]} |y_e(s)| > \delta \Rightarrow \int_t^{t+T} \left| \frac{\partial h}{\partial t}[s, 0, y_e(s)] \right| \mathrm{d}s > \mu \tag{5-14}$$

說明：如果時變函數 $h = h(t, r)$，其中 $r = \sqrt{x_e^2 + y_e^2}$，那麼可以驗證 $h(t, r)$ 滿足方程式(5-12)。假設 5.2 中對函數 $h(t, x_e, y_e)$ 的約束不是很嚴苛的，可以很容易得到滿足。例如以下四個函數均滿足假設 5.2 中所要求的性質：

$$h(t, r) = h_0 \tanh(ar^b)\sin(ct)$$

$$h(t, r) = \frac{2h_0}{\pi}\arctan(ar^b)\sin(ct)$$

$$h(t, r) = \frac{2h_0 ar^b}{1 + (ar^b)^2}\sin(ct)$$

$$h(t,r)=\frac{h_0 a r^b}{\sqrt{1+(ar^b)^2}}\sin(ct)$$

其中 $a\neq 0$，$b>0$，$c\neq 0$。

記 $\bar{\theta}_e=\theta_e-\alpha$，那麼我們可以將誤差模型方程組（5-9）改寫為

$$\begin{aligned}\dot{x}_e&=+\omega y_e+v-v_d\cos\theta_e\\ \dot{y}_e&=-\omega x_e+v_d(\sin\theta_e-\sin\alpha)+v_d\sin\alpha\\ \dot{\bar{\theta}}_e&=\omega-\omega_d-\dot{\alpha}\end{aligned}\tag{5-15}$$

為設計控制律，我們考慮以下 Lyapunov 函數

$$V_1=\frac{1}{2}k_0(x_e^2+y_e^2)+\frac{1}{2}\bar{\theta}_e^2\tag{5-16}$$

其中 $k_0>0$ 是一個正常數。對 V_1 關於時間求導得

$$\begin{aligned}\dot{V}_1&=k_0(+\omega y_e+v-v_d\cos\theta_e)x_e+(\omega-\omega_d-\dot{\alpha})\bar{\theta}_e+\\&\quad k_0[-\omega x_e+v_d(\sin\theta_e-\sin\alpha)+v_d\sin\alpha]y_e\\&=k_0(v-v_d\cos\theta_e)x_e+k_0v_d\sin\alpha y_e+\\&\quad\left(\omega-\omega_d+k_0v_dy_e\frac{\sin\theta_e-\sin\alpha}{\theta_e-\alpha}-\dot{\alpha}\right)\bar{\theta}_e\end{aligned}\tag{5-17}$$

因為函數 h 滿足方程式(5-12)，我們有

$$\begin{aligned}\dot{\alpha}&=\frac{\partial\alpha}{\partial t}+\frac{\partial\alpha}{\partial x_e}\dot{x}_e+\frac{\partial\alpha}{\partial y_e}\dot{y}_e\\&=\frac{\partial\alpha}{\partial t}+\rho\left(\frac{\partial h}{\partial x_e}\dot{x}_e+\frac{\partial h}{\partial y_e}\dot{y}_e\right)\\&=\frac{\partial\alpha}{\partial t}+\rho\left[\frac{\partial h}{\partial x_e}(v-v_d\cos\theta_e)+\frac{\partial h}{\partial y_e}v_d\sin\theta_e\right]+\\&\quad\rho\left(\frac{\partial h}{\partial x_e}y_e-\frac{\partial h}{\partial y_e}x_e\right)\omega\\&=\frac{\partial\alpha}{\partial t}+\rho\left[\frac{\partial h}{\partial x_e}(v-v_d\cos\theta_e)+\frac{\partial h}{\partial y_e}v_d\sin\theta_e\right]\end{aligned}\tag{5-18}$$

其中$\frac{\partial\alpha}{\partial t}$定義為

$$\frac{\partial\alpha}{\partial t}=-[|v_d(t)|+|\omega_d(t)|]\alpha+\rho\frac{\partial h}{\partial t}\tag{5-19}$$

由方程式(5-18) 可知，$\dot{\alpha}$ 與 ω 無關，這樣我們考慮如下控制律：

$$\begin{aligned}v&=-k_1x_e+v_d\cos\theta_e\\ \omega&=-k_2\bar{\theta}_e+\omega_d-k_0v_dy_ef_1+\dot{\alpha}\end{aligned}\tag{5-20}$$

其中 $k_1>0$ 和 $k_2>0$ 是控制增益，$\dot{\alpha}$ 由方程式(5-18) 定義，且 f_1 定義為

$$
\begin{aligned}
f_1 &= \frac{\sin\theta_e - \sin\alpha}{\theta_e - \alpha} \\
&= \frac{\sin\bar{\theta}_e\cos\alpha + (\cos\bar{\theta}_e - 1)\sin\alpha}{\bar{\theta}_e}
\end{aligned}
\tag{5-21}
$$

因為 $\sin\bar{\theta}_e/\bar{\theta}_e = \int_0^1 \cos(s\bar{\theta}_e)ds, (1-\cos\bar{\theta}_e)/\bar{\theta}_e = \int_0^1 \sin(s\bar{\theta}_e)ds$，可知 f_1 是關於 $\bar{\theta}_e$ 的光滑有界函數。

說明：注意到由於函數 α 是時變的，導致控制輸入(v,ω)也是時變的。設計的時變訊號 $\rho(t)[0\leqslant\rho(t)\leqslant1]$在控制律中起著重要作用。由於時變訊號 $\rho(t)$ 的存在，控制律(v,ω)可以看做是已有的時變鎮定律和追蹤控制律的組合。事實上，如果設定 $\rho(t)=0$，那麼控制律(v,ω)將變為一個追蹤控制律。另外，如果設定 $\rho(t)=1$，那麼控制律(v,ω)將轉化為一個提出的時變鎮定律。

根據以上分析，誤差動力學方程組 (5-15) 可轉化為

$$
\begin{aligned}
\dot{x}_e &= -k_1 x_e + \omega y_e \\
\dot{y}_e &= -\omega x_e + v_d(\sin\theta_e - \sin\alpha) + v_d\sin\alpha \\
\dot{\bar{\theta}}_e &= -k_2\bar{\theta}_e - k_0 v_d y_e f_1
\end{aligned}
\tag{5-22}
$$

接下來我們將分析閉系統方程組 (5-22) 的穩定性。

(2) 穩定性分析

在給出閉環系統式(5-22) 的穩定性分析之前，我們首先給出一些技術性的引理。

引理 5.1 (擴展 Barbalat 引理)　設函數 $f(t)$：$\mathbb{R}^+\rightarrow\mathbb{R}$ 一階連續可導，且當 $t\rightarrow\infty$時有極限。

如果其導數 df/dt 可以表示為兩項之和，其中一個一致連續，另一個當 $t\rightarrow\infty$時趨於零，那麼當 $t\rightarrow\infty$時，df/dt 趨於零。

引理 5.2 (Gronwall－Bellman 不等式)　設函數 μ：$[a,b]\rightarrow\mathbb{R}$ 連續且非負，$c(t)$ 單調不減。如果連續函數 y：$[a,b]\rightarrow\mathbb{R}$ 在區間 $a\leqslant t\leqslant b$ 內滿足 $y(t)\leqslant c(t)+\int_a^t \mu(s)y(s)ds$，那麼在同樣區間內，$y(t)\leqslant c(t)\exp\left[\int_a^t \mu(s)ds\right]$ 成立。

引理 5.3　令 V：$\mathbb{R}^+\rightarrow\mathbb{R}^+$ 為連續可微函數，W：$\mathbb{R}^+\rightarrow\mathbb{R}^+$ 一致連

續，並滿足對任意 $t \geqslant 0$，

$$\dot{V}(t) \leqslant -W(t) + p_1(t)V(t) + p_2(t)\sqrt{V(t)} \tag{5-23}$$

其中 $p_1(t)$ 和 $p_2(t)$ 都非負，且屬於 L_1-空間。那麼，$V(t)$ 是有界的，且存在一個常數 c，使得當 $t \to \infty$ 時，$W(t) \to 0$ 和 $V(t) \to c$。

證明：首先我們證明 $V(t)$ 是有界的。根據方程（5-23），我們有

$$\dot{V}(t) \leqslant p_1(t)V(t) + p_2(t)\sqrt{V(t)} \tag{5-24}$$

式(5-24) 意味著如下不等式成立：

$$\frac{\mathrm{d}\sqrt{V(t)}}{\mathrm{d}t} \leqslant \frac{p_1(t)}{2}\sqrt{V(t)} + \frac{p_2(t)}{2} \tag{5-25}$$

對式(5-25) 從 0 到 t 積分得：

$$\sqrt{V(t)} \leqslant \int_0^t \frac{p_1(s)}{2}\sqrt{V(s)}\,\mathrm{d}s + \left[\sqrt{V(0)} + \int_0^t \frac{p_2(s)}{2}\mathrm{d}s\right] \tag{5-26}$$

對函數$\sqrt{V(t)}$應用 Gronwall-Bellman 不等式得：

$$\sqrt{V(t)} \leqslant \left[\sqrt{V(0)} + \int_0^t \frac{p_2(s)}{2}\mathrm{d}s\right] \exp\left[\int_0^t \frac{p_1(s)}{2}\mathrm{d}s\right] \tag{5-27}$$

由於 $p_1(t)$ 和 $p_2(t)$ 都屬於 L_1-空間，可得$V(t)$ 是有界的。因此，存在一個正常數 δ，使得對任一 $r_0 > 0$，

$$\sqrt{V(t)} \leqslant \delta, \forall \sqrt{V(0)} < r \tag{5-28}$$

那麼根據式(5-23)，對於 $\forall \sqrt{V(0)} \leqslant r_0$，我們有

$$\dot{V}(t) \leqslant -W(t) + \delta^2 p_1(t) + \delta p_2(t) \tag{5-29}$$

這意味著

$$\frac{\mathrm{d}}{\mathrm{d}t}\left[V(t) - \delta^2\int_0^t p_1(s)\mathrm{d}s - \delta\int_0^t p_2(s)\mathrm{d}s\right] \leqslant 0 \tag{5-30}$$

可以得到 $V(t) - \delta^2\int_0^t p_1(s)\mathrm{d}s - \delta\int_0^t p_2(s)\mathrm{d}s$ 是不增的。因為 $V(t)$ 有界且大於零，這樣可推出 $V(t)$ 收斂於一個有限的正常數。

另外，根據方程（5-23）可得：

$$V(t) + \int_0^t W(s)\mathrm{d}s \leqslant V(0) + \delta^2\int_0^t p_1(s)\mathrm{d}s + \delta\int_0^t p_2(s)\mathrm{d}s < \infty \tag{5-31}$$

以上不等式意味著 $W(t)$ 屬於 L_1 空間。因此，根據 Barbalat 引理，$W(t)$ 漸近收斂於零。引理得證。

下面我們將利用引理 5.3 來研究閉環系統方程組（5-22）的穩定性，主要結論包含在以下定理中。

定理 5.1　在假設 5.1 和假設 5.2 的條件下，閉環系統方程

組（5-22）是漸近穩定的。因此，控制律方程組（5-20）使得控制目標式(5-7)成立。

證明：求解微分方程（5-11）得

$$\rho(t)=\exp\left(-\int_0^t [|v_d(s)|+|\omega_d(s)|]\,ds\right) \tag{5-32}$$

可知 $0\leqslant\rho(t)\leqslant 1$。如果 C1 成立，那麼根據線性時變系統的穩定性結果，可得 $\rho(t)$ 指數收斂於零，且 $\rho(t)\in L_1$。如果 C1 成立，那麼 $0<\exp(-\mu_2)<\rho(t)\leqslant 1$。

首先我們透過引理 5.3 來研究 $x_e(t)$ 和 $\bar{\theta}_e(t)$ 的收斂性。考慮由方程（5-16）表示的 Lyapunov 函數，將方程組（5-20）代入式(5-17)，V_1 對時間的導數為

$$\dot{V}_1=-k_0k_1x_e^2-k_2\bar{\theta}_e^2+k_0v_d(\sin\alpha)y_e \tag{5-33}$$

根據方程（5-16），$|y_e|\leqslant\sqrt{2V_1/k_0}$，我們有

$$\dot{V}_1\leqslant -k_0k_1x_e^2-k_2\bar{\theta}_e^2+|v_d\sin\alpha|\sqrt{2k_0V_1} \tag{5-34}$$

由於 $|v_d\sin\alpha|\leqslant|v_d\alpha|\leqslant h_0|v_d\rho|$，$v_d$，$\rho$ 有界，那麼在假設 5.1 條件下，$\rho(t)\in L_1$，容易驗證對於 C1 和 C2，$v_d\rho\in L_1$，則 $v_d\sin\alpha\in L_1$，即：

$$\int_0^t |v_d(s)\sin[\alpha(s)]|\,ds<\infty \tag{5-35}$$

方程（5-34）可寫成方程（5-23）的形式，其中 $W=k_0k_1x_e^2+k_2\bar{\theta}_e^2$，$p_1=0$，和 $p_2=\sqrt{2k_0}\,|v_d\sin\alpha|$。根據方程（5-34）和方程（5-35）以及引理 5.3，當 $t\to\infty$ 時，x_e 和 $\bar{\theta}_e$ 收斂於零，且 y_e 收斂於一個常數。

接下來，我們將利用擴展 Barbalat 引理來證明 y_e 收斂於零。因為 $\lim\limits_{t\to\infty}\bar{\theta}_e(t)=0$，將擴展 Barbalat 引理應用到方程組（5-22）的最後一式得：

$$\lim_{t\to\infty}(v_dy_ef_1)(t)=0 \tag{5-36}$$

其中 $f_1(t)$ 滿足

$$\lim_{t\to\infty}f_1(t)=\lim_{\theta_e\to\alpha}\frac{\sin\theta_e-\sin\alpha}{\theta_e-\alpha}=\lim_{t\to\infty}(\cos\alpha)(t) \tag{5-37}$$

類似地，由於 $\lim\limits_{t\to\infty}x_e(t)=0$，將擴展 Barbalat 引理應用到方程組（5-22）的第一式得：

$$\lim_{t\to\infty}\omega(t)y_e(t)=0 \tag{5-38}$$

因為 $\lim\limits_{t\to\infty}(v-v_d\cos\theta_e)(t)=0$，且 $\lim\limits_{t\to\infty}(v_d\sin\theta_e)(t)=\lim\limits_{t\to\infty}(v_d\sin\alpha)(t)=0$，那麼由式(5-18)可得

$$\lim_{t\to\infty}\left(\dot{\alpha}-\frac{\partial\alpha}{\partial t}\right)(t)=0 \tag{5-39}$$

將 ω 的表達式(5-20) 代入式(5-38)，並應用式(5-36) 和式(5-39)，以及 $\bar{\theta}_e$ 收斂於零，我們有

$$\lim_{t\to\infty}\left(\omega_d+\frac{\partial\alpha}{\partial t}\right)y_e(t)=0 \tag{5-40}$$

接下來，我們將根據式(5-40) 分別證明在 C1 和 C2 兩種情況下 y_e 都收斂於零。

如果 C1 成立，那麼 ρ 和 α 趨於零，且由方程 (5-19) 可知 $\lim\limits_{t\to\infty}\frac{\partial\alpha}{\partial t}(t)=0$。因此式(5-40) 意味著

$$\lim_{t\to\infty}\omega_d(t)y_e(t)=0 \tag{5-41}$$

因為 α 趨於零，根據方程 (5-37)，我們有 $\lim\limits_{t\to\infty}f_1(t)=\lim\limits_{t\to\infty}(\cos\alpha)(t)=1$，那麼由方程 (5-36) 得

$$\lim_{t\to\infty}v_d(t)y_e(t)=0 \tag{5-42}$$

結合方程 (5-41) 和方程 (5-42)，我們有

$$\lim_{t\to\infty}[|v_d(t)|+|\omega_d(t)|]y_e(t)=0 \tag{5-43}$$

根據式(5-43)，由反證法容易證明 $\lim\limits_{t\to\infty}y_e(t)=0$。

如果 C2 條件成立，v_d，ω_d 趨於零，$0<\exp(-\mu_2)<\rho\leqslant 1$。由式(5-40) 可知

$$\lim_{t\to\infty}\frac{\partial h}{\partial t}[t,0,y_e(t)]y_e(t)=0 \tag{5-44}$$

類似地，由反證法我們可以得到 y_e 收斂於零。假定 $y_e(t)$ 不收斂於零，那麼 $\lim\limits_{t\to\infty}\frac{\partial h}{\partial t}[t,0,y_e(t)]=0$，這顯然與假設 5.2 中的性質不相容。

因為 $h(t,x_e,y_e)$ 滿足 $h(t,0,0)=0$，我們有 $\alpha(t,0,0)=0$。根據 α 的一致連續性和 $\alpha(t,0,0)=0$ 可得，$x_e(t),y_e(t)$，$\bar{\theta}_e(t)$ 收斂於零意味著 $x_e(t),y_e(t),\theta_e(t)$ 收斂於零。定理 5.1 得證。

(3) 仿真與實驗結果

在這一節我們將對前面提出的控制算法進行仿真和實驗驗證。首先我們利用 MATLAB 仿真軟體來驗證本章算法的有效性。我們對以下四種不同的參考軌跡，包括點、直線和圓進行了電腦仿真。

① 定點鎮定：$v_d=0$，$\omega_d=0$；

② 收斂於一點：$v_d=3e^{-0.2t}$，$\omega_d=e^{-0.6t}$；

③ 直線追蹤：$v_d=2$，$\omega_d=0$；

④ 圓追蹤：$v_d=2$，$\omega_d=1$。

其中參考軌跡 $\boldsymbol{q}_d(t)=[x_d(t),y_d(t),\theta_d(t)]^T$ 由參考速度 $v_d(t),\omega_d(t)$ 根據初始條件 $\boldsymbol{q}_d(0)=[0,0,0]^T$ 生成。仿真中我們設定行動機器人的初始位置和初始速度為 $\boldsymbol{q}(0)=[2,-2,-1]^T$，$[v(0),\omega(0)]^T=[0,0]^T$。控制參數選為 $k_0=1$，$k_1=6$，$k_2=5$。我們對控制器中以下兩個不同的非線性時變函數 h 進行了仿真：

控制器 1：$h=8\tanh(x_e^2+y_e^2)\sin(t)$；

控制器 2：$h=6\arctan(x_e^2+y_e^2)\sin(t)$。

四種參考軌跡情形的仿真運行時間均設為 15s，所得仿真結果分別如圖 5-2～圖 5-5 所示，其中圖 5-2～圖5-5 的（b）中所顯示的控制性能均方誤差定義為$\sqrt{x_e^2+y_e^2+\theta_e^2}$。由圖中可看出兩個控制器的控制誤差均收斂於零且有相似的控制性能。採用本章所設計的控制器，能夠使行動機器人追蹤不同的參考軌跡，仿真結果表明所提出方法的有效性。

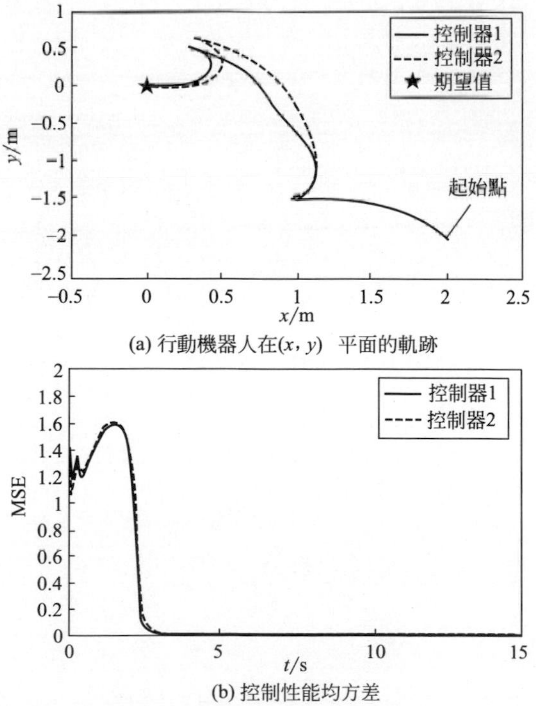

(a) 行動機器人在(x, y) 平面的軌跡

(b) 控制性能均方差

圖 5-2　Case1 的仿真結果

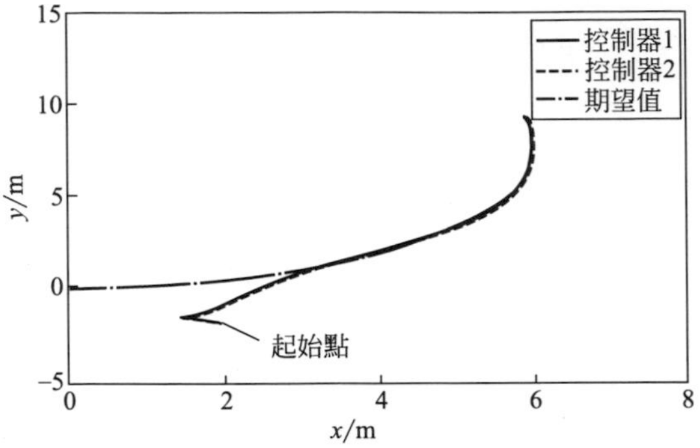

(a) 行動機器人在(x, y) 平面的軌跡

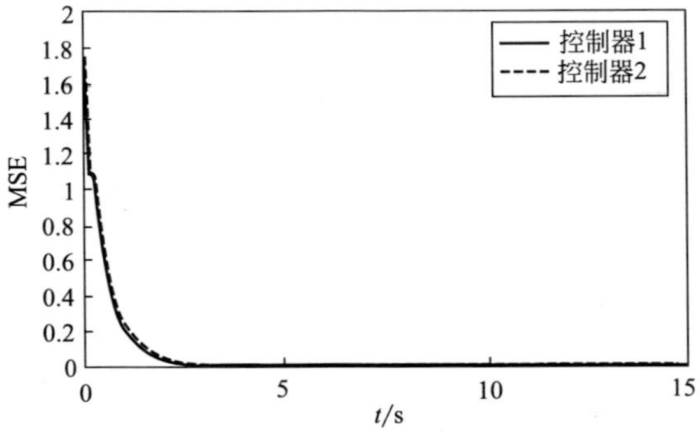

(b) 控制性能均方差

圖 5-3 Case2 的仿真結果

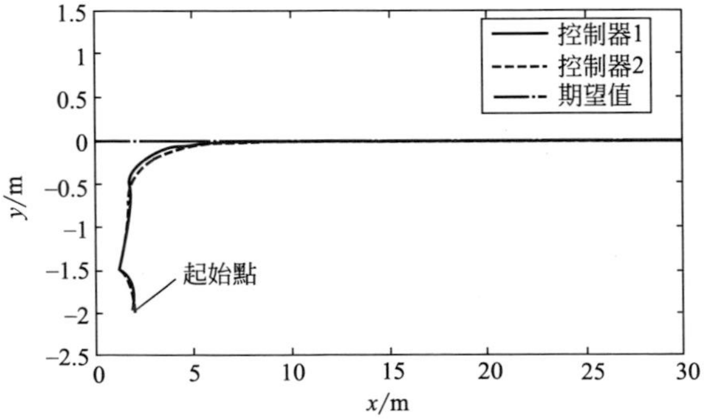

(a) 行動機器人在(x, y) 平面的軌跡

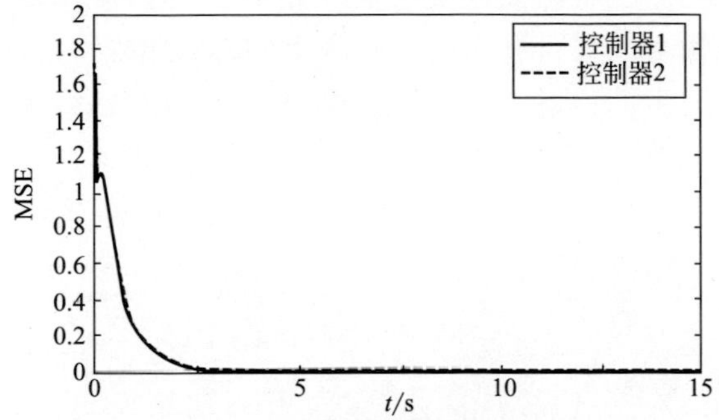

(b) 控制性能均方差

圖 5-4　Case3 的仿真結果

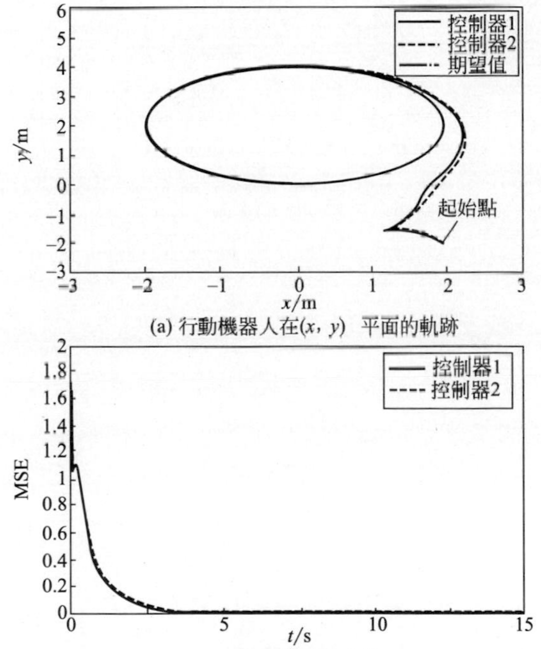

(a) 行動機器人在(x, y) 平面的軌跡

(b) 控制性能均方差

圖 5-5　Case4 的仿真結果

同時我們在湖南大學機器人實驗室基於 Pioneer 2DX 開發的服務機器人平臺上對本書提出的控制方法進行測試。行動機器人的控制系統硬體配置如圖 5-6 所示。行動機器人的運動透過運動控制卡調整左右驅動輪的速度來實現。機載工控機只需將速度指令傳遞給運動控制卡，即可實現速度伺服控制。工控機與運動控制卡的通訊透過 RS-232 總線實現。

整個控制系統含兩層控制結構，其中上層控制算法由 C＋＋編程語言實現，底層控制層負責執行上層發出的速度指令。行動機器人的自身位姿估計由里程計獲得，它透過行動機器人的左右輪速度 v_l 和 v_r 電腦器人的當前位置：

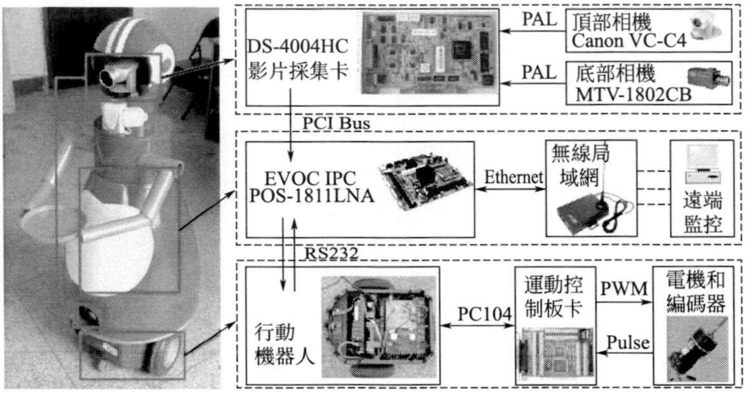

圖 5-6　自主行動機器人系統硬體配置

$$v=\frac{v_l+v_r}{2},\omega=\frac{v_l-v_r}{L}$$
$$x_k=x_{k-1}+v\cos(\theta_{k-1})\Delta T$$
$$y_k=y_{k-1}+v\sin(\theta_{k-1})\Delta T$$
$$\theta_k=\theta_{k-1}+\omega\Delta T \tag{5-45}$$

式中，$\boldsymbol{q}_k=[x_k,y_k,\theta_k]^{\mathrm{T}}$ 為時刻 $t_k=k\Delta T$ 時行動機器人的位姿；$\Delta T=100\mathrm{ms}$ 為採樣週期；$L=0.33\mathrm{m}$ 為兩輪之間的距離。整個行動機器人的控制系統框圖如圖 5-7 所示。行動機器人 U 形軌跡追蹤實驗結果如圖 5-8 所示，在實驗過程中運動序列圖如圖 5-9 所示。

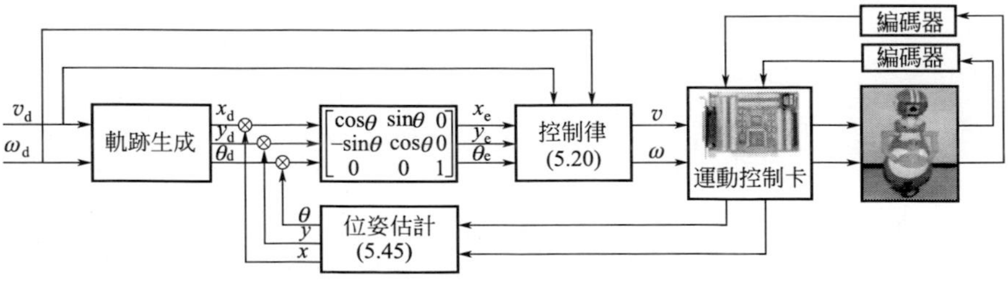

圖 5-7　行動機器人的控制系統框圖

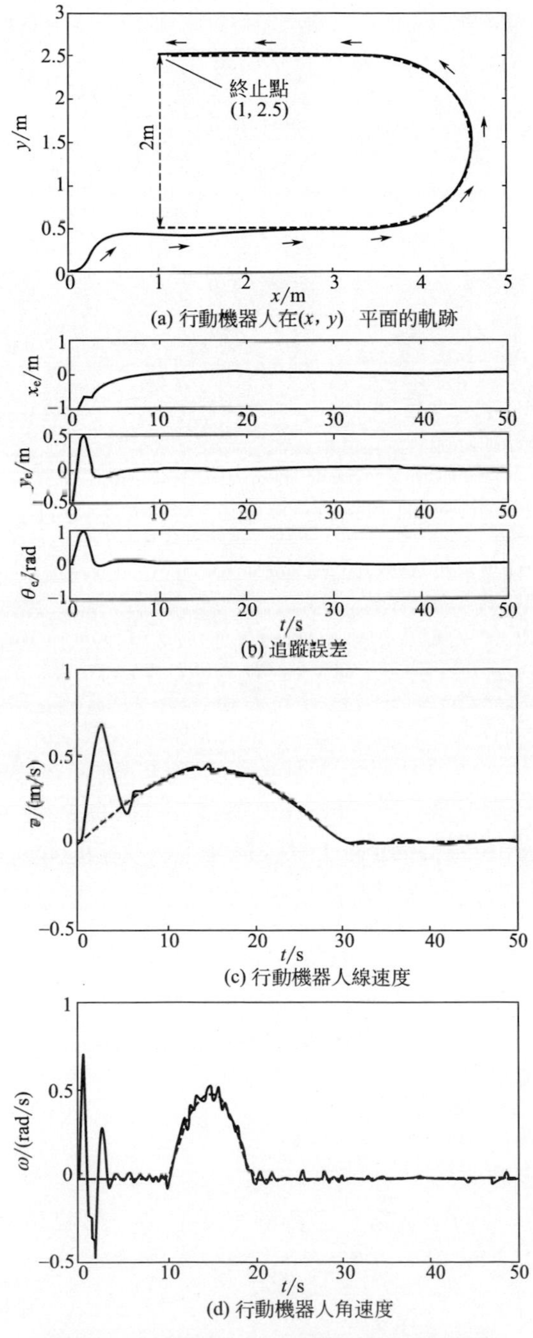

圖 5-8　行動機器人 U 形軌跡追蹤實驗結果

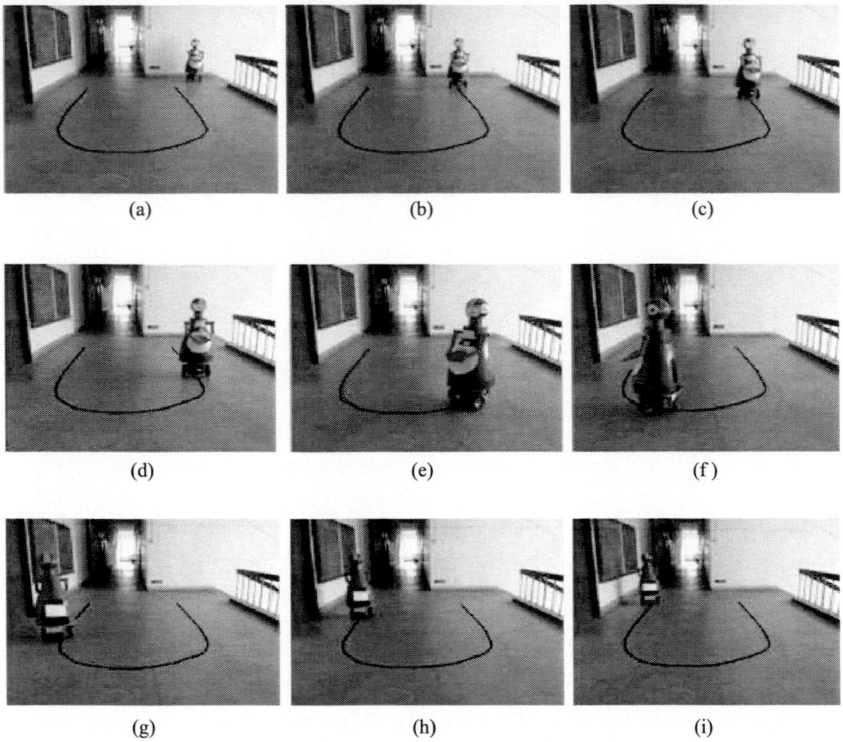

圖 5-9 行動機器人在實驗過程中運動序列圖

實驗中，行動機器人的參考軌跡初始狀態為 $\boldsymbol{q}_{\mathrm{d}}(0)=[1,0.5,0]^{\mathrm{T}}$，參考速度設定為如下分段函數：

$$
\begin{aligned}
&0\leqslant t<10: v_{\mathrm{d}}=0.43\sin(\pi t/30), \omega_{\mathrm{d}}=0\\
&10\leqslant t<20: v_{\mathrm{d}}=0.43\sin(\pi t/30), \omega_{\mathrm{d}}=(-\pi^2/20)\sin(\pi t/10)\\
&20\leqslant t<30: v_{\mathrm{d}}=0.43\sin(\pi t/30), \omega_{\mathrm{d}}=0\\
&30\leqslant t: v_{\mathrm{d}}=0, \omega_{\mathrm{d}}=0
\end{aligned}
\tag{5-46}
$$

由表達式(5-46) 可知，當 $0\leqslant t<30$ 時，參考速度屬於 C1 情形；$t\geqslant 30$ 時，屬於 C2 情形。參考速度生成一個起點為(1,0.5)，終點為(1,2.5)的 U 形軌跡。在實驗中，控制參數選為 $k_0=10$，$k_1=1$，$k_2=3$，非線性時變函數為 $h=1.2\tanh(x_{\mathrm{e}}^2+y_{\mathrm{e}}^2)\sin(t)$。實驗結果如圖 5-10 所示，其中圖 5-10(a) 中的虛線和實線分別代表參考訊號和實驗得出的實際訊號。圖 5-10(a) 和圖 5-10(b) 表明，追蹤誤差收斂於零，且具有良好的

追蹤性能。另外，圖 5-10(a) 和圖 5-10(b) 所示的行動機器人的線性速度和角速度在機器人的最大允許範圍內：$v_{max}=1.6\text{m/s}$，$\omega_{max}=300°/\text{s}$。圖 5-11 顯示了行動機器人在實驗中的運動序列圖，其中參考軌跡用黑線標出。由實驗結果可知，書中提出的控制方法可以實現對給定 U 形軌跡的良好追蹤。

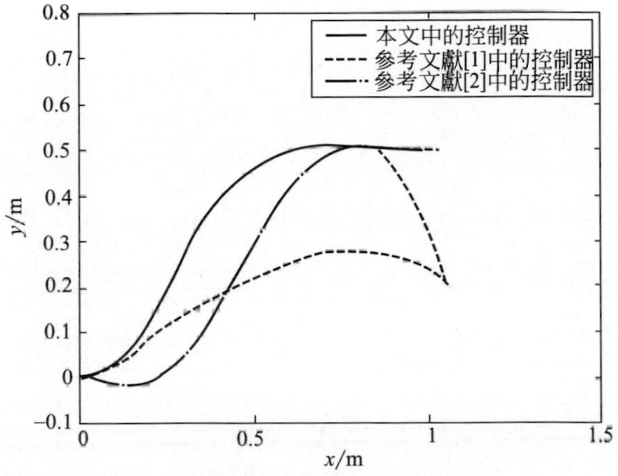

(a) 行動機器人在(x, y) 平面的軌跡

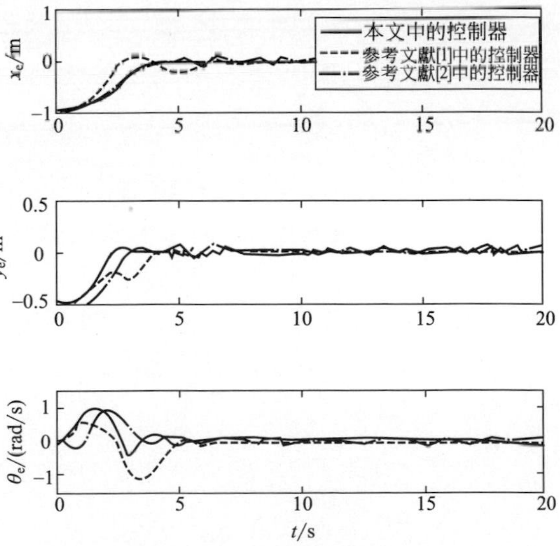

(b) 鎮定誤差

圖 5-10 TaskA 的實驗對比結果

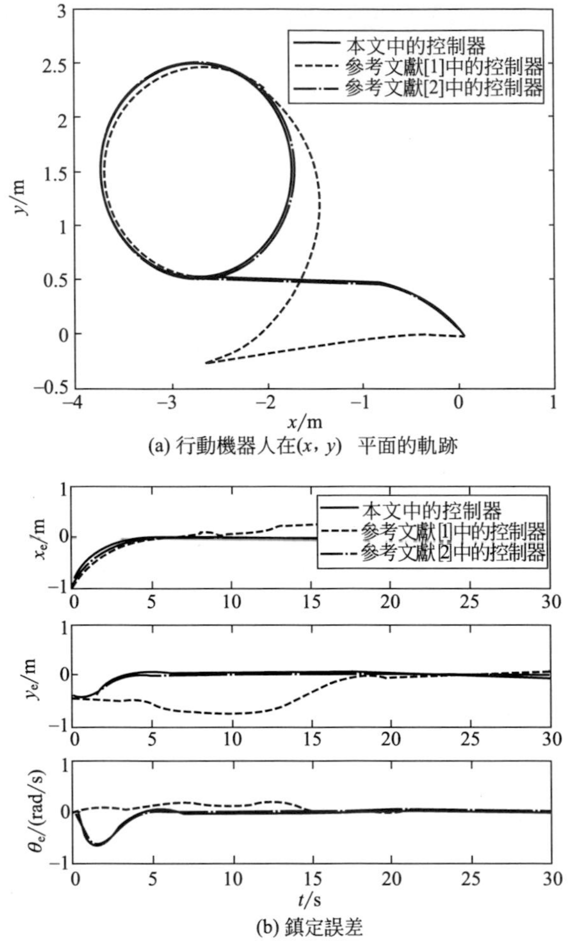

圖 5-11 TaskB 的實驗對比結果

最後，我們將本章提出的方法與已有的一些方法進行對比。在對比實驗中，我們考慮如下兩種不同的任務：

任務 A：$v_d=0, \omega_d=0$

任務 B：

$0 \leqslant t < 5: v_d=-0.5, \omega_d=0$

$5 \leqslant t < 10: v_d=0.1(t-10), \omega_d=0$

$10 \leqslant t < 15: v_d=0.1(t-10), \omega_d=0.1(t-10)$

$15 \leqslant t: v_d=0.5, \omega_d=0.5$

這兩個任務的初始條件均取為 $\boldsymbol{q}_d(0)=[1,0.5,0]^T$。我們將本章所提出的控制算法與文獻［1］［2］中的方法進行對比，兩種任務下的對比實驗結果如圖 5-10 和圖 5-11 所示。由圖中可看出兩種任務中，本章提出的方法取得了滿意的控制效果，而文獻中的方法僅在任務 A 下取得滿意的控制效果。在任務 B 中，文獻的方法在開始的一段時間內不能很好地追蹤參考軌跡，儘管追蹤誤差最終會收斂於零。這主要是因為文獻的方法必須要求參考線速度是非負的。參考線速度在最初 10s 是負的，因此採用文獻中的方法，追蹤誤差不會收斂於零，但隨著線性速度不斷變為大於零，追蹤誤差會最終收斂於零。

5.2 基於動力學的行動機器人同時鎮定和追蹤控制

在上一小節中我們利用運動學模型，研究了行動機器人的同時鎮定和追蹤問題。控制器的設計中沒有考慮行動機器人的動力學特性，需假定行動機器人能夠對給定速度實現完美追蹤。要想獲得更好的追蹤性能，必須在行動機器人的動力學層面設計控制器。如果行動機器人的動力學模型可以精確地獲得，那麼我們可採用反演設計技術從運動學控制律得到動力學控制律。但在實際中，由於測量的不精確，行動機器人模型中的參數包括系統的質量、轉動慣量等不能準確獲得。為實現對模型中未知參數的線上估計，很多相關文獻都採用了自適應控制方法。自適應控制方法能夠有效處理系統中的參數不確定性，保證控制系統的穩定性。

在這一節，我們將上一節中提出的運動學控制策略推廣到行動機器人的動力學模型層面，在運動學控制律的基礎上利用反演方法設計了轉矩控制律；並針對動力學模型中的未知參數，設計了參數自適應律，保證了控制誤差的收斂。我們利用 Lyapunov 工具分析了系統的漸近穩定性，並透過仿真和實驗驗證了所提出控制方法的有效性。

5.2.1 反演控制方法介紹

反演控制方法（Backstepping 控制法）是一種基於 Lyapunov 理論的遞推設計方法，可被應用於具有嚴格回饋形式、純回饋形式或分塊嚴格回饋形式的系統。反演控制方法的基本設計思想是將非線性系統進行子系統分解，為每個子系統設計部分 Lyapunov 函數和中間輔助虛擬控制量，一直「後退」到整個系統，直到完成整個控制律的設計。

下面我們透過一個簡單的例子來說明反演設計方法的基本思想。考慮以下二階系統

$$\dot{x}_1 = x_2 + f_1(x_1)$$
$$\dot{x}_2 = u + f_2(x_1, x_2) \tag{5-47}$$

式中，x_1 和 x_2 為系統的狀態變數；u 為控制輸入。系統的控制目標為設計控制律使得 x_1 追蹤給定訊號 x_d。整個控制律設計過程可分為兩步。

步驟 1：定義誤差 $z_1 = x_1 - x_d$，其導數為

$$\dot{z}_1 = x_2 + f_1(x_1) - \dot{x}_d \tag{5-48}$$

首先我們將 x_2 看作控制輸入，定義其虛擬控制量為 α_1，則它們之間的誤差為 $z_2 = x_2 - \alpha_1$。在新的變數下，我們有

$$\dot{z}_1 = z_2 + \alpha_1 + f_1(x_1) - \dot{x}_d \tag{5-49}$$

在這一步中，我們的目標是設計虛擬量 α_1 使得 $z_1 \to 0$。考慮 Lyapunov 函數

$$V_1 = \frac{1}{2} z_1^2 \tag{5-50}$$

則其對時間的導數為

$$\dot{V}_1 = z_1[\alpha_1 + f_1(x_1) - \dot{x}_d] + z_1 z_2 \tag{5-51}$$

選擇虛擬控制量 α_1 為

$$\alpha_1 = -c_1 z_1 - f_1(x_1) + \dot{x}_d \tag{5-52}$$

其中 $c_1 > 0$，則 V_1 的導數變為

$$\dot{V}_1 = -c_1 z_1^2 + z_1 z_2 \tag{5-53}$$

步驟 2：由於 $z_2 = x_2 - \alpha_1$，其導數為

$$\dot{z}_2 = u + f_2(x_1, x_2) - \dot{\alpha}_1 \tag{5-54}$$

對以上子系統考慮 Lyapunov 函數

$$V_2 = V_1 + \frac{1}{2} z_2^2 \tag{5-55}$$

則其對時間的導數為

$$\dot{V}_2 = -c_1 z_1^2 + z_1 z_2 + z_2[u + f_2(x_1, x_2) - \dot{\alpha}_1] \tag{5-56}$$

設計如下控制律：

$$u = -c_2 z_2 - z_1 - f_2(x_1, x_2) + \dot{\alpha}_1 \tag{5-57}$$

其中 $c_2 > 0$。這樣我們有

$$\dot{V}_2 = -c_1 z_1^2 - c_2 z_2^2 \tag{5-58}$$

這樣根據 Lyapunov 穩定性理論可知，閉環系統（z_1，z_2）是漸近穩

定的，從而可以推出系統在控制律式(5-52) 和式(5-57) 下，輸出 x_1 最終將漸近追蹤給定訊號 x_d。根據類似的推導，以上設計過程可以推廣到一般的具有嚴格回饋形式的 n 階系統。對於系統中存在的未知參數，我們也可以設計相應的自適應反應控制策略。圖 5-12 為行動機器人模型。

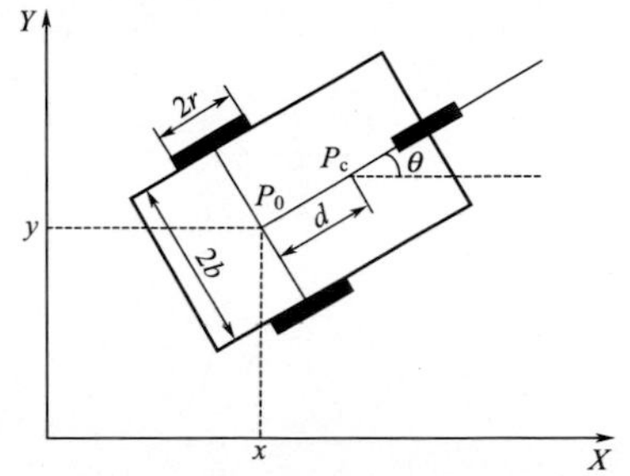

圖 5-12　行動機器人模型

5.2.2 問題描述

考慮如圖 5-12 所示的獨輪式行動機器人，它有兩個共軸的驅動輪和一個卡斯托輪來保持機器人的穩定。機器人的重心位置為 P_c，行動機器人局部座標的原點為 P_0。行動機器人的狀態由以下廣義座標描述：

$$\boldsymbol{q}=[x, y, \theta]^{\mathrm{T}} \tag{5-59}$$

式中，(x, y) 為點 P_0 的座標；θ 為行動機器人轉向角。我們假定輪子與地面間只發生純滾動無滑動（包括側向和縱向滑動）運動。純滾動無滑動條件使得行動機器人不能側向移動，其運動受如下非完整約束：

$$\dot{x}\sin\theta-\dot{y}\cos\theta=0 \tag{5-60}$$

以上約束可表示為

$$\boldsymbol{J}(\boldsymbol{q})\dot{\boldsymbol{q}}=0 \tag{5-61}$$

其中

$$\boldsymbol{J}(\boldsymbol{q})=[\sin\theta, -\cos\theta, 0] \tag{5-62}$$

根據 Euler-Lagrangian 原理，非完整行動機器人的動力學模型可表示為如下形式：

$$\boldsymbol{M}(\boldsymbol{q})\ddot{\boldsymbol{q}}+\boldsymbol{C}(\boldsymbol{q},\dot{\boldsymbol{q}})\dot{\boldsymbol{q}}+\boldsymbol{G}(\boldsymbol{q})=\boldsymbol{J}^{\mathrm{T}}(\boldsymbol{q})\lambda+\boldsymbol{B}(\boldsymbol{q})\boldsymbol{\tau} \tag{5-63}$$

式中，$\boldsymbol{M}(\boldsymbol{q})\in R^{3\times3}$ 為對稱正定的慣性矩陣；$\boldsymbol{C}(\boldsymbol{q},\dot{\boldsymbol{q}})\in R^{3\times3}$ 為向心和科里奧利 (coriolis) 矩陣；$\boldsymbol{G}(\boldsymbol{q})\in R^3$ 為重力向量；$\lambda\in R$ 為代表約束力的拉格朗日乘子；$\boldsymbol{\tau}\in R^2$ 為控制輸入轉矩；$\boldsymbol{B}(\boldsymbol{q})\in R^{3\times2}$ 為輸入矩陣。當行動機器人在平面運動時，$\boldsymbol{G}(\boldsymbol{q})=0$，且矩陣 $\boldsymbol{M}(\boldsymbol{q})$、$\boldsymbol{C}(\boldsymbol{q},\dot{\boldsymbol{q}})$ 和 $\boldsymbol{B}(\boldsymbol{q})$ 分別定義如下：

$$\boldsymbol{M}(\boldsymbol{q})=\begin{bmatrix} m+\frac{2I_w}{r^2}\cos^2\theta & \frac{2I_w}{r^2}\sin\theta\cos\theta & -m_c d\sin\theta \\ \frac{2I_w}{r^2}\sin\theta\cos\theta & m+\frac{2I_w}{r^2}\sin^2\theta & m_c d\cos\theta \\ -m_c d\sin\theta & m_c d\cos\theta & I+\frac{2b^2 I_w}{r^2} \end{bmatrix}$$

$$\boldsymbol{C}(\boldsymbol{q},\dot{\boldsymbol{q}})=\begin{bmatrix} -\frac{2I_w}{r^2}\dot{\theta}\sin\theta\cos\theta & \frac{2I_w}{r^2}\dot{\theta}\cos^2\theta & -m_c d\dot{\theta}\cos\theta \\ -\frac{2I_w}{r^2}\dot{\theta}\sin^2\theta & \frac{2I_w}{r^2}\dot{\theta}\sin\theta\cos\theta & -m_c d\dot{\theta}\sin\theta \\ 0 & 0 & 0 \end{bmatrix}$$

$$\boldsymbol{B}(\boldsymbol{q})=\frac{1}{r}\begin{bmatrix} \cos\theta & \cos\theta \\ \sin\theta & \sin\theta \\ b & -b \end{bmatrix}$$

式中，$m=m_c+2m_w$，$I=I_c+2I_m+m_c d^2+2m_w b^2$；參數 $2b$ 為行動機器人輪間距；r 為驅動輪半徑；d 為 P_0 到 P_c 的距離；m_c 為行動機器人本體質量；m_w 為輪子質量；I_c 為行動機器人本體的轉動慣量；I_w 為輪子關於輪軸的轉動慣量；I_m 為輪子關於輪徑的轉動慣量。

定義 $\boldsymbol{S}(\boldsymbol{q})\in R^{3\times 2}$ 為如下滿秩矩陣

$$\boldsymbol{S}(\boldsymbol{q})=\begin{bmatrix} \cos\theta & 0 \\ \sin\theta & 0 \\ 0 & 1 \end{bmatrix} \tag{5-64}$$

容易驗證 $\boldsymbol{S}^{\mathrm{T}}(\boldsymbol{q})\boldsymbol{J}^{\mathrm{T}}(\boldsymbol{q})=0$，那麼可知總存在一個速度矢量 $\boldsymbol{u}=[v,\omega]^{\mathrm{T}}$，其中 v 代表線性速度，ω 代表角速度，使得式(5-61) 和式(5-63) 轉化為如下形式：

$$\dot{\boldsymbol{q}}=\boldsymbol{S}(\boldsymbol{q})\boldsymbol{u} \tag{5-65}$$

$$\boldsymbol{M}_1(\boldsymbol{q})\dot{\boldsymbol{u}}+\boldsymbol{C}_1(\boldsymbol{q},\dot{\boldsymbol{q}})\boldsymbol{u}+\boldsymbol{G}_1(\boldsymbol{q})=\boldsymbol{B}_1(\boldsymbol{q})\boldsymbol{\tau} \tag{5-66}$$

其中 $\boldsymbol{M}_1(\boldsymbol{q})=\boldsymbol{S}^{\mathrm{T}}\boldsymbol{M}(\boldsymbol{q})\boldsymbol{S}$, $\boldsymbol{C}_1(\boldsymbol{q},\dot{\boldsymbol{q}})=\boldsymbol{S}^{\mathrm{T}}[\boldsymbol{M}(\boldsymbol{q})\dot{\boldsymbol{S}}+\boldsymbol{C}(\boldsymbol{q},\dot{\boldsymbol{q}})\boldsymbol{S}]$, $\boldsymbol{G}_1(\boldsymbol{q})=\boldsymbol{S}^{\mathrm{T}}\boldsymbol{G}(\boldsymbol{q})$, $\boldsymbol{B}_1(\boldsymbol{q})=\boldsymbol{S}^{\mathrm{T}}\boldsymbol{B}(\boldsymbol{q})$ 約化系統由一個新的動力學模型式(5-66) 和一個所謂的運動學模型式(5-65) 構成。動力學模型式(5-66) 具有如下性質。

性質 5.1　矩陣 $\dot{\boldsymbol{M}}_1-2\boldsymbol{C}_1$ 是反對稱的，即

$$\boldsymbol{x}^{\mathrm{T}}(\dot{\boldsymbol{M}}_1-2\boldsymbol{C}_1)\boldsymbol{x}=0, \forall\, \boldsymbol{x}\in R^2 \tag{5-67}$$

性質 5.2　機器人動力學模型式(5-66) 可以表示為如下線性化參數模型：

$$\boldsymbol{M}_1(\boldsymbol{q})\dot{\boldsymbol{\xi}}+\boldsymbol{C}_1(\boldsymbol{q},\dot{\boldsymbol{q}})\boldsymbol{\xi}+\boldsymbol{G}_1(\boldsymbol{q})=\boldsymbol{\Phi}_1(\boldsymbol{q},\dot{\boldsymbol{q}},\boldsymbol{\xi},\dot{\boldsymbol{\xi}})\boldsymbol{\beta} \tag{5-68}$$

其中 $\boldsymbol{\xi}\in R^2$，$\boldsymbol{\Phi}_1(\boldsymbol{q},\dot{\boldsymbol{q}},\boldsymbol{\xi},\dot{\boldsymbol{\xi}})\in R^{2\times l}$ 是已知的迴歸矩陣；$\boldsymbol{\beta}\in R^l$ 為參數向量（如質量和轉動慣量等）。

我們假定行動機器人的參考軌跡可由如下參考系統生成：

$$\begin{aligned}\dot{x}_{\mathrm{d}}&=v_{\mathrm{d}}\cos\theta_{\mathrm{d}}\\ \dot{y}_{\mathrm{d}}&=v_{\mathrm{d}}\sin\theta_{\mathrm{d}}\\ \dot{\theta}_{\mathrm{d}}&=\omega_{\mathrm{d}}\end{aligned} \tag{5-69}$$

其中 $\boldsymbol{q}_{\mathrm{d}}=[x_{\mathrm{d}},y_{\mathrm{d}},\theta_{\mathrm{d}}]^{\mathrm{T}}$ 是參考狀態，$(v_{\mathrm{d}},\omega_{\mathrm{d}})$是參考的線速度和角速度，並且滿足如下假設條件。

假設 5.3　參考訊號 $v_{\mathrm{d}},\omega_{\mathrm{d}},\dot{v}_{\mathrm{d}}$ 和 $\dot{\omega}_{\mathrm{d}}$ 是有界的，並且滿足以下任一條件：

C1：存在 T，$\mu_1>0$ 使得對 $\forall t\geqslant 0$，

$$\int_t^{t+T}[|v_{\mathrm{d}}(s)|+|\omega_{\mathrm{d}}(s)|]\mathrm{d}s\geqslant\mu_1 \tag{5-70}$$

C2：存在 $\mu_2>0$ 使得

$$\int_0^{\infty}[|v_{\mathrm{d}}(s)|+|\omega_{\mathrm{d}}(s)|]\mathrm{d}s\geqslant\mu_2 \tag{5-71}$$

本章中我們的控制目標就是設計一個回饋控制律 τ，使得行動機器人能夠同時鎮定和追蹤所給定的參考軌跡，並且滿足

$$\lim_{t\to\infty}[\boldsymbol{q}(t)-\boldsymbol{q}_{\mathrm{d}}(t)]=0 \tag{5-72}$$

5.2.3 主要結果

在這一節中，我們設計了自適應轉矩控制律，並利用 Lyapunov 方法給出了系統的穩定性分析。所設計的控制器框圖如圖 5-13 所示。

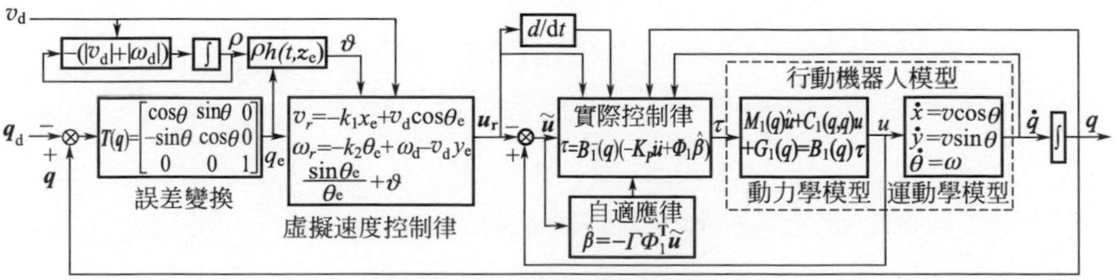

圖 5-13　控制系統結構框圖

(1) 控制器設計

按行動機器人追蹤控制研究中的通常做法，我們定義如下追蹤誤差 $\boldsymbol{q}_e=\boldsymbol{T}(\boldsymbol{q})(\boldsymbol{q}-\boldsymbol{q}_d)$：

$$\begin{bmatrix}x_e\\y_e\\\theta_e\end{bmatrix}=\begin{bmatrix}\cos\theta & \sin\theta & 0\\-\sin\theta & \cos\theta & 0\\0 & 0 & 1\end{bmatrix}\begin{bmatrix}x-x_d\\y-y_d\\\theta-\theta_d\end{bmatrix} \tag{5-73}$$

容易驗證，行動機器人的追蹤誤差動力學滿足：

$$\begin{aligned}\dot{x}_e&=\omega y_e+v-v_d\cos\theta_e\\\dot{y}_e&=-\omega x_e+v_d\sin\theta_e\\\dot{\theta}_e&=\omega-\omega_d\end{aligned} \tag{5-74}$$

由於方程（5-73）和方程（5-74）具有下三角結構的形式，我們採用反演設計方法來導出控制律。

步驟 1：定義虛擬速度追蹤誤差為：

$$\tilde{\boldsymbol{u}}=\boldsymbol{u}-\boldsymbol{u}_c=[\tilde{v},\tilde{\omega}]^T=[v-v_c,\omega-\omega_c]^T \tag{5-75}$$

式中，v_c 和 ω_c 分別為虛擬線速度和角速度。為設計 v_c 和 ω_c，我們考慮如下 Lyapunov 函數

$$V_1=\frac{1}{2}(x_e^2+y_e^2+\theta_e^2) \tag{5-76}$$

函數 V_1 對時間的導數為

$$\begin{aligned}\dot{V}_1&=x_e(\omega y_e+v-v_d\cos\theta_e)+y_e(-\omega x_e+v_d\sin\theta_e)+\theta_e(\omega-\omega_d)\\&=x_e(v-v_d\cos\theta_e)+\theta_e\left(\omega-\omega_d+v_dy_e\frac{\sin\theta_e}{\theta_e}\right)\end{aligned} \tag{5-77}$$

我們選擇虛擬控制 $\boldsymbol{u}_c=[v_c,\omega_c]^T$ 如下：

$$\begin{aligned}v_c&=v_d\cos\theta_e-k_1x_e\\\omega_c&=\omega_d-v_dy_e\frac{\sin\theta_e}{\theta_e}-k_2\theta_e+\vartheta\end{aligned} \tag{5-78}$$

其中 $k_1>0$ 和 $k_2>0$ 為控制參數。注意到 $\sin\theta_e/\theta_e=\int_0^1\cos(s\theta_e)\mathrm{d}s$ 是關於 θ_e 的光滑有界函數。那麼我們有

$$\dot{V}_1=-k_1x_e^2-k_2\theta_e^2+x_e\tilde{v}+\theta_e\tilde{\omega}+\vartheta\theta_e \tag{5-79}$$

進一步地，我們定義時變訊號 ϑ（t）滿足：

$$\vartheta=\rho(t)h(t,z_e) \tag{5-80}$$

其中

$$\dot{\rho}=-[|v_d(t)|+|\omega_d(t)|]\rho,\rho(0)=1 \tag{5-81}$$

且 $\boldsymbol{z}_e=[x_e,y_e]^T$，$h(t,\boldsymbol{z}_e)$滿足以下假設條件：

假設 5.4 $h(t,\boldsymbol{z}_e)$為 C^{p+1} 類函數，其關於時間變數 t 的一階和二階偏導數一致有界，且滿足

① $h(t,z_e)$關於變數 t 和 $\boldsymbol{z}_e$ 一致有界，也即存在一個常數 $h_0>0$，使得

$$|h(t,\boldsymbol{z}_e)|\leqslant h_0,\forall t>0,\boldsymbol{z}_e\in\mathbb{R}^2 \tag{5-82}$$

② $h(t,0)=0$，且存在發散時間序列 $\{t_i\}_{i\in N}$（N 為自然數集）和一個正的連續函數 $\alpha(\cdot)$，使得 $\forall i$

$$\|\boldsymbol{z}_e\|\geqslant l>0\Rightarrow\sum_{j=1}^{j=p}\left[\frac{\partial^j h}{\partial t^j}(t_i,\boldsymbol{z}_e)\right]^2\geqslant\alpha(l)>0 \tag{5-83}$$

步驟 2：由於 $\tilde{\boldsymbol{u}}=\boldsymbol{u}-\boldsymbol{u}_c$，子系統式(5-73) 可改寫為：

$$\boldsymbol{M}_1(\boldsymbol{q})\dot{\tilde{\boldsymbol{u}}}+\boldsymbol{C}_1(\boldsymbol{q},\dot{\boldsymbol{q}})\tilde{\boldsymbol{u}}=\boldsymbol{B}_1(\boldsymbol{q})\boldsymbol{\tau}-[\boldsymbol{M}_1(\boldsymbol{q})\dot{\boldsymbol{u}}_c+\boldsymbol{C}_1(\boldsymbol{q},\dot{\boldsymbol{q}})\boldsymbol{u}_c+\boldsymbol{G}_1(\boldsymbol{q})] \tag{5-84}$$

根據性質 5.2，我們有

$$\boldsymbol{M}_1(\boldsymbol{q})\dot{\boldsymbol{u}}_c+\boldsymbol{C}_1(\boldsymbol{q},\dot{\boldsymbol{q}})\boldsymbol{u}_c+\boldsymbol{G}_1(\boldsymbol{q})=\boldsymbol{\Phi}_1(\boldsymbol{q},\dot{\boldsymbol{q}},\boldsymbol{u}_c,\dot{\boldsymbol{u}}_c)\boldsymbol{\beta} \tag{5-85}$$

將方程（5-85）代入到方程（5-84）可得

$$\boldsymbol{M}_1(\boldsymbol{q})\dot{\tilde{\boldsymbol{u}}}+\boldsymbol{C}_1(\boldsymbol{q},\dot{\boldsymbol{q}})\tilde{\boldsymbol{u}}=\boldsymbol{B}_1(\boldsymbol{q})\boldsymbol{\tau}-\boldsymbol{\Phi}_1(\boldsymbol{q},\dot{\boldsymbol{q}},\boldsymbol{u}_c,\dot{\boldsymbol{u}}_c)\boldsymbol{\beta} \tag{5-86}$$

記 $\tilde{\boldsymbol{\beta}}=\boldsymbol{\beta}-\hat{\boldsymbol{\beta}}$，其中 $\hat{\boldsymbol{\beta}}$ 為 $\boldsymbol{\beta}$ 的估計量。考慮如下 Lyapunov 函數

$$\boldsymbol{V}_2=\frac{1}{2}\tilde{\boldsymbol{u}}^T\boldsymbol{M}_1\tilde{\boldsymbol{u}}+\frac{1}{2}\tilde{\boldsymbol{\beta}}^T\boldsymbol{\Gamma}^{-1}\tilde{\boldsymbol{\beta}} \tag{5-87}$$

則函數 $\boldsymbol{V}_2$ 關於時間的導數為

$$\begin{aligned}\dot{\boldsymbol{V}}_2&=\tilde{\boldsymbol{u}}^T\boldsymbol{M}_1\dot{\tilde{\boldsymbol{u}}}+\frac{1}{2}\tilde{\boldsymbol{u}}^T\dot{\boldsymbol{M}}_1\tilde{\boldsymbol{u}}+\tilde{\boldsymbol{\beta}}^T\boldsymbol{\Gamma}^{-1}\dot{\tilde{\boldsymbol{\beta}}}\\&=\tilde{\boldsymbol{u}}^T[\boldsymbol{B}_1(\boldsymbol{q})\boldsymbol{\tau}-\boldsymbol{\Phi}_1\boldsymbol{\beta}]+\tilde{\boldsymbol{\beta}}^T\boldsymbol{\Gamma}^{-1}\dot{\tilde{\boldsymbol{\beta}}}\end{aligned} \tag{5-88}$$

我們選擇實際的動力學控制律 τ 為

$$\begin{aligned}\boldsymbol{\tau}&=\boldsymbol{B}_1^{-1}(\boldsymbol{q})[-\boldsymbol{K}_p\tilde{\boldsymbol{u}}+\boldsymbol{\Phi}_1(\boldsymbol{q},\dot{\boldsymbol{q}},\boldsymbol{u}_c,\dot{\boldsymbol{u}}_c)\hat{\boldsymbol{\beta}}]\\\dot{\hat{\boldsymbol{\beta}}}&=-\boldsymbol{\Gamma}\boldsymbol{\Phi}_1^T\tilde{\boldsymbol{u}}\end{aligned} \tag{5-89}$$

其中 $\boldsymbol{K}_p$ 和 $\boldsymbol{\Gamma}$ 為正定矩陣，那麼我們有

$$\begin{aligned}\dot{\boldsymbol{V}}_2&=-\tilde{\boldsymbol{u}}^T\boldsymbol{K}_p\tilde{\boldsymbol{u}}+\tilde{\boldsymbol{\beta}}^T(\boldsymbol{\Gamma}^{-1}\dot{\tilde{\boldsymbol{\beta}}}-\boldsymbol{\Phi}_1^T\tilde{\boldsymbol{u}})\\&=-\tilde{\boldsymbol{u}}^T\boldsymbol{K}_p\tilde{\boldsymbol{u}}\end{aligned} \tag{5-90}$$

根據以上分析，原系統式(5-73) 和式(5-74) 轉化為如下閉環系統：

$$\dot{x}_e=-k_1x_e+(\omega_c+\tilde{\omega})y_e+\tilde{v}$$

$$\dot{y}_e = -(\omega_c + \tilde{\omega})x_e + v_d \sin\theta_e$$

$$\dot{\theta}_e = -k_2\theta_e - v_d y_e \frac{\sin\theta_e}{\theta_e} + \vartheta + \tilde{\omega} \tag{5-91}$$

$$\boldsymbol{M}_1(\boldsymbol{q})\dot{\tilde{\boldsymbol{u}}} = -\boldsymbol{C}_1(\boldsymbol{q},\dot{\boldsymbol{q}})\tilde{\boldsymbol{u}} - \boldsymbol{K}_p\tilde{\boldsymbol{u}} - \boldsymbol{\Phi}_1(\boldsymbol{q},\dot{\boldsymbol{q}},\boldsymbol{u}_c,\dot{\boldsymbol{u}}_c)\tilde{\boldsymbol{\beta}}$$

$$\dot{\tilde{\boldsymbol{\beta}}} = \boldsymbol{\Gamma}\boldsymbol{\Phi}_1^{\mathrm{T}}\tilde{\boldsymbol{u}} \tag{5-92}$$

接下來，我們將利用 Lyapunov 直接法分析閉環系統式(5-91) 和式(5-92) 的穩定性。

(2) 穩定性分析

在下面的穩定性分析中將會用到上一節中的引理 5.1 和引理 5.3。具體地，我們有如下定理。

定理 5.2　在假設 5.1 條件下，閉環系統式(5-91) 和式(5-92) 是漸近穩定的。因此，自適應控制律式(5-89) 可解決行動機器人的同時鎮定和追蹤問題，並使得式(5-82) 成立。

證明：求解微分方程 (5-81) 得：

$$\rho(t) = \exp\left\{-\int_0^t [\,|v_d(s)| + |\omega_d(s)|\,]\mathrm{d}s\right\} \tag{5-93}$$

根據式(5-93) 可知 $0 \leqslant \rho(t) \leqslant 1$。如果 C1 成立，那麼根據線性時變系統的穩定性結果，可得 $\rho(t)$ 指數收斂於零，且 $\rho(t) \in L_1$。如果 C2 成立，那麼可以推導出 $0 < \exp(-\mu_2) < \rho(t) \leqslant 1$。

我們首先考慮 C1 情形。定義 Lyapunov 函數

$$V_3 = V_1 + V_2 \tag{5-94}$$

函數 V_3 對時間的導數為

$$\dot{V}_3 = -k_1 x_e^2 - k_2\theta_e^2 - \tilde{u}^{\mathrm{T}} K_p \tilde{u} + x_e\tilde{v} + \theta_e\tilde{\omega} + \vartheta\theta_e \tag{5-95}$$

因為根據 Young 不等式，對任意 $\varepsilon > 0$ 有

$$\tilde{v}x_e \leqslant \varepsilon x_e^2 + \frac{1}{4\varepsilon}\tilde{v}^2$$

$$\tilde{\omega}\theta_e \leqslant \varepsilon\theta_e^2 + \frac{1}{4\varepsilon}\tilde{\omega}^2$$

以及 $|\vartheta|$ 和 $|\theta_e|$ 滿足

$$|\vartheta| \leqslant h_0\rho(t),\ |\theta_e| \leqslant \sqrt{2V_3}$$

我們有

$$\dot{V}_3 \leqslant -k_1 x_e^2 - k_2\theta_e^2 - \tilde{u}^{\mathrm{T}} K_p \tilde{u} + \varepsilon(x_e^2 + \theta_e^2) + \frac{1}{4\varepsilon}(\tilde{v}^2 + \tilde{\omega}^2) + h_0\rho(t)\sqrt{2V_3}$$

$$\leqslant -(k_1-\varepsilon)x_e^2-(k_2-\varepsilon)\theta_e^2+h_0\rho(t)\sqrt{2V_3}-\left[\lambda_{\min}(K_p)-\frac{1}{4\varepsilon}\right]\|\tilde{u}\|^2 \tag{5-96}$$

其中 k_1，k_2 和 K_p 滿足 $k_1>\varepsilon$，$k_2>\varepsilon$ 和 $\lambda_{\min}(K_p)>\frac{1}{4\varepsilon}$。$\lambda_{\min}(K_p)$ 為矩陣 K_p 的最小特徵值。因為 C1 成立，$\rho(t)\in L_1$。利用引理 5.3 可知，$\|q_e\|$ 和 $\|\tilde{u}\|$ 一致有界，且當 $t\to\infty$ 時，x_e，θ_e，$\|\tilde{u}\|$ 收斂於零，y_e 趨於一個常數。因為 $\lim\limits_{t\to\infty}\theta_e(t)=0$，應用擴展 Barbalat 引理於方程組（5-91）的最後一式得：

$$\lim_{t\to\infty}v_d(t)y_e(t)=0 \tag{5-97}$$

類似地，因為 $\lim\limits_{t\to\infty}x_e(t)=0$，應用擴展 Barbalat 引理於方程組（5-91）的第一式得：

$$\lim_{t\to\infty}[\omega_d(t)-v_d(t)y_e(t)]y_e(t)=0 \tag{5-98}$$

將方程（5-97）代入到方程（5-98）得：

$$\lim_{t\to\infty}\omega_d(t)y_e(t)=0 \tag{5-99}$$

結合方程（5-97）和方程（5-99），我們有

$$\lim_{t\to\infty}[v_d^2(t)+\omega_d^2(t)]y_e(t)=0 \tag{5-100}$$

根據方程（5-100），由反證法容易證明 $\lim\limits_{t\to\infty}y_e(t)=0$。因此，$\|q_e\|$ 一致有界且收斂於零。

接下來我們考慮 C2 情形。首先我們將證明 x_e 和 y_e 收斂於零。對於方程組（5-91）的前兩式，我們考慮如下 Lyapunov 函數：

$$V_4=\frac{1}{2}(x_e^2+y_e^2)+V_2 \tag{5-101}$$

函數 V_4 對時間的導數為

$$\dot{V}_4=-k_1x_e^2-\tilde{u}^{\mathrm{T}}K_p\tilde{u}+x_e\tilde{v}+v_dy_e\sin\theta_e \tag{5-102}$$

由於 $x_e\tilde{v}\leqslant\varepsilon x_e^2+\frac{1}{4\varepsilon}\tilde{v}^2$，$|y_e|\leqslant\sqrt{2V_4}$，$|\sin\theta_e|\leqslant 1$，我們有

$$\dot{V}_4\leqslant -k_1x_e^2-\tilde{u}^{\mathrm{T}}K_p\tilde{u}+\varepsilon x_e^2+\frac{1}{4\varepsilon}\tilde{v}^2+|v_d|\sqrt{2V_4}$$

$$\leqslant -(k_1-\varepsilon)x_e^2-\left[\lambda_{\min}(K_p)-\frac{1}{4\varepsilon}\right]\|\tilde{u}\|^2+|v_d|\sqrt{2V_4} \tag{5-103}$$

因為 $v_d(t)\in L_1$，由引理 5.3，我們有 x_e、y_e 和 $\|\tilde{u}\|$ 一致有界，且 x_e、$\|\tilde{u}\|$ 收斂於零，y_e 收斂於一個常數。因為 $\lim\limits_{t\to\infty}x_e(t)=0$，應用擴展

Barbalat 引理於方程組（5-91）的第一式得：

$$\lim_{t\to\infty}\omega_c(t)y_e(t)=0 \tag{5-104}$$

下面我們將用反證法證明 ω_c 收斂於零。假定 $\omega_c(t)$ 不收斂於零，那麼由上式可知 $y_e(t)$ 應收斂於零。因為 ϑ 一致連續，且 $\vartheta(t,0)=0$，可得 $\vartheta(t,z_e)$ 也收斂於零。考慮到 $v_d\in L_1, 0\leqslant|\sin\theta_e/\theta_e|\leqslant 1$ 以及方程組（5-91）的最後一式

$$\dot{\theta}_e=-k_2\theta_e-v_d y_e\frac{\sin\theta_e}{\theta_e}+\vartheta+\widetilde{\omega} \tag{5-105}$$

可以看作一個含加性擾動的穩定的線性系統，其中擾動隨時間衰減於零。因此，θ_e 收斂於零。另外觀察 ω_c 的表達式：

$$\omega_c=\omega_d-v_d y_e\frac{\sin\theta_e}{\theta_e}-k_2\theta_e+\vartheta \tag{5-106}$$

其中 θ_e 和 ϑ 收斂於零，v_d 和 ω_d 屬於 L_1 空間，這意味著 ω_c 應收斂於零，這顯然與前面的假設不合。因此，ω_c 必須收斂於零。

對 ω_c 關於時間求導，並考慮到 v_d，ω_d，$\dot{v}_d$，$\dot{\omega}_d$ 和 $\|\dot{q}_e\|$ 均收斂於零，我們有

$$\begin{aligned}\dot{\omega}_c(t)&=\frac{\partial\vartheta}{\partial t}(t,z_e)+o(t)\\&=\rho(t)\frac{\partial h}{\partial t}(t,z_e)+\frac{\partial\rho}{\partial t}h(t,z_e)+o(t)\\&=\rho(t)\frac{\partial h}{\partial t}(t,z_e)+o'(t)\end{aligned} \tag{5-107}$$

其中 $\lim_{t\to\infty}o(t)=0$，且

$$o'(t)=-[|v_d(t)|+|\omega_d(t)|]\vartheta(t,z_e)+o(t) \tag{5-108}$$

因為 $v_d(t)$ 和 $\omega_d(t)$ 屬於 L_1 空間，$\vartheta(t,z_e)$ 一致有界，我們可推出 $o'(t)$ 收斂於零。因為 $(\partial h/\partial t)(t,z_e)$ 一致連續且 $0<\exp(-\mu_2)<\rho(t)\leqslant 1$，應用擴展 Barbalat 引理可得 $(\partial h/\partial t)(t,z_e)$ 收斂於零。

透過重複以上推導過程足夠多次，可得到（$\partial^j h/\partial t^j$）（$t$，$z_e$）收斂於零（$1\leqslant j\leqslant p$）。因此，

$$\lim_{t\to\infty}\sum_{j=1}^{j=p}\left[\frac{\partial^j h}{\partial t^j}(t,z_e)\right]^2=0 \tag{5-109}$$

假定 $\|z_e(t)\|$ 始終大於一個正常數 l，則上式顯然與假設 5.4 中的性質矛盾。因此，$\|z_e(t)\|$ 漸近收斂於零。根據 ϑ 的一致連續性，以及 $\vartheta(t,0)=0$，我們有 $\vartheta(t,z_e)$ 收斂於零。根據 ω_c 的表達式可得 $\theta_e(t)$ 收斂於零。因此，$q_e(t)$ 一致有界且漸近收斂於零。定理得證。

(3) 仿真和實驗結果

首先，我們將對本章提出的方法進行數值仿真驗證。根據上一節的描述，可得行動機器人的動力學模型參數為

$$\boldsymbol{M}_1(\boldsymbol{q})=\begin{bmatrix} m+\frac{2}{r^2}I_{\mathrm{w}} & 0 \\ 0 & I+\frac{2b^2}{r^2}I_{\mathrm{w}} \end{bmatrix}$$

$$\boldsymbol{C}_1(\boldsymbol{q},\dot{\boldsymbol{q}})=\begin{bmatrix} 0 & -m_{\mathrm{c}}d\dot{\theta} \\ m_{\mathrm{c}}d\dot{\theta} & 0 \end{bmatrix}$$

$$\boldsymbol{B}_1(\boldsymbol{q})=\frac{1}{r}\begin{bmatrix} 1 & 1 \\ b & -b \end{bmatrix}$$

另外透過計算，可以得到迴歸矩陣和未知的參數向量為：

$$\boldsymbol{\Phi}_1=\begin{bmatrix} \dot{v}_{\mathrm{c}} & 0 & -\dot{\theta}\omega_{\mathrm{c}} \\ 0 & \dot{\omega}_{\mathrm{c}} & \dot{\theta}v_{\mathrm{c}} \end{bmatrix} \tag{5-110}$$

$$\boldsymbol{\beta}=[m+2I_{\mathrm{w}}/r^2, I+2b^2I_{\mathrm{w}}/r^2, m_{\mathrm{c}}d]^{\mathrm{T}} \tag{5-111}$$

在仿真中，行動機器人的參考軌跡 $\boldsymbol{q}_{\mathrm{d}}(t)=[x_{\mathrm{d}}(t),y_{\mathrm{d}}(t),\theta_{\mathrm{d}}(t)]^{\mathrm{T}}$ 由參考速度 $v_{\mathrm{d}}(t)$ 和 $\omega_{\mathrm{d}}(t)$ 在初始條件 $\boldsymbol{q}_{\mathrm{d}}(0)=[0,0,0]^{\mathrm{T}}$ 下生成。我們對以下四種情況進行了仿真：

① 點鎮定：$v_{\mathrm{d}}=0$，$\omega_{\mathrm{d}}=0$

② 趨於一點：$v_{\mathrm{d}}=5e^{-0.2t}$，$\omega_{\mathrm{d}}=e^{-t}$

③ 直線追蹤：$v_{\mathrm{d}}=2$，$\omega_{\mathrm{d}}=0$

④ 圓追蹤：$v_{\mathrm{d}}=2$，$\omega_{\mathrm{d}}=1$

行動機器人的物理參數如表 5-1 所示。行動機器人的初始位置和速度設為 $\boldsymbol{q}(0)=[2,-2,0]^{\mathrm{T}},[v(0),\omega(0)]^{\mathrm{T}}=[0,0]^{\mathrm{T}}$。未知參數向量 $\boldsymbol{\beta}$ 的初始估計值大小設為真實值的 75%。控制器參數取為 $k_1=3, k_2=5, \boldsymbol{K}_{\mathrm{p}}=\mathrm{diag}[50,50], \boldsymbol{\Gamma}=\mathrm{diag}[5,5,5]$。

表 5-1　行動機器人的物理參數

輪間距 b	0.75
驅動輪半徑 r	0.15
P_0 到 P_{c} 的距離 d	0.3

續表

行動機器人本體質量 m_c	30
輪子質量 m_w	1
行動機器人本體的轉動慣量 I_c	15.625
輪子關於輪軸的轉動慣量 I_w	0.005
輪子關於輪徑的轉動慣量 I_m	0.0025

非線性時變函數 $h(t,\boldsymbol{z}_e)$取為 $h(t,\boldsymbol{z}_e)=10\tanh(x_e^2+y_e^2)\sin(2t)$。

在以上條件下四種參考軌跡的仿真結果分別如圖 5-14～圖 5-17 所示。圖中的仿真結果表明追蹤誤差均收斂於零，行動機器人能夠很好地追蹤所給定參考軌跡，證明了本章所設計的控制律是有效的。

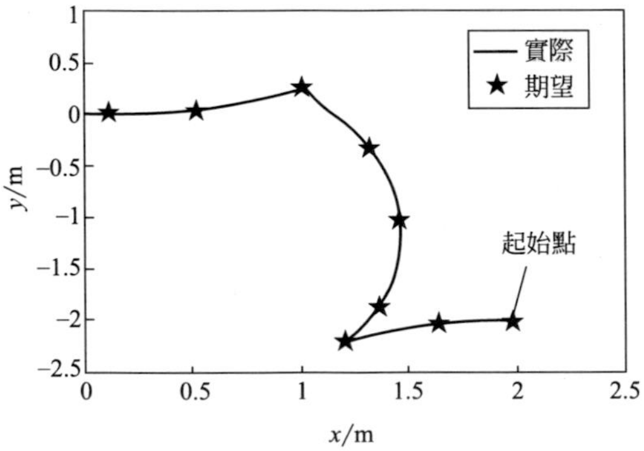

(a) 行動機器人在(x, y) 平面的軌跡

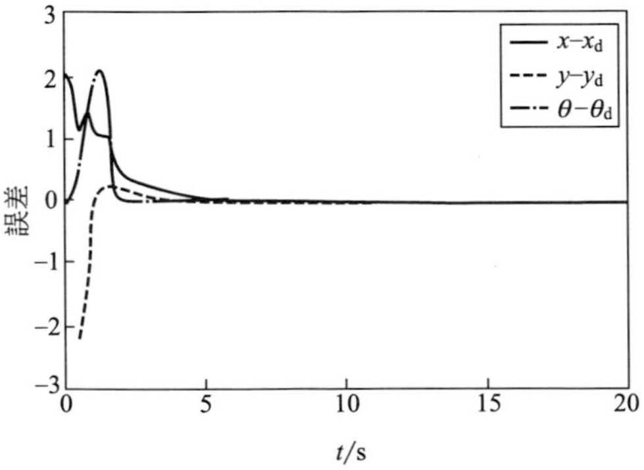

(b) 追蹤誤差

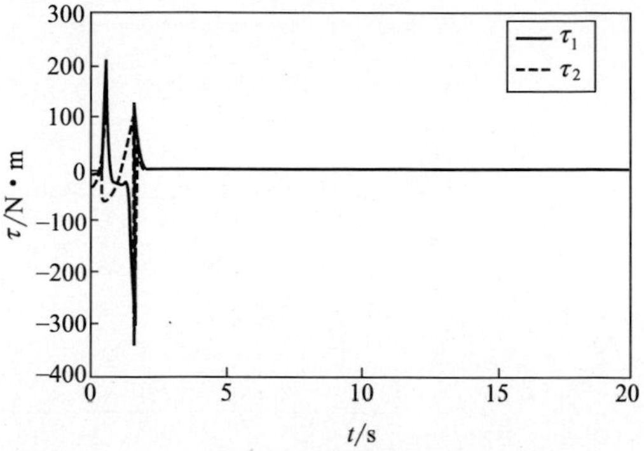

(c) 控制輸入

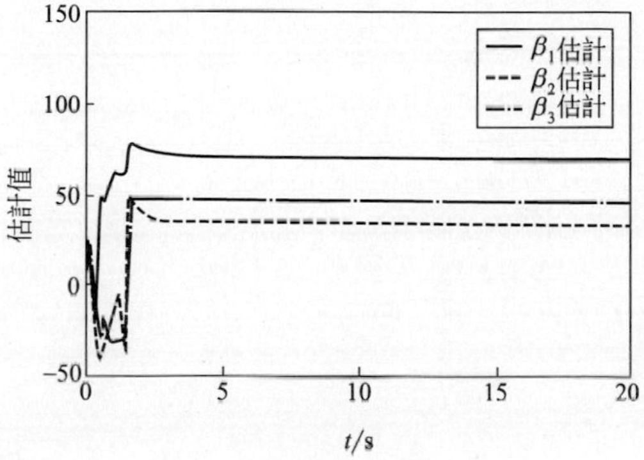

(d) 參數估計值

圖 5-14 對參考軌跡 1 的仿真結果

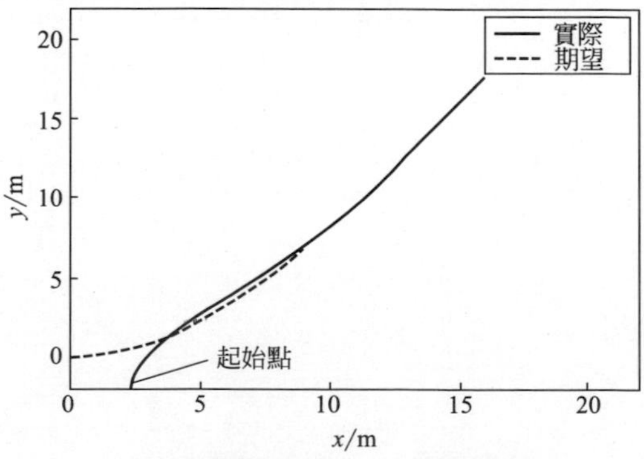

(a) 行動機器人在(x, y) 平面的軌跡

圖 5-15

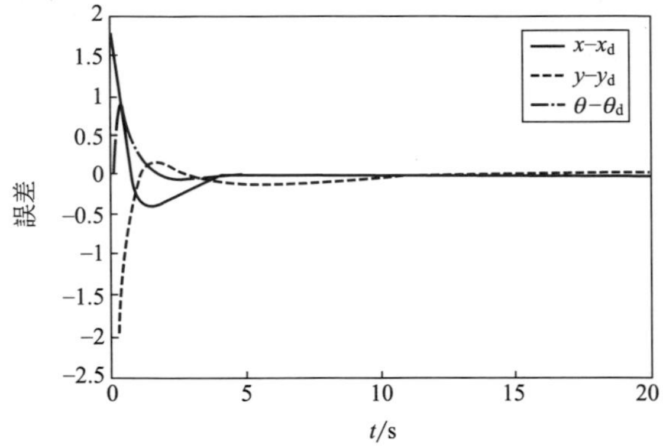

(b) 追蹤誤差

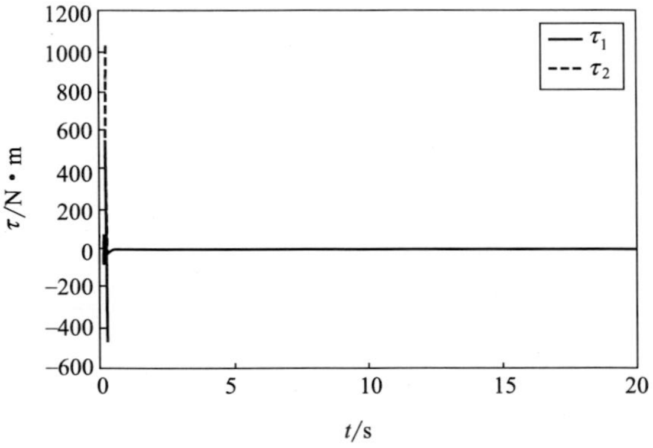

(c) 控制輸入

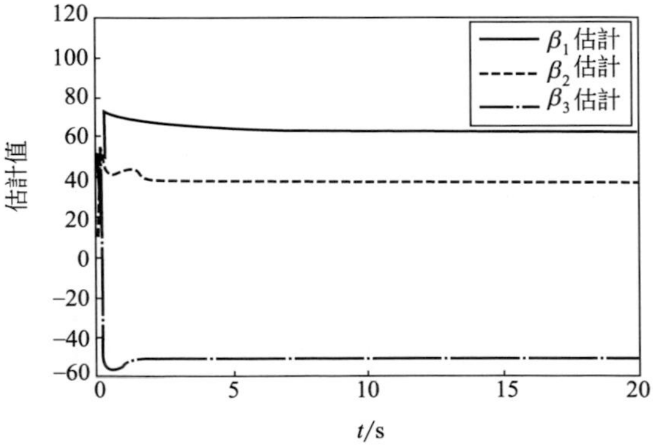

(d) 參數估計值

圖 5-15　對參考軌跡 2 的仿真結果

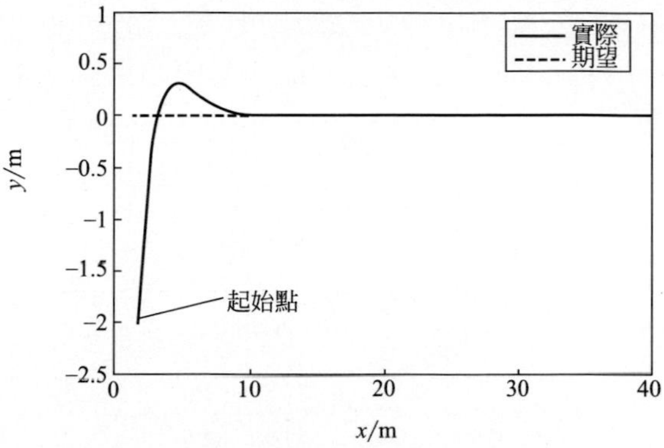

(a) 行動機器人在(x, y) 平面的軌跡

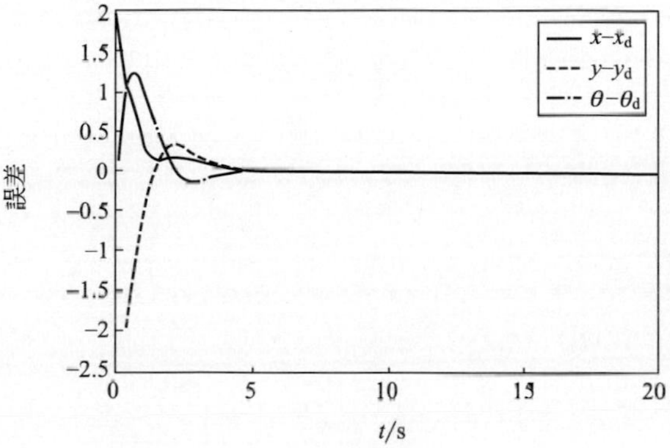

(b) 追蹤誤差

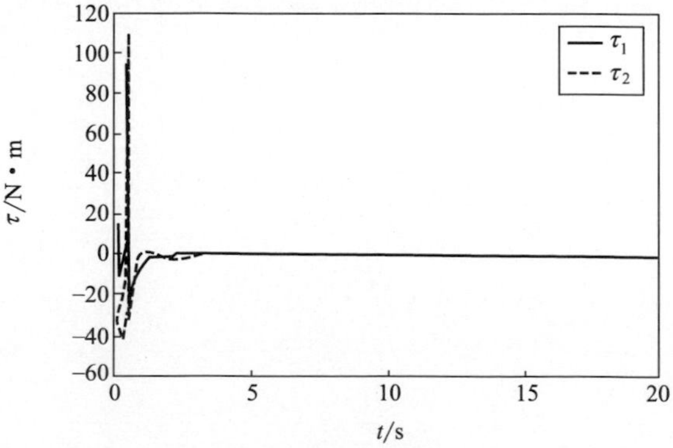

(c) 控制輸入

圖 5-16

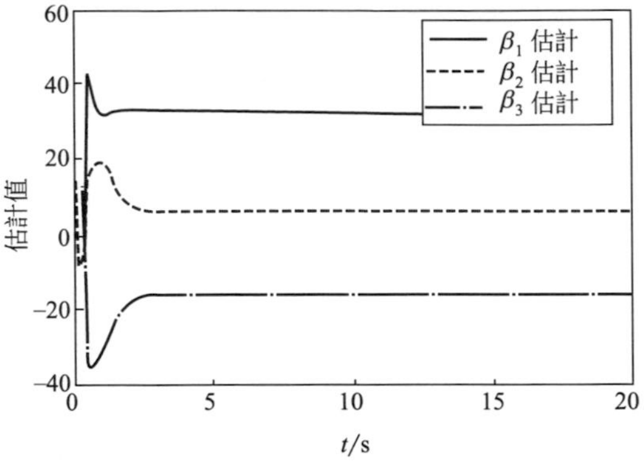

(d) 參數估計值

圖 5-16　對參考軌跡 3 的仿真結果

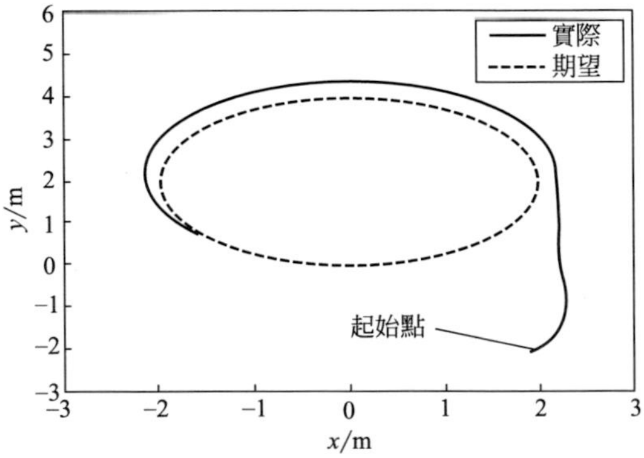

(a) 行動機器人在(x, y)平面的軌跡

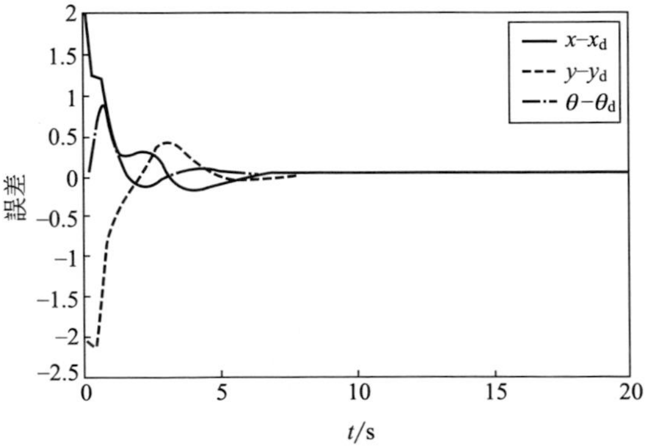

(b) 追蹤誤差

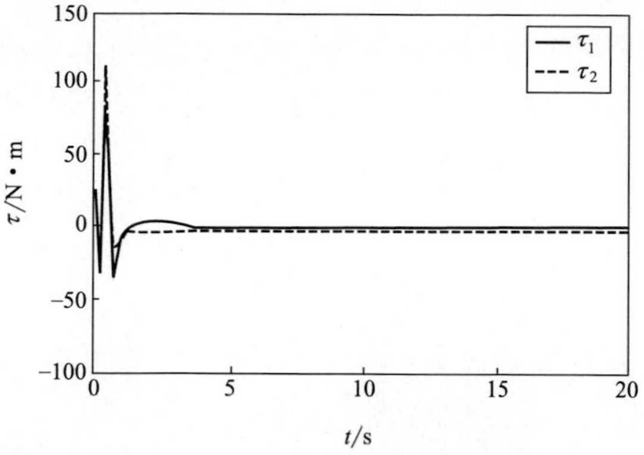

(c) 控制輸入

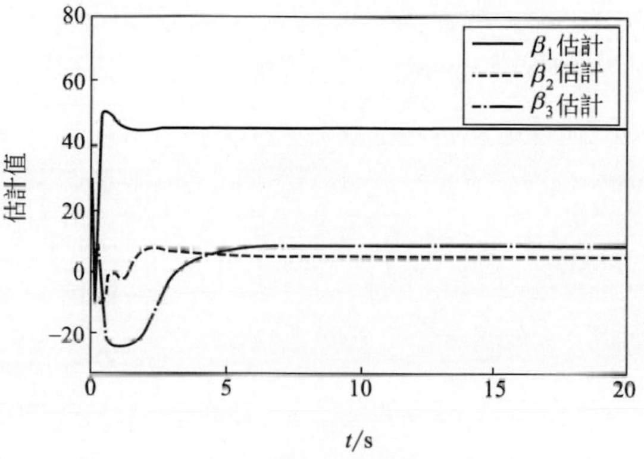

(d) 參數估計值

圖 5-17　對參考軌跡 4 的仿真結果

為進一步驗證算法在實際機器人系統中的有效性，我們在如圖 5-18 所示的行動機器人實驗平臺上對本章提出的控制策略進行了實驗驗證。實驗系統由一個 Pioneer 行動機器人和一臺機載筆記型電腦組成。在實驗中，我們考慮如下兩種不同的任務：

鎮定任務：$v_{\mathrm{d}}=0$，$\omega_{\mathrm{d}}=0$

追蹤任務：$v_{\mathrm{d}}=0.3$，$\omega_{\mathrm{d}}=0.2$

參考軌跡的初始狀態均為 $\boldsymbol{q}_{\mathrm{d}}(0)=[1,0.5,0]^{\mathrm{T}}$，而實際機器人的初始狀態設為 $\boldsymbol{q}(0)=[0,0,0]^{\mathrm{T}}$。在鎮定任務中，行動機器人的控制目標為從起始點[0,0]運動到並最終靜止於最終點[1,0.5]。對於追蹤任務來說，行動機器人的控制目標為追蹤一條圓形軌跡。實驗中的系統參數選取跟仿真過程一樣。我們對比考慮了參考文獻中的方法，鎮定任務和追蹤任務所得到的實驗對比結果分別如圖 5-19 和圖 5-20 所示。實驗結果表明，雖然兩種方法都最終能夠實現期望的控制目標，但採用本章的控制策略可以獲得更平滑的軌跡以及相對更快的收斂速度。

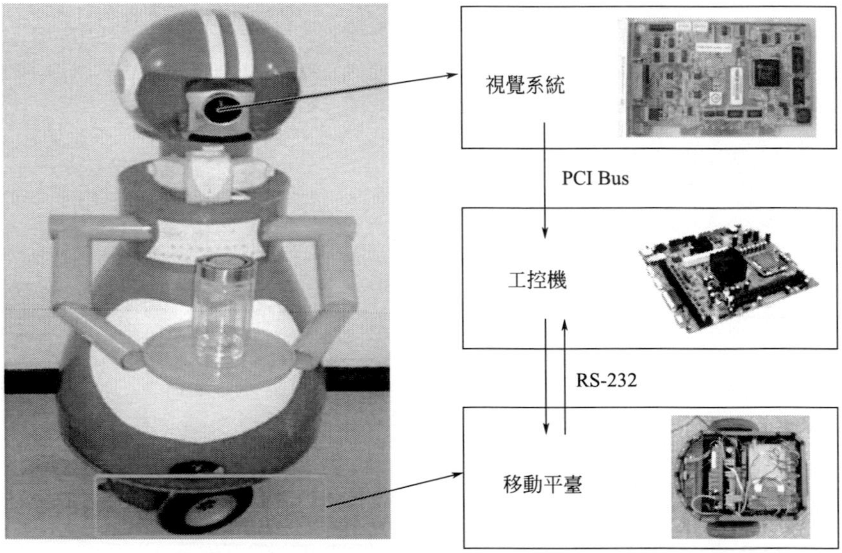

圖 5-18　自主行動機器人控制系統結構

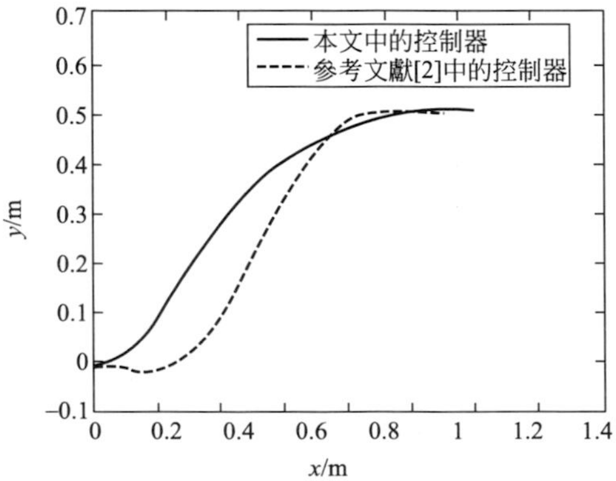

(a) 行動機器人在(x, y)平面的軌跡

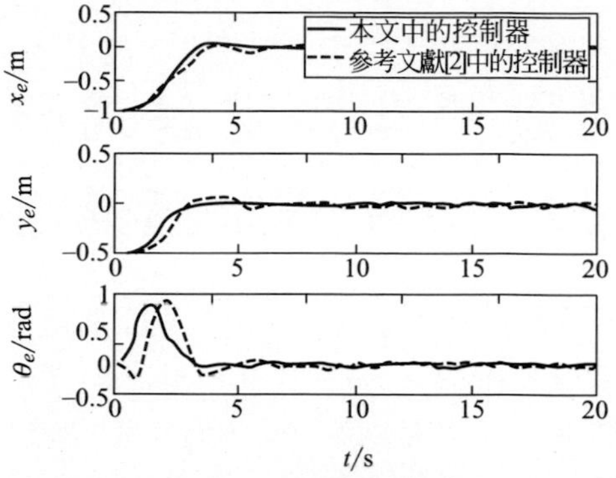

(b) 追蹤誤差

圖 5-19　鎮定任務的對比實驗結果

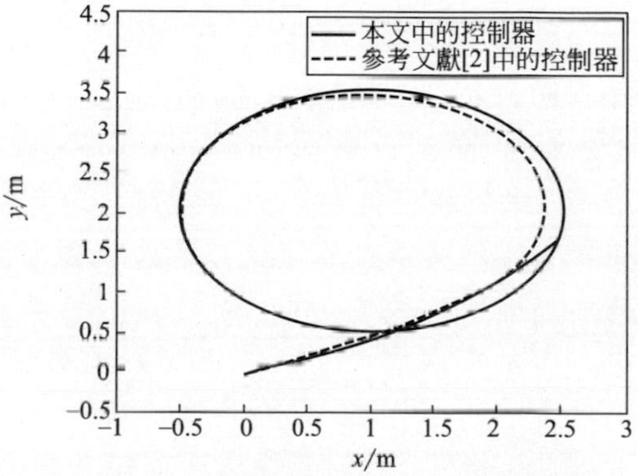

(a) 行動機器人在(x, y)平面的軌跡

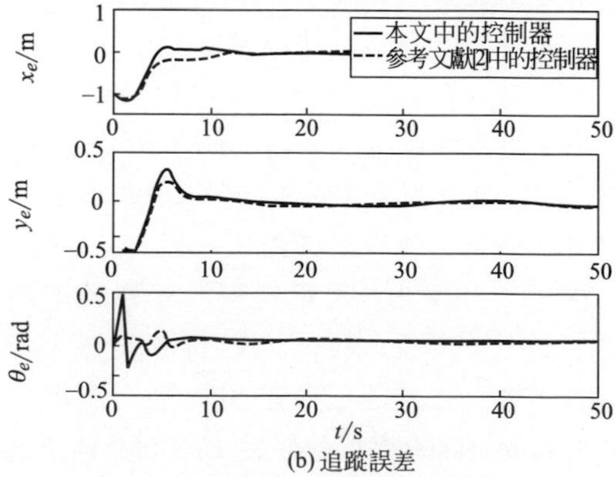

(b) 追蹤誤差

圖 5-20　追蹤任務的對比實驗結果

5.3 基於動態非完整鏈式標準型的移動機器人神經網路自適應控制

輪式差分驅動行動機器人是典型的非完整系統，大部分非完整系統可透過座標變換轉化為鏈式標準型，人們對非完整鏈式標準型的控制問題已經進行了大量的研究。然而，這些研究均只考慮了非完整系統的運動學模型。要想在實際力學系統中獲得更好的控制性能，必須基於系統動力學設計控制器。如果非完整系統的動力學模型可以精確地獲得，那麼我們可採用反演設計技術從運動學控制律得到動力學控制律。但是在實際中，由於測量和建模的不精確，再加上負載變化和外界干擾，很難獲得精確完備的系統模型。因此，基於精確模型的回饋控制律在實際應用中存在很大的局限性，研究不確定非完整系統的控制更具有實際意義。

實際系統中的不確定性可以分為兩類，即參數不確定性和非參數不確定性。前者主要包括系統的質量、轉動慣量等參數未知的情形，後者主要指系統外部擾動和摩擦、執行死區等一些未建模動態等。人們提出了一些方法，包括自適應控制和魯棒控制來處理這些不確定性。然而，這些方法都具有一定的局限性。在自適應控制方法中，系統不確定項必須滿足參數線性化條件，而且需要透過煩瑣計算來獲得系統的迴歸矩陣。而魯棒控制方法或多或少需要一定的系統模型知識，且常常需要假定系統不確定項的界是已知的。神經網路具有強大的學習能力、非線性逼近能力和容錯能力，在系統建模、辨識與控制中得到了廣泛的應用，同時也為解決非完整系統的控制問題提供了新的手段。

在這節中，我們將研究不確定的鏈式非完整系統的控制問題，並將提出的控制策略應用於行動機器人。首先，我們假定系統動力學模型是已知的，利用反演設計方法得到基於模型的理想控制器。然後，針對理想控制器中的不確定項，利用 RBF 神經網路來線上學習。同時我們設計了滑模項來補償存在的逼近殘差和時變外部擾動。神經網路的權值更新算法由 Lyapunov 理論導出，保證了控制系統的穩定性。最後，我們在行動機器人模型上對兩種不同的情況進行了仿真對比，仿真和實驗結果表明基於神經網路的控制器能夠有效地處理系統不確定性，提高系統對環境變化的適應能力。

5.3.1 問題描述

一般地，含非完整約束的力學系統可表示為：

$$\boldsymbol{J}(\boldsymbol{q})\dot{\boldsymbol{q}}=0 \tag{5-112}$$

$$\boldsymbol{M}(\boldsymbol{q})\ddot{\boldsymbol{q}}+\boldsymbol{C}(\boldsymbol{q},\dot{\boldsymbol{q}})\dot{\boldsymbol{q}}+\boldsymbol{G}(\boldsymbol{q})+\boldsymbol{d}(t)=\boldsymbol{J}^{\mathrm{T}}(\boldsymbol{q})\boldsymbol{\lambda}+\boldsymbol{B}(\boldsymbol{q})\boldsymbol{\tau} \tag{5-113}$$

式中，$\boldsymbol{q}\in R^{n}$ 為系統廣義座標；$\boldsymbol{M}(\boldsymbol{q})\in R^{n\times n}$ 為對稱正定的慣性矩陣；$\boldsymbol{C}(\boldsymbol{q},\dot{\boldsymbol{q}})\in R^{n\times n}$ 為向心和科里奧利（coriolis）矩陣；$\boldsymbol{G}(\boldsymbol{q})\in R^{n}$ 為重力向量；$\boldsymbol{d}(t)\in R^{n}$ 代表包括未建模動態和未知擾動；$\boldsymbol{J}(\boldsymbol{q})\in R^{m\times n}$ 為約束矩陣；$\boldsymbol{\lambda}\in R^{m}$ 為代表約束力的拉格朗日乘子；$\boldsymbol{\tau}\in R^{r}$ 為控制輸入轉矩；$\boldsymbol{B}(\boldsymbol{q})\in R^{n\times r}$ 為已知的滿秩的輸入矩陣。

因為 $\boldsymbol{J}(\boldsymbol{q})\in R^{m\times n}$，則總可以找到一個滿秩矩陣 $\boldsymbol{S}(\boldsymbol{q})\in R^{n\times(n-m)}$ 構成 $\boldsymbol{J}(\boldsymbol{q})$ 的化零空間，即：

$$\boldsymbol{S}^{\mathrm{T}}(\boldsymbol{q})\boldsymbol{J}^{\mathrm{T}}(\boldsymbol{q})=0 \tag{5-114}$$

約束條件式(5-112) 意味著總存在一個由獨立的廣義速度構成的向量 $\boldsymbol{v}\in R^{n-m}$，使得

$$\dot{\boldsymbol{q}}=\boldsymbol{S}(\boldsymbol{q})\boldsymbol{v} \tag{5-115}$$

對式(5-115) 求導得 $\ddot{\boldsymbol{q}}=\dot{\boldsymbol{S}}(\boldsymbol{q})\boldsymbol{v}+\boldsymbol{S}(\boldsymbol{q})\dot{\boldsymbol{v}}$，將其代入到式(5-113)，並對方程兩邊同時乘以 $\boldsymbol{S}^{\mathrm{T}}(\boldsymbol{q})$ 得：

$$\boldsymbol{M}_1(\boldsymbol{q})\dot{\boldsymbol{v}}+\boldsymbol{C}_1(\boldsymbol{q},\dot{\boldsymbol{q}})\boldsymbol{v}+\boldsymbol{G}_1(\boldsymbol{q})+\boldsymbol{d}_1(t)=\boldsymbol{B}_1(\boldsymbol{q})\boldsymbol{\tau} \tag{5-116}$$

其中

$$\boldsymbol{M}_1(\boldsymbol{q})=\boldsymbol{S}^{\mathrm{T}}\boldsymbol{M}(\boldsymbol{q})\boldsymbol{S},\boldsymbol{G}_1(\boldsymbol{q})=\boldsymbol{S}^{\mathrm{T}}\boldsymbol{G}(\boldsymbol{q})$$

$$\boldsymbol{B}_1(\boldsymbol{q})=\boldsymbol{S}^{\mathrm{T}}\boldsymbol{B}(\boldsymbol{q}),\boldsymbol{d}_1(t)=\boldsymbol{S}^{\mathrm{T}}\boldsymbol{d}(t)$$

$$\boldsymbol{C}_1(\boldsymbol{q},\dot{\boldsymbol{q}})=\boldsymbol{S}^{\mathrm{T}}[\boldsymbol{M}(\boldsymbol{q})\dot{\boldsymbol{S}}+\boldsymbol{C}(\boldsymbol{q},\dot{\boldsymbol{q}})\boldsymbol{S}]$$

為便於控制器設計，我們將採用非完整系統的標準型。假定存在可逆的座標變換 $\boldsymbol{x}=\boldsymbol{T}_1(\boldsymbol{q})$ 和狀態回饋 $\boldsymbol{v}=\boldsymbol{T}_2(\boldsymbol{q})\boldsymbol{u}$，使得運動學模型式(5-115) 可以轉化為如下鏈式標準型：

$$\begin{aligned}&\dot{x}_1=u_1\\&\dot{x}_i=u_1x_{i+1}\quad(2\leqslant i\leqslant n-1)\\&\dot{x}_n=u_2\end{aligned} \tag{5-117}$$

同樣地根據以上變換，動力學模型式(5-116) 轉化為

$$\boldsymbol{M}_2(\boldsymbol{x})\dot{\boldsymbol{u}}+\boldsymbol{C}_2(\boldsymbol{x},\dot{\boldsymbol{x}})\boldsymbol{u}+\boldsymbol{G}_2(\boldsymbol{x})+\boldsymbol{d}_2(t)=\boldsymbol{B}_2(\boldsymbol{x})\boldsymbol{\tau} \tag{5-118}$$

其中

$$\boldsymbol{M}_2(\boldsymbol{x})=\boldsymbol{T}_2^{\mathrm{T}}(\boldsymbol{q})\boldsymbol{M}_1(\boldsymbol{q})\boldsymbol{T}_2(\boldsymbol{q})\big|_{\boldsymbol{q}=\boldsymbol{T}_1^{-1}(\boldsymbol{x})}$$

$$\boldsymbol{C}_2(x,\dot{x})=\boldsymbol{T}_2^{\mathrm{T}}(\boldsymbol{q})[\boldsymbol{M}_1(\boldsymbol{q})\dot{\boldsymbol{T}}_2(\boldsymbol{q})+\boldsymbol{C}_1(\boldsymbol{q},\dot{\boldsymbol{q}})\boldsymbol{T}_2(\boldsymbol{q})]|_{\boldsymbol{q}=\boldsymbol{T}_1^{-1}(x)}$$

$$\boldsymbol{G}_2(x)=\boldsymbol{T}_2^{\mathrm{T}}(\boldsymbol{q})\boldsymbol{G}_1(\boldsymbol{q})|_{\boldsymbol{q}=\boldsymbol{T}_1^{-1}(x)}$$

$$\boldsymbol{B}_2(x)=\boldsymbol{T}_2^{\mathrm{T}}(\boldsymbol{q})\boldsymbol{B}_1(\boldsymbol{q})|_{\boldsymbol{q}=\boldsymbol{T}_1^{-1}(x)}$$

$$\boldsymbol{d}_2(t)=\boldsymbol{T}_2^{\mathrm{T}}(\boldsymbol{q})\boldsymbol{d}_1(t)|_{\boldsymbol{q}=\boldsymbol{T}_1^{-1}(x)}$$

一般情況下，動力學模型式(5-118) 具有如下性質：

① 矩陣 $\boldsymbol{M}_2$ (x) 是對稱正定的。

② 矩陣 $\dot{\boldsymbol{M}}_2-2\boldsymbol{C}_2$ 是反對稱的。

③ $\boldsymbol{M}_2(x)$、$\boldsymbol{C}_2(x,\dot{x})$、$\boldsymbol{G}_2(x)$ 和 $\boldsymbol{d}_2(t)$ 均有界。

在控制目標中我們假定參考軌跡 $q_{\mathrm{d}}(t)$ 由參考速度生成 $v_{\mathrm{d}}(t)$，且滿足

$$\dot{q}_{\mathrm{d}}=S(q_{\mathrm{d}})v_{\mathrm{d}} \tag{5-119}$$

那麼同樣應用座標變換 $x_{\mathrm{d}}=T_1(q_{\mathrm{d}})$和狀態回饋 $v_{\mathrm{d}}=T_2(q_{\mathrm{d}})u_{\mathrm{d}}$，我們有

$$\begin{aligned}\dot{x}_{1\mathrm{d}}&=u_{1\mathrm{d}}\\ \dot{x}_{i\mathrm{d}}&=u_{1\mathrm{d}}x_{(i+1)\mathrm{d}}\quad(2\leqslant i\leqslant n-1)\\ \dot{x}_{n\mathrm{d}}&=u_{2\mathrm{d}}\end{aligned} \tag{5-120}$$

根據以上變換，本章考慮的控制問題可表述為對系統方程組 (5-117) 和式(5-118) 設計控制律 τ，使得系統能夠追蹤給定的參考軌跡，且滿足

$$\lim_{t\to\infty}[x(t)-x_{\mathrm{d}}(t)]=0 \tag{5-121}$$

5.3.2 基於模型的控制

在這一節中，我們在假定系統動力學模型已知且無外部干擾的情況下，利用反演控制方法設計基於模型的轉矩控制律。控制系統的結構框圖如圖 5-21 所示。

控制器的設計過程可分為兩步：首先，對運動學子系統方程組 (5-117) 設計出虛擬速度指令。然後，利用反演設計方法設計轉矩控制律。為方便控制律設計，我們定義如下輔助誤差變數：

$$\begin{aligned}y_1&=x_{1\mathrm{e}}\\ y_i&=x_{i\mathrm{e}}-\sum_{j=i+1}^{n}\frac{x_{1\mathrm{e}}^{j-i}}{(j-i)!}x_{j\mathrm{d}}\quad(2\leqslant i\leqslant n-1)\\ y_n&=x_{n\mathrm{e}}\end{aligned} \tag{5-122}$$

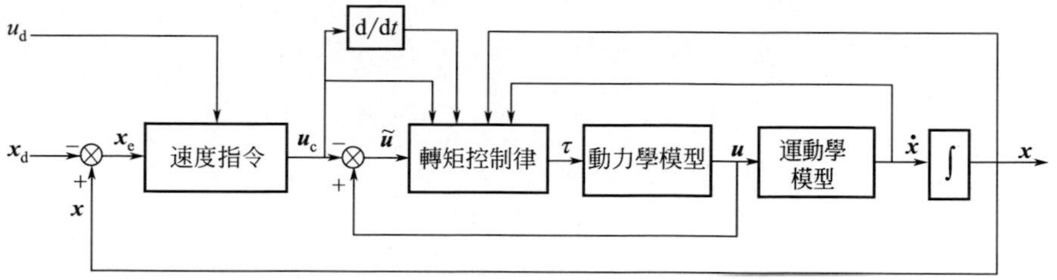

圖 5-21 基於模型的控制系統結構框圖

其中 $\boldsymbol{x}_e=[x_{1e},x_{2e},\cdots,x_{ne}]^T$ 定義為 $\boldsymbol{x}_e=\boldsymbol{x}-\boldsymbol{x}_d$。那麼可以得到誤差動力學如下：

$$\dot{y}_1=u_1-u_{1d}$$
$$\dot{\boldsymbol{z}}=u_1\boldsymbol{Az}+\boldsymbol{B}(u_2-u_{2d})-u_{2d}\Delta\boldsymbol{B}(y_1)y_1 \tag{5-123}$$

其中 $\boldsymbol{z}=[z_1,z_2,\cdots,z_{n-1}]^T=[y_2,y_3,\cdots,y_n]^T$，$\Delta\boldsymbol{B}(y_1)=[y_1^{n-3}/(n-2)!,y_1^{n-4}/(n-3)!,\cdots,1,0]^T$，且（$\boldsymbol{A}$，$\boldsymbol{B}$）為能控標準型，即：

$$\boldsymbol{A}=\begin{bmatrix}0&1&0&\cdots&0\\0&0&1&\cdots&0\\\vdots&\vdots&\vdots&\ddots&\vdots\\0&0&\cdots&\cdots&1\\0&0&\cdots&\cdots&0\end{bmatrix},\boldsymbol{B}=\begin{bmatrix}0\\0\\\vdots\\0\\1\end{bmatrix}$$

接下來，我們首先引入一個輔助的速度指令，使得追蹤誤差 $\boldsymbol{y}=[y_1,\boldsymbol{z}^T]^T$ 盡可能小。然後，透過反演方法設計轉矩控制律，實現對速度指令的追蹤。令$\{\lambda_1,\lambda_2,\cdots,\lambda_{n-1}\}$為一組預先給定的負特徵值，那麼存在矩陣 $\boldsymbol{K}_0\in R^{1\times(n-1)}$，使得可控矩陣 $\boldsymbol{A}+\boldsymbol{BK}_0$ 的特徵值為$\lambda_1,\lambda_2,\cdots,\lambda_{n-1}$。同時存在唯一對稱正定矩陣 P，滿足如下 Riccati 方程：

$$\boldsymbol{P}(\boldsymbol{A}+\boldsymbol{BK}_0)+(\boldsymbol{A}+\boldsymbol{BK}_0)^T\boldsymbol{P}+2\boldsymbol{PBB}^T\boldsymbol{P}=0 \tag{5-124}$$

利用對稱正定矩陣 $\boldsymbol{P}$，我們定義輔助速度指令 $\boldsymbol{u}_c=[u_{1c},u_{2c}]^T$ 如下：

$$u_{1c}=-k_1y_1+u_{2d}\Delta\boldsymbol{B}^T(y_1)\boldsymbol{Pz}+u_{1d}$$
$$u_{2c}=-k_2\boldsymbol{B}^T\boldsymbol{Pz}+u_{1c}(\boldsymbol{K}_0+\boldsymbol{B}^T\boldsymbol{P})\boldsymbol{z}+u_{2d} \tag{5-125}$$

其中 $k_1>0$ 和 $k_2>0$ 為控制增益。如果只考慮運動學速度追蹤的話，可以證明在速度輸入為式(5-125）的情況下，追蹤誤差系統式(5-123）是漸近穩定的。

接下來我們設計控制律 τ，使得動力學子系統的輸出 $\boldsymbol{u}$ 能夠追蹤輔助訊號 $\boldsymbol{u}_c$。當 $\boldsymbol{u}$ 趨近於 $\boldsymbol{u}_c$ 時，$\boldsymbol{y}$ 也將趨近於零。為得到轉矩輸入，我們定義速度追蹤誤差：

$$\tilde{\boldsymbol{u}}=\boldsymbol{u}-\boldsymbol{u}_{\mathrm{c}} \tag{5-126}$$

對 $\tilde{\boldsymbol{u}}$ 求導，同時乘以 $M_2(x)$ 並利用方程（5-118），可得如下方程：

$$\boldsymbol{M}_2(\boldsymbol{x})\dot{\tilde{\boldsymbol{u}}}+\boldsymbol{C}_2(\boldsymbol{x},\dot{\boldsymbol{x}})\tilde{\boldsymbol{u}}=\boldsymbol{B}_2(\boldsymbol{x})\boldsymbol{\tau}-\boldsymbol{f}-\boldsymbol{d}_2 \tag{5-127}$$

其中非線性函數 f 定義為

$$\boldsymbol{f}=\boldsymbol{M}_2(\boldsymbol{x})\dot{\boldsymbol{u}}_{\mathrm{c}}+\boldsymbol{C}_2(\boldsymbol{x},\dot{\boldsymbol{x}})\boldsymbol{u}_{\mathrm{c}}+\boldsymbol{G}_2(\boldsymbol{x}) \tag{5-128}$$

假定非完整系統的動力學模型完全已知，且 $d(t)=0$，那麼我們可以選擇如下控制律：

$$\boldsymbol{\tau}=\boldsymbol{B}_2^{+}(\boldsymbol{x})(-\boldsymbol{K}_{\mathrm{p}}\tilde{\boldsymbol{u}}-\boldsymbol{\Lambda}+\boldsymbol{f}) \tag{5-129}$$

其中

$$\boldsymbol{\Lambda}=\begin{bmatrix} y_1+\boldsymbol{z}^{\mathrm{T}}\boldsymbol{PAz} \\ \boldsymbol{B}^{\mathrm{T}}\boldsymbol{Pz} \end{bmatrix} \tag{5-130}$$

且 $\boldsymbol{B}_2^{+}=\boldsymbol{B}_2^{\mathrm{T}}(\boldsymbol{B}_2\boldsymbol{B}_2^{\mathrm{T}})^{-1}$ 為 $\boldsymbol{B}_2(x)$ 的右偽逆，$\boldsymbol{K}_{\mathrm{p}}$ 為對稱正定矩陣，則有如下定理。

定理 5.3 假定非完整系統式(5-117) 和式(5-118) 的動態模型已知，$d(t)=0$，且 $\lim\limits_{t\to\infty}|u_{1\mathrm{d}}(t)|>0$。如果控制律由式(5-129) 定義，其中虛擬速度指令由式(5-125) 給出，那麼閉環控制系統是漸近穩定的，且使得追蹤性能式(5-121) 成立。

證明：將方程（5-125）代入到式(5-123)，方程（5-129）代入到式(5-127)，並考慮到 $d_2(t)=0$，可得閉環系統如下：

$$\dot{y}_1=-k_1y_1+u_{2\mathrm{d}}\Delta\boldsymbol{B}^{\mathrm{T}}(y_1)\boldsymbol{Pz}+\tilde{u}_1 \tag{5-131}$$

$$\dot{\boldsymbol{z}}=-k_2\boldsymbol{BB}^{\mathrm{T}}\boldsymbol{Pz}+u_{1\mathrm{c}}\boldsymbol{A}_0\boldsymbol{z}-u_{2\mathrm{d}}\Delta\boldsymbol{B}(y_1)y_1+\tilde{u}_1\boldsymbol{Az}+\boldsymbol{B}\tilde{u}_2 \tag{5-132}$$

$$\boldsymbol{M}_2(\boldsymbol{x})\dot{\tilde{\boldsymbol{u}}}=-\boldsymbol{C}_2(\boldsymbol{x},\dot{\boldsymbol{x}})\tilde{\boldsymbol{u}}-\boldsymbol{K}_{\mathrm{p}}\tilde{\boldsymbol{u}}-\boldsymbol{\Lambda} \tag{5-133}$$

其中 $\boldsymbol{A}_0=\boldsymbol{A}+\boldsymbol{B}(\boldsymbol{K}_0+\boldsymbol{B}^{\mathrm{T}}\boldsymbol{P})$。由式(5-124) 可知矩陣 $\boldsymbol{PA}_0$ 是反對稱的，即：

$$\boldsymbol{PA}_0+\boldsymbol{A}_0^{\mathrm{T}}\boldsymbol{P}=0 \tag{5-134}$$

考慮如下 Lyapunov 函數：

$$V=V_1+V_2 \tag{5-135}$$

$$V_1=\frac{1}{2}(y_1^2+\boldsymbol{z}^{\mathrm{T}}\boldsymbol{Pz}) \tag{5-136}$$

$$V_2=\frac{1}{2}\tilde{\boldsymbol{u}}^{\mathrm{T}}\boldsymbol{M}_2\tilde{\boldsymbol{u}} \tag{5-137}$$

函數 V_1 關於時間的導數為：

$$\begin{aligned}\dot{V}_1 &= y_1\dot{y}_1 + \boldsymbol{z}^{\mathrm{T}}\boldsymbol{P}\dot{\boldsymbol{z}} \\ &= y_1[-k_1y_1 + u_{2\mathrm{d}}\Delta\boldsymbol{B}^{\mathrm{T}}(y_1)\boldsymbol{Pz} + \tilde{u}_1] + \boldsymbol{z}^{\mathrm{T}}\boldsymbol{P}[-k_2\boldsymbol{BB}^{\mathrm{T}}\boldsymbol{Pz} + \\ &\quad u_{1\mathrm{c}}\boldsymbol{A}_0\boldsymbol{z} - u_{2\mathrm{d}}\Delta\boldsymbol{B}(y_1)y_1 + \tilde{u}_1\boldsymbol{Az} + \boldsymbol{B}\tilde{u}_2] \\ &= -k_1y_1^2 - k_2\boldsymbol{z}^{\mathrm{T}}\boldsymbol{PBB}^{\mathrm{T}}\boldsymbol{Pz} + u_{1\mathrm{c}}\boldsymbol{z}^{\mathrm{T}}\boldsymbol{PA}_0\boldsymbol{z} + (y_1 + \boldsymbol{z}^{\mathrm{T}}\boldsymbol{PAz})\tilde{u}_1 + \boldsymbol{z}^{\mathrm{T}}\boldsymbol{PB}\tilde{u}_2 \\ &= -k_1y_1^2 - k_2\boldsymbol{z}^{\mathrm{T}}\boldsymbol{PBB}^{\mathrm{T}}\boldsymbol{Pz} + \tilde{\boldsymbol{u}}^{\mathrm{T}}\boldsymbol{\Lambda} + \frac{1}{2}u_{1\mathrm{c}}\boldsymbol{z}^{\mathrm{T}}(\boldsymbol{PA}_0 + \boldsymbol{A}_0^{\mathrm{T}}\boldsymbol{P})\boldsymbol{z}\end{aligned} \tag{5-138}$$

由方程（5-134）我們得到：

$$\dot{V}_1 = -k_1y_1^2 - k_2\boldsymbol{z}^{\mathrm{T}}\boldsymbol{PBB}^{\mathrm{T}}\boldsymbol{Pz} + \tilde{\boldsymbol{u}}^{\mathrm{T}}\boldsymbol{\Lambda} \tag{5-139}$$

函數 V_2 關於時間的導數為：

$$\begin{aligned}\dot{V}_2 &= \tilde{\boldsymbol{u}}^{\mathrm{T}}\boldsymbol{M}_2\dot{\tilde{\boldsymbol{u}}} + \frac{1}{2}\tilde{\boldsymbol{u}}^{\mathrm{T}}\dot{\boldsymbol{M}}_2\tilde{\boldsymbol{u}} \\ &= \tilde{\boldsymbol{u}}^{\mathrm{T}}[-\boldsymbol{C}_2(\boldsymbol{x},\dot{\boldsymbol{x}})\tilde{\boldsymbol{u}} - \boldsymbol{K}_{\mathrm{p}}\tilde{\boldsymbol{u}} - \boldsymbol{\Lambda}] + \frac{1}{2}\tilde{\boldsymbol{u}}^{\mathrm{T}}\dot{\boldsymbol{M}}_2\tilde{\boldsymbol{u}} \\ &= \tilde{\boldsymbol{u}}^{\mathrm{T}}(-\boldsymbol{K}_{\mathrm{p}}\tilde{\boldsymbol{u}} - \boldsymbol{\Lambda}) + \tilde{\boldsymbol{u}}^{\mathrm{T}}\left(\frac{1}{2}\dot{\boldsymbol{M}}_2 - \boldsymbol{C}_2\right)\tilde{\boldsymbol{u}}\end{aligned} \tag{5-140}$$

因為矩陣 $\dot{\boldsymbol{M}}_2 - 2\boldsymbol{C}_2$ 是反對稱的，我們有：

$$\dot{V}_2 = -\tilde{\boldsymbol{u}}^{\mathrm{T}}\boldsymbol{K}_{\mathrm{p}}\tilde{\boldsymbol{u}} - \tilde{\boldsymbol{u}}^{\mathrm{T}}\boldsymbol{\Lambda} \tag{5-141}$$

結合式(5-139）和式(5-141）可得函數 V 關於時間的導數為

$$\dot{V} = \dot{V}_1 + \dot{V}_2 = -k_1y_1^2 - k_2\boldsymbol{z}^{\mathrm{T}}\boldsymbol{PBB}^{\mathrm{T}}\boldsymbol{Pz} - \tilde{\boldsymbol{u}}^{\mathrm{T}}\boldsymbol{K}_{\mathrm{p}}\tilde{\boldsymbol{u}} \tag{5-142}$$

定義 $L(t) = k_1y_1^2 + k_2\boldsymbol{z}^{\mathrm{T}}\boldsymbol{PBB}^{\mathrm{T}}\boldsymbol{Pz} + \tilde{\boldsymbol{u}}^{\mathrm{T}}\boldsymbol{K}_{\mathrm{p}}\tilde{\boldsymbol{u}}$，對其兩邊關於時間積分可得：

$$V(t) + \int_0^t L(s)\mathrm{d}s = V(0) < \infty \tag{5-143}$$

因為 $V(t) \geqslant 0$，$L(t) \geqslant 0$，方程（5-143）表明 $V(t)$ 是一致有界的，且

$$\int_0^t L(s)\mathrm{d}s < \infty \tag{5-144}$$

由於 $\dot{L}(t)$ 是有界的，那麼根據 Barbalat 引理可得出 $\lim_{t\to\infty}L(t)=0$。這表明當 $t\to\infty$ 時，$y_1(t)$,$\tilde{u}(t)$和 $\boldsymbol{B}^{\mathrm{T}}\boldsymbol{Pz}(t)$ 均收斂於零。因為 $\lim_{t\to\infty}y_1(t)=0$，那麼應用擴展 Barbalat 引理於方程（5-131）得 $\lim_{t\to\infty}u_{2\mathrm{d}}(t)\Delta\boldsymbol{B}^{\mathrm{T}}(y_1)\boldsymbol{Pz}(t)=0$。因此，根據方程組（5-125）的第一式可推出 $\lim_{t\to\infty}[u_{1\mathrm{c}}(t)-u_{1\mathrm{d}}(t)]=0$。

接下來，我們將證明當 $t\to\infty$ 時，$z(t)$ 收斂於零。考慮到

$$\boldsymbol{B}^{\mathrm{T}}\boldsymbol{P}\dot{\boldsymbol{z}}(t)=u_{1\mathrm{d}}\boldsymbol{B}^{\mathrm{T}}\boldsymbol{P}\boldsymbol{A}_0\boldsymbol{z}+o(t) \tag{5-145}$$

其中 $\lim\limits_{t\to\infty}o(t)=0$，且

$$\frac{d}{\mathrm{d}t}(u_{1\mathrm{d}}\boldsymbol{B}^{\mathrm{T}}\boldsymbol{P}\boldsymbol{A}_0\boldsymbol{z})=\dot{u}_{1\mathrm{d}}\boldsymbol{B}^{\mathrm{T}}\boldsymbol{P}\boldsymbol{A}_0\boldsymbol{z}+u_{1\mathrm{d}}\boldsymbol{B}^{\mathrm{T}}\boldsymbol{P}\boldsymbol{A}_0\dot{\boldsymbol{z}} \tag{5-146}$$

因為 $u_{1\mathrm{d}}$、$\dot{u}_{1\mathrm{d}}$、$\boldsymbol{z}$ 和 $\dot{\boldsymbol{z}}$ 有界，可得 $u_{1\mathrm{d}}\boldsymbol{B}^{\mathrm{T}}\boldsymbol{P}\boldsymbol{A}_0\boldsymbol{z}$ 一致連續。利用擴展 Barbalat 引理可得，$u_{1\mathrm{d}}\boldsymbol{B}^{\mathrm{T}}\boldsymbol{P}\boldsymbol{A}_0\boldsymbol{z}$ 收斂於零。那麼，由假設條件 $\lim\limits_{t\to\infty}|u_{1\mathrm{d}}(t)|>0$ 可得 $\boldsymbol{B}^{\mathrm{T}}\boldsymbol{P}\boldsymbol{A}_0\boldsymbol{z}$ 收斂於零。透過重複以上推導過程足夠多次，可遞推得到 $\lim\limits_{t\to\infty}\boldsymbol{B}^{\mathrm{T}}\boldsymbol{P}\boldsymbol{A}_0^i\boldsymbol{z}(t)=0(i=1,2,\cdots)$。由於矩陣 $\boldsymbol{P}\boldsymbol{A}_0$ 是反對稱的，$\boldsymbol{B}^{\mathrm{T}}\boldsymbol{P}\boldsymbol{A}_0^i\boldsymbol{z}=(-1)^i(\boldsymbol{A}_0^i\boldsymbol{B})^{\mathrm{T}}\boldsymbol{P}\boldsymbol{z}$，因此有

$$\lim_{t\to\infty}(-1)^i(\boldsymbol{A}_0^i\boldsymbol{B})^{\mathrm{T}}\boldsymbol{P}\boldsymbol{z}(t)=0,i=1,2,\cdots \tag{5-147}$$

因此，根據$(\boldsymbol{A}_0,\boldsymbol{B})$的可控性，$\boldsymbol{z}(t)$ 收斂於零。定理得證。

5.3.3 神經網路自適應控制

實際中非完整動力學系統模型中不可避免地存在不確定性和外部擾動。因此，非線性函數 f 可能是未知的或包含擾動的，這樣上面基於模型設計的控制律不能精確得到。為解決這個問題，我們將利用一個徑向基（RBF）神經網路來線上學習和逼近系統動態函數 f。本節所設計的神經網路自適應控制系統如圖 5-22 所示。

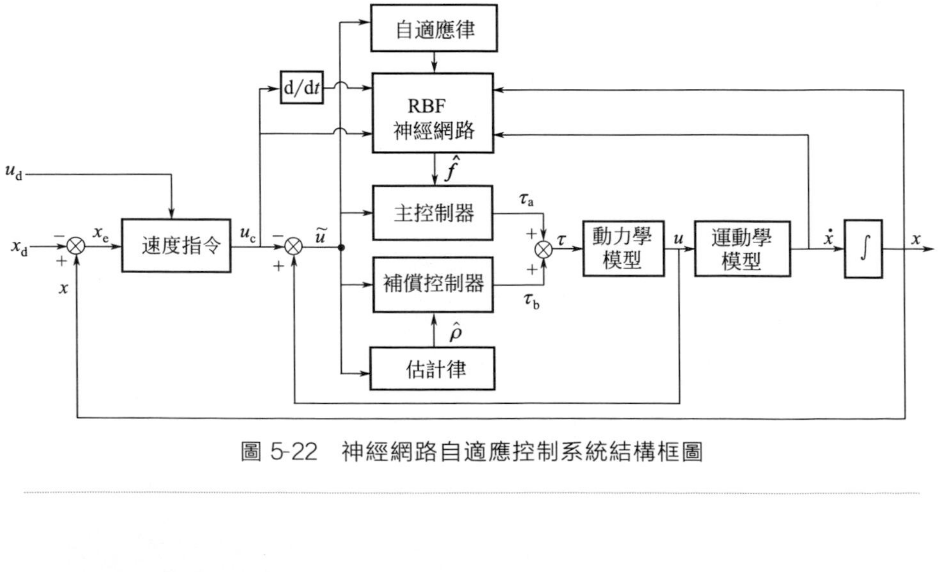

圖 5-22 神經網路自適應控制系統結構框圖

(1) 神經網路模型

在控制工程應用中，由於良好的逼近能力，RBF 神經網路被廣泛應用於非線性函數逼近。一個典型的 RBF 神經網路的結構由一系列並行處理節點組成。RBF 神經網路可以看作一個具有三層結構的網路，其中隱含層由輸入向量透過一個非線性函數映射得到，而輸出層由隱含層的線性組合構成，如圖 5-23 所示。因此，RBF 神經網路的輸出可以表示為：

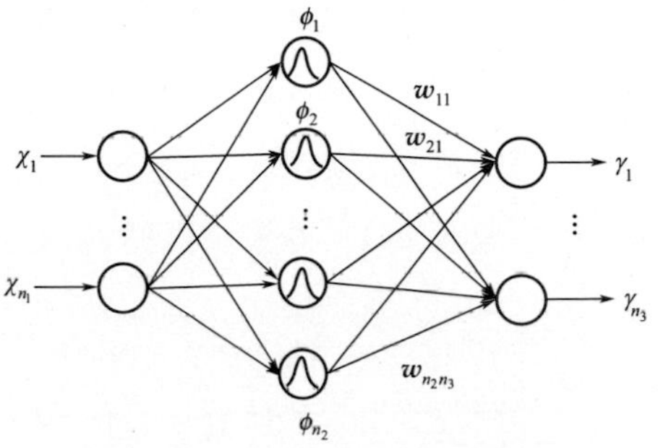

圖 5-23 RBF 神經網路結構

$$\gamma_k = \sum_{j=1}^{n_2} w_{jk}\phi_j(\boldsymbol{\chi}), k=1,2,\cdots,n_3 \tag{5-148}$$

式中，$\boldsymbol{\chi}=[\chi_1,\chi_2,\cdots,\chi_{n_1}]^{\mathrm{T}}$ 為輸入向量；n_1、n_2、n_3 分別為輸入層、隱含層和輸出層節點的個數；w_{jk} 為隱含層到輸出層的連接權值；基函數 $\phi_j(\boldsymbol{\chi})$ 採用具有如下形式的 Gaussian 函數：

$$\phi_j(\boldsymbol{\chi})=\exp\left(-\frac{\|\boldsymbol{\chi}-\boldsymbol{\mu}_j\|^2}{\sigma_j^2}\right) \tag{5-149}$$

式中，$\boldsymbol{\mu}_j=[\mu_{j1},\mu_{j2},\cdots,\mu_{jn_1}]^{\mathrm{T}}$ 和 σ_j 分別為 Gaussian 函數的中心參數和寬度參數。

進一步地，如果我們記

$$\boldsymbol{W}=\begin{bmatrix} w_{11} & w_{12} & \cdots & w_{1n_3} \\ w_{21} & w_{22} & \cdots & w_{2n3} \\ \vdots & \vdots & \ddots & \vdots \\ w_{n21} & w_{n22} & \cdots & w_{n_2n_3} \end{bmatrix} \tag{5-150}$$

$$\boldsymbol{\phi}(\boldsymbol{\chi})=[\phi_1(\boldsymbol{\chi}),\phi_2(\boldsymbol{\chi}),\cdots,\phi_{n_2}(\boldsymbol{\chi})]^{\mathrm{T}} \tag{5-151}$$

則神經網路的輸出可以寫為如下更緊湊的形式：

$$\boldsymbol{Y}(\boldsymbol{\chi})=\boldsymbol{W}^{\mathrm{T}}\boldsymbol{\phi}(\boldsymbol{\chi}) \tag{5-152}$$

式中，$\boldsymbol{Y}=[\gamma_1,\gamma_2,\cdots,\gamma_{n_3}]^{\mathrm{T}}$ 為輸出向量；$\boldsymbol{W}\in R^{n_2\times n_3}$ 為權值矩陣；$\boldsymbol{\phi}(\chi)$ 為基函數向量。神經網路通用逼近能力表明，只要 n_2 選得足夠大，

那麼對任意連續函數 $g(\boldsymbol{\chi}):R^{n_1}\to R^{n_3}$，在緊集 Ω_χ 上，我們有如下逼近：

$$g(\boldsymbol{\chi})=\boldsymbol{W}^{*\mathrm{T}}\boldsymbol{\phi}(\boldsymbol{\chi})+\varepsilon,\forall\boldsymbol{\chi}\in\Omega_\chi\subset R^{n_1}\tag{5-153}$$

式中，ε 為逼近誤差；$\boldsymbol{W}^*$ 為未知的最佳逼近矩陣。一般地，我們選擇 $\boldsymbol{W}^*$ 使得 ε 在集合 $\boldsymbol{\chi}\in\Omega_\chi$ 上最小，即：

$$\boldsymbol{W}^*=\mathrm{argmin}_{\mathrm{W}}\left[\sup_{\boldsymbol{\chi}\in\Omega_\chi}\|g(\boldsymbol{\chi})-\boldsymbol{W}^{\mathrm{T}}\boldsymbol{\phi}(\boldsymbol{\chi})\|\right]\tag{5-154}$$

我們對逼近誤差做如下假設：

假設 5.5　在緊集區間 $\boldsymbol{\Omega}_\chi\in R^{n_1}$，式(5-155) 成立：

$$\|\varepsilon\|\leqslant\delta,\forall\boldsymbol{\chi}\in\Omega_\chi\tag{5-155}$$

其中 $\delta\geqslant 0$ 是一個未知的界。

附注 5.2　如何確定最佳隱含層神經元個數是神經網路結構優化中一個值得研究的問題。解決神經網路結構優化問題應用較多的方法有成長法（growing）和剪枝法（pruning）。成長法從一個簡單網路開始不斷增加神經元和連接，直到推廣能力滿足為止。剪枝法尋優方向正好相反，它先構造一個足夠大的網路，然後透過在訓練時刪除或合併某些節點或權值，以達到精簡網路結構、改進泛化的目的。成長法在 RBF 網路結構優化應用較多。最常用的三類剪枝方法為權衰減法、靈敏度計算方法和相關性剪枝方法。

(2) 神經網路自適應控制器設計

由於 RBF 神經網路良好的逼近能力，我們可用神經網路來辨識和逼近系統不確定項，這樣非線性函數 f 可改寫為：

$$f(\boldsymbol{\chi})=\boldsymbol{W}^{*\mathrm{T}}\boldsymbol{\phi}(\boldsymbol{\chi})+\boldsymbol{\varepsilon}\tag{5-156}$$

在這裡，RBF 神經網路的輸入選為向量 $\boldsymbol{\chi}=[\boldsymbol{x}^{\mathrm{T}},\dot{\boldsymbol{x}}^{\mathrm{T}},\boldsymbol{u}_{\mathrm{c}}^{\mathrm{T}},\dot{\boldsymbol{u}}_{\mathrm{c}}^{\mathrm{T}}]^{\mathrm{T}}$。將式(5-156) 代入到式(5-127) 可得：

$$\boldsymbol{M}_2(\boldsymbol{x})\dot{\tilde{\boldsymbol{u}}}+\boldsymbol{C}_2(\boldsymbol{x},\dot{\boldsymbol{x}})\tilde{\boldsymbol{u}}=\boldsymbol{B}_2(\boldsymbol{x})\boldsymbol{\tau}-\boldsymbol{W}^{*\mathrm{T}}\boldsymbol{\phi}(\boldsymbol{\chi})-\boldsymbol{\omega}\tag{5-157}$$

其中 $\omega=d_2+\varepsilon$。因為 d_2 和 ε 都是有界的，我們可對 ω 做如下假設。

假設 5.6　ω 是有界的，即存在一個常數 $\rho\geqslant 0$ 使得

$$\|\omega\|\leqslant\rho\tag{5-158}$$

由式(5-158) 描述的系統包含兩種不確定性：由未知的 $\boldsymbol{W}^*$ 帶來的參數不確定性，以及由未知 ω 帶來的有界擾動。下面我們將設計自適應律來估計 $\boldsymbol{W}^*$ 以及 ω 的界。我們設計如下混合控制律：

$$\boldsymbol{\tau}=\boldsymbol{\tau}_{\mathrm{a}}+\boldsymbol{\tau}_{\mathrm{b}}\tag{5-159}$$

主控制器為：

$$\boldsymbol{\tau}_{\mathrm{a}}=\boldsymbol{B}_2^{+}(\boldsymbol{x})[-\boldsymbol{K}_{\mathrm{p}}\tilde{\boldsymbol{u}}-\boldsymbol{\Lambda}+\hat{\boldsymbol{W}}^{\mathrm{T}}\boldsymbol{\phi}(\boldsymbol{\chi})]\tag{5-160}$$

補償控制器為：

$$\boldsymbol{\tau}_{\mathrm{b}}=-\boldsymbol{B}_2^{+}(\boldsymbol{x})\hat{\boldsymbol{\rho}}\operatorname{sgn}(\tilde{\boldsymbol{u}}) \tag{5-161}$$

式中，$\hat{\boldsymbol{W}}$ 為矩陣 $\boldsymbol{W}^*$ 的估計；$\hat{\boldsymbol{\rho}}$ 為 $\boldsymbol{\rho}$ 的估計值；sgn(・)為符號函數。那麼我們有如下定理。

定理 5.4　考慮非完整系統的動力學追蹤問題。如果 $\lim\limits_{t\to\infty}|u_{1\mathrm{d}}(t)|>0$，且控制律由式(5-159) 給出，其中主控制器及 RBF 神經網路權值更新律分別由式(5-160) 和式(5-162) 給出，補償控制器及干擾上界估計分別由式(5-161) 和式(5-163) 給出：

$$\dot{\hat{\boldsymbol{W}}}=-\boldsymbol{\Gamma}\boldsymbol{\phi}(\boldsymbol{\chi})\tilde{\boldsymbol{u}}^{\mathrm{T}} \tag{5-162}$$

$$\dot{\hat{\boldsymbol{\rho}}}=\boldsymbol{\eta}\|\tilde{\boldsymbol{u}}\| \tag{5-163}$$

式中，$\boldsymbol{\Gamma}$ 為對稱正定矩陣；$\eta>0$ 為學習率。那麼閉環系統是漸近穩定的。

證明：將式(5-159)～式(5-161) 代入到式(5-157) 得：

$$\boldsymbol{M}_2(\boldsymbol{x})\dot{\tilde{\boldsymbol{u}}}+\boldsymbol{C}_2(\boldsymbol{x},\dot{\boldsymbol{x}})\tilde{\boldsymbol{u}}=-\boldsymbol{K}_{\mathrm{p}}\tilde{\boldsymbol{u}}-\boldsymbol{\Lambda}-\tilde{\boldsymbol{W}}^{\mathrm{T}}\boldsymbol{\phi}(\boldsymbol{\chi})-\hat{\boldsymbol{\rho}}\operatorname{sgn}(\tilde{\boldsymbol{u}})-\boldsymbol{\omega} \tag{5-164}$$

其中 $\tilde{\boldsymbol{W}}=\boldsymbol{W}^*-\hat{\boldsymbol{W}}$，那麼閉環系統由方程 (5-132)、方程 (5-133) 和方程 (5-134) 組成。

考慮如下 Lyapunov 函數：

$$V=V_1+V_2+\frac{1}{2}tr(\tilde{\boldsymbol{W}}^{\mathrm{T}}\boldsymbol{\Gamma}^{-1}\tilde{\boldsymbol{W}})+\frac{1}{2\eta}\tilde{\boldsymbol{\rho}}^2 \tag{5-165}$$

其中 $\tilde{\boldsymbol{\rho}}=\boldsymbol{\rho}-\hat{\boldsymbol{\rho}}$，且 V_1 和 V_2 由方程 (5-136) 和方程 (5-137) 定義。函數 V 關於時間變數的導數為

$$\begin{aligned}\dot{V}&=\dot{V}_1+\dot{V}_2+tr(\tilde{\boldsymbol{W}}^{\mathrm{T}}\boldsymbol{\Gamma}^{-1}\dot{\tilde{\boldsymbol{W}}})+\frac{1}{\eta}\tilde{\boldsymbol{\rho}}\dot{\tilde{\boldsymbol{\rho}}}\\&=-k_1y_1^2-k_2\boldsymbol{z}^{\mathrm{T}}\boldsymbol{PBB}^{\mathrm{T}}\boldsymbol{Pz}-\tilde{\boldsymbol{u}}^{\mathrm{T}}\boldsymbol{K}_{\mathrm{p}}\tilde{\boldsymbol{u}}-\tilde{\boldsymbol{u}}^{\mathrm{T}}\tilde{\boldsymbol{W}}^{\mathrm{T}}\boldsymbol{\phi}(\boldsymbol{\chi})+\\&\quad tr(\tilde{\boldsymbol{W}}^{\mathrm{T}}\boldsymbol{\Gamma}^{-1}\dot{\tilde{\boldsymbol{W}}})-\hat{\boldsymbol{\rho}}\tilde{\boldsymbol{u}}^{\mathrm{T}}\operatorname{sgn}(\tilde{\boldsymbol{u}})-\tilde{\boldsymbol{u}}^{\mathrm{T}}\boldsymbol{\omega}+\frac{1}{\eta}\tilde{\boldsymbol{\rho}}\dot{\tilde{\boldsymbol{\rho}}}\leqslant-k_1y_1^2-k_2\boldsymbol{z}^{\mathrm{T}}\boldsymbol{PBB}^{\mathrm{T}}\boldsymbol{Pz}-\\&\quad\tilde{\boldsymbol{u}}^{\mathrm{T}}\boldsymbol{K}_{\mathrm{p}}\tilde{\boldsymbol{u}}-tr[\tilde{\boldsymbol{W}}^{T}\boldsymbol{\phi}(\boldsymbol{\chi})\tilde{\boldsymbol{u}}^{\mathrm{T}}-\tilde{\boldsymbol{W}}^{\mathrm{T}}\boldsymbol{\Gamma}^{-1}\dot{\tilde{\boldsymbol{W}}}]\end{aligned} \tag{5-166}$$

考慮到 $\tilde{\boldsymbol{W}}=\boldsymbol{W}^*-\hat{\boldsymbol{W}}$，$\tilde{\boldsymbol{\rho}}=\boldsymbol{\rho}-\hat{\boldsymbol{\rho}}$ 和 $\boldsymbol{W}^*$ 為常數矩陣，$\boldsymbol{\rho}$ 為常數，那麼我們有 $\dot{\hat{\boldsymbol{W}}}=-\dot{\tilde{\boldsymbol{W}}}$，$\dot{\hat{\boldsymbol{\rho}}}=-\dot{\tilde{\boldsymbol{\rho}}}$。將式(5-162) 和式(5-163) 代入到式(5-166) 得：

$$\dot{V} \leqslant -k_1 y_1^2 - k_2 \boldsymbol{z}^{\mathrm{T}} \boldsymbol{P}\boldsymbol{B}\boldsymbol{B}^{\mathrm{T}} \boldsymbol{P}\boldsymbol{z} - \tilde{\boldsymbol{u}}^{\mathrm{T}} \boldsymbol{K}_{\mathrm{p}} \tilde{\boldsymbol{u}} \tag{5-167}$$

對式(5-167) 採用與定理 5.3 中相同的推導過程，可以證明定理 5.4 成立。

根據分析，控制系統的設計過程總結如下。

① 確定矩陣 $\boldsymbol{K}_0$ 使得矩陣 $\boldsymbol{A}+\boldsymbol{B}\boldsymbol{K}_0$ 的特徵值為預先給定的負特徵值的集合 $\{\lambda_1, \lambda_2, \cdots, \lambda_{n-1}\}$。

② 求解方程（5-125）來得到對稱正定矩陣 $\boldsymbol{P}$。

③ 計算輔助追蹤誤差（5-123）。

④ 透過式(5-126) 計算輔助速度指令 $\boldsymbol{u}_{\mathrm{c}}$。

⑤ 計算控制律式(5-159)，其中主控制器由式(5-160) 給出，補償控制器由式(5-161) 給出。

⑥ 透過式（5-162）進行神經網路權值更新，並透過式(5-163) 來估計擾動 ω 的上界。

⑦ 返回到步驟③。

(3) 仿真和實驗結果

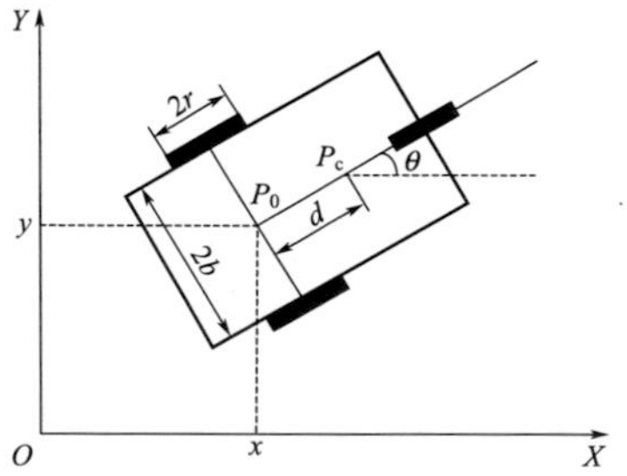

圖 5-24 仿真中行動機器人模型

我們首先在一個差分驅動的行動機器人上對本章提出的控制算法進行了仿真，機器人模型結構如圖 5-24 所示。行動機器人的狀態由廣義座標 $\boldsymbol{q}=[x, y, \theta]^{\mathrm{T}}$ 描述。我們假定輪子與地面間只發生純滾動無滑動運動。純滾動無滑動條件使得行動機器人不能側向移動，其運動受如下非完整約束：

$$\dot{x}\sin\theta - \dot{y}\cos\theta = 0 \tag{5-168}$$

根據以上約束條件我們可以得到第 5.2 節中定義的約束矩陣 $\boldsymbol{J}(\boldsymbol{q})$ 為

$$\boldsymbol{J}(\boldsymbol{q}) = [\sin\theta, -\cos\theta, 0] \tag{5-169}$$

這樣可以推出矩陣 $\boldsymbol{S}(\boldsymbol{q})$ 定義為：

$$\boldsymbol{S}(\boldsymbol{q}) = \begin{bmatrix} \cos\theta & 0 \\ \sin\theta & 0 \\ 0 & 1 \end{bmatrix} \tag{5-170}$$

根據 5.2 節的描述，座標變換 $\boldsymbol{x}=\boldsymbol{T}_1(\boldsymbol{q})$ 和狀態回饋 $\boldsymbol{v}=\boldsymbol{T}_2(\boldsymbol{q})\boldsymbol{u}$ 可定義為：

$$\begin{bmatrix} x_1 \\ x_2 \\ x_3 \end{bmatrix} = \begin{bmatrix} 0 & 0 & 1 \\ \sin\theta & -\cos\theta & 0 \\ \cos\theta & \sin\theta & 0 \end{bmatrix} \begin{bmatrix} x \\ y \\ \theta \end{bmatrix}$$

$$\begin{bmatrix} u_1 \\ u_2 \end{bmatrix} = \begin{bmatrix} 0 & 1 \\ 1 & -x_2 \end{bmatrix} \begin{bmatrix} v_1 \\ v_2 \end{bmatrix}$$

圖 5-25 和圖 5-26 分別為理想情形下和不確定情形下的仿真結果。

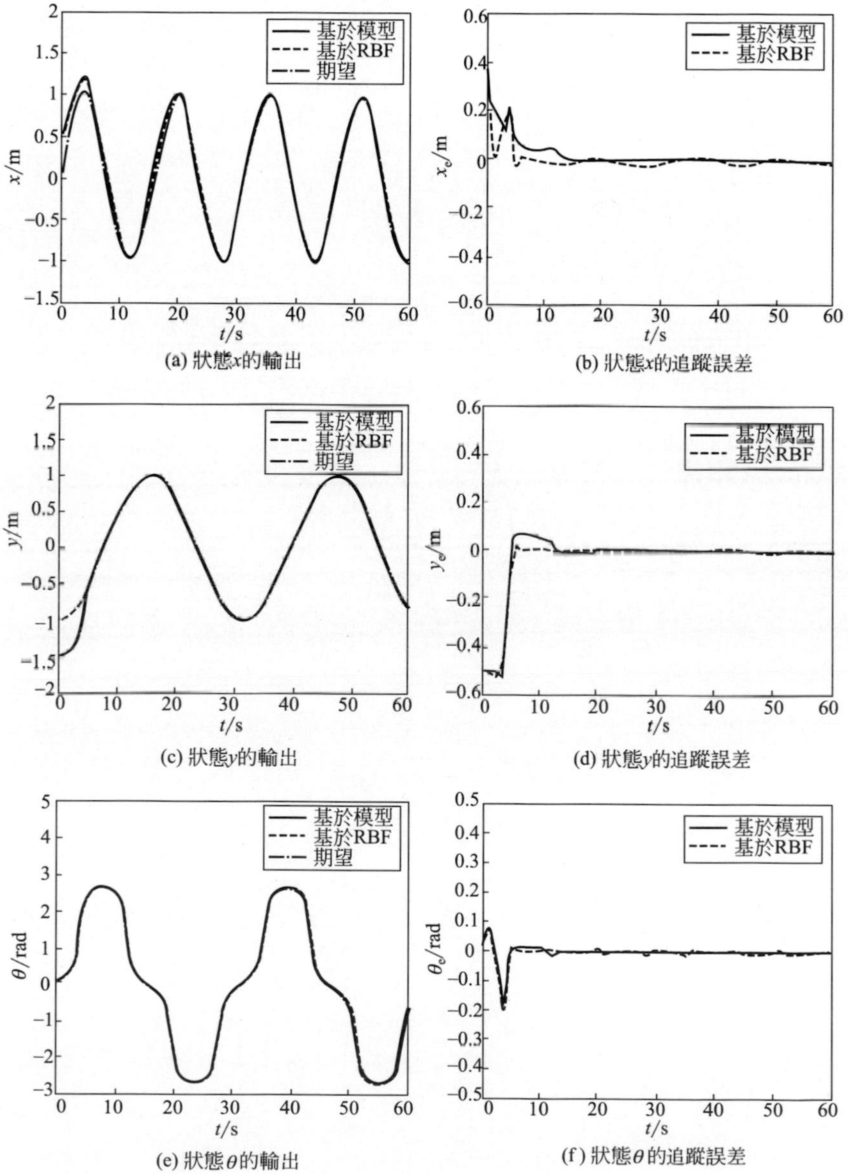

(a) 狀態x的輸出　(b) 狀態x的追蹤誤差
(c) 狀態y的輸出　(d) 狀態y的追蹤誤差
(e) 狀態θ的輸出　(f) 狀態θ的追蹤誤差

圖 5-25

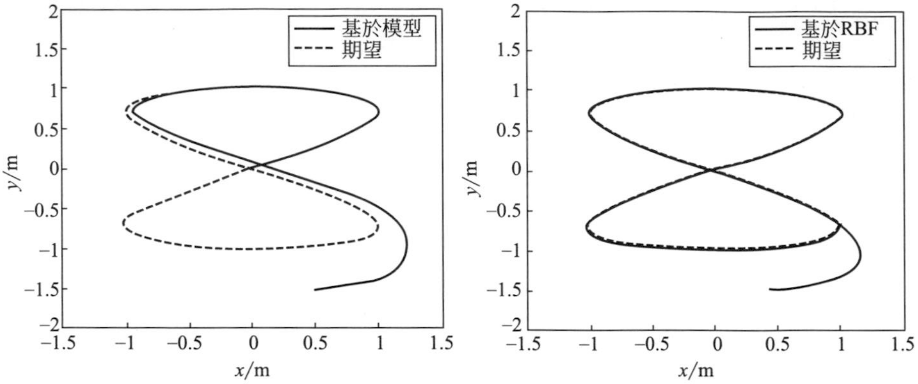

(g) 基於模型的控制器下機器人在X-Y平面軌跡　　(h) 神經網路控制器下機器人在X-Y平面軌跡

圖 5-25　理想情形下的仿真結果

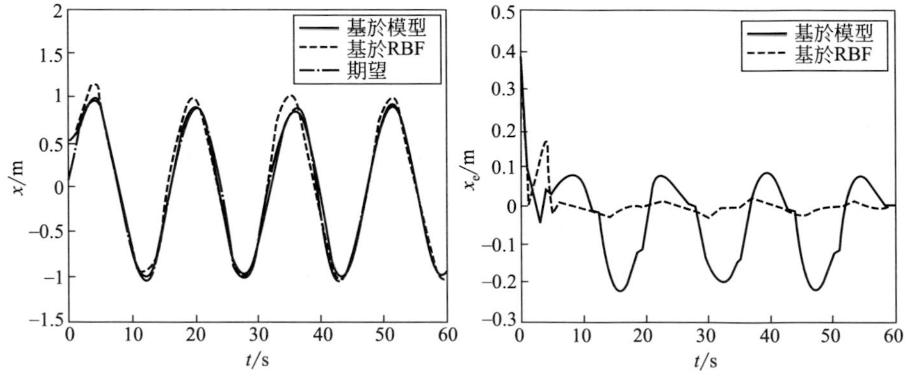

(a) 狀態x的輸出　　(b) 狀態x的追蹤誤差

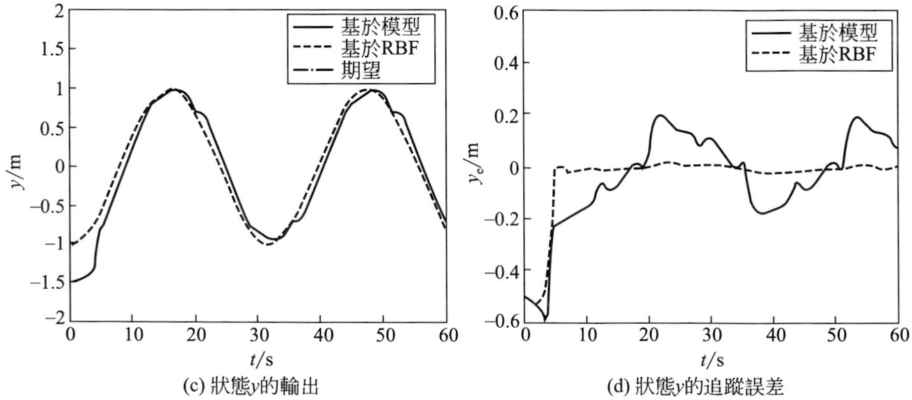

(c) 狀態y的輸出　　(d) 狀態y的追蹤誤差

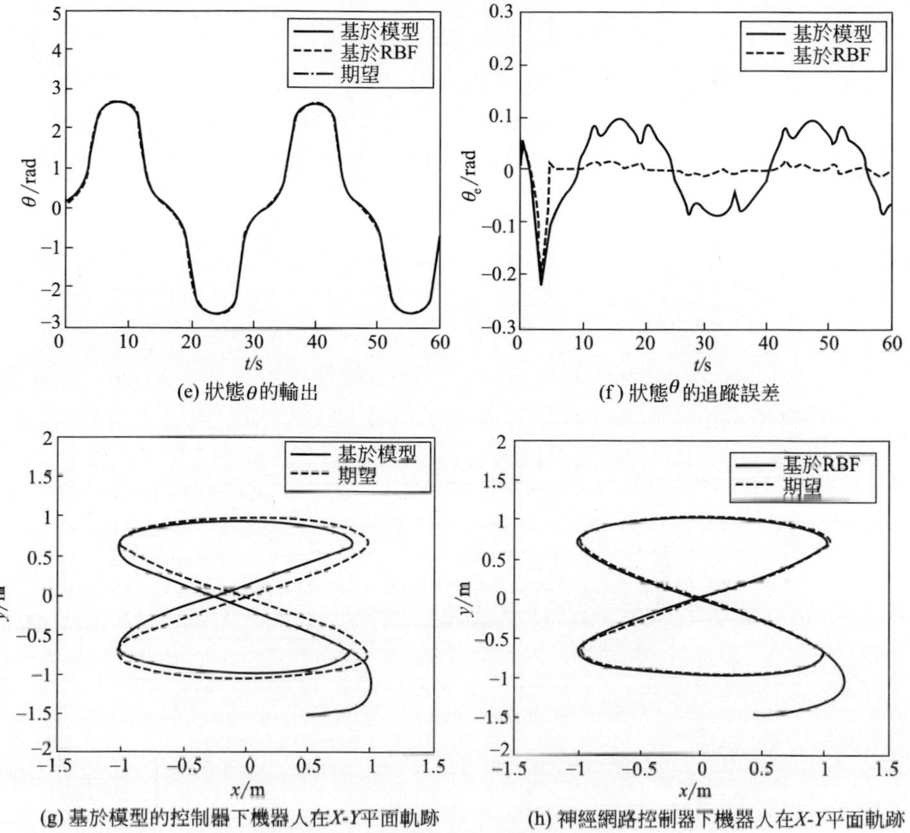

(e) 狀態θ的輸出　(f) 狀態θ的追蹤誤差

(g) 基於模型的控制器下機器人在X-Y平面軌跡　(h) 神經網路控制器下機器人在X-Y平面軌跡

圖 5-26　不確定情形下的仿真結果

根據 Euler-Lagrangian 公式，可得行動機器人的動力學模型式(5-116)中的參數為

$$\boldsymbol{M}_1(\boldsymbol{q})=\begin{bmatrix} m+\dfrac{2I_{\mathrm{w}}}{r^2} & 0 \\ 0 & I+\dfrac{2b^2I_{\mathrm{w}}}{r^2} \end{bmatrix}$$

$$\boldsymbol{C}_1(\boldsymbol{q},\dot{\boldsymbol{q}})=\begin{bmatrix} 0 & -m_{\mathrm{c}}d\dot{\theta} \\ m_{\mathrm{c}}d\dot{\theta} & 0 \end{bmatrix}$$

$$\boldsymbol{B}_1(\boldsymbol{q})=\frac{1}{r}\begin{bmatrix} 1 & 1 \\ b & -b \end{bmatrix},\boldsymbol{G}_1(\boldsymbol{q})=0$$

$$\boldsymbol{B}_1(\boldsymbol{q})=\frac{1}{r}\begin{bmatrix}1 & 1\\ b & -b\end{bmatrix},\boldsymbol{G}_1(\boldsymbol{q})=0$$

在數值仿真中，行動機器人動力學模型中的物理參數分別設為：$b=0.4$，$d=0.05$，$r=0.1$，$\overline{m}_c=15$，$m_w=0.2$，$I_c=5$，$I_w=0.005$，$I_m=0.0025$，其中 $\overline{m}_c$ 代表 m_c 的名義值。為驗證本章所提算法的有效性，我們考慮了如下兩種情況。

理想情形：$m_c=\overline{m}_c$，$\boldsymbol{d}_1(t)=0$。在這種情況中，行動機器人的模型精確已知且不含外部擾動。

不確定情形：$m_c=2\,\overline{m}_c$，$\boldsymbol{d}_1(t)=[0.5\sin(t)+2\mathrm{sgn}(v_1)+5v_1,\ 0.5\cos(t)+2\mathrm{sgn}(v_2)+5v_2]^{\mathrm{T}}$。在這種情況中，行動機器人的模型中含參數不確定性和未建模的摩擦動態以及外部擾動。圖 5-27 為行動機器人實驗平臺，圖 5-28 為自適應神經網路控制器實驗結果。

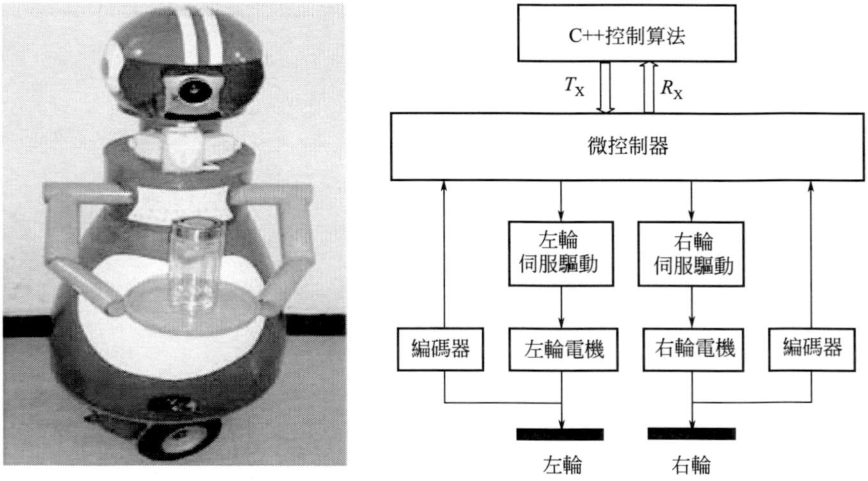

圖 5-27 行動機器人實驗平臺

根據之前的描述，令給定的特徵值集合為 $\{\lambda_1,\lambda_2\}=\{-1,-1\}$，這樣可以推出 $\boldsymbol{K}_0=[-1,-2]$。求解 Riccati 方程得矩陣 $\boldsymbol{P}=\mathrm{diag}[2,2]$。參考軌跡 $\boldsymbol{q}_d(t)=[x_d(t),y_d(t),\theta_d(t)]^{\mathrm{T}}$ 給定為 $x_d(t)=\sin(0.4t)$，$y_d(t)=-\cos(0.2t)$ 和 $\theta_d(t)$ 由非完整約束 $\dot{x}_d\sin\theta_d-\dot{y}_d\cos\theta_d=0$ 確定。機器人的初始位置和初始速度為 $\boldsymbol{q}(0)=[0.5,-1.5,0]^{\mathrm{T}}$，$\dot{\boldsymbol{q}}(0)=[0,0,0]^{\mathrm{T}}$。控制器中的參數設為 $k_1=5$，$k_2=1$，$K_p=20$，$\boldsymbol{\Gamma}=\mathrm{diag}[2]$，$\eta=0.25$。擾動界的估計值 $\hat{\boldsymbol{\rho}}$ 初始化為零。RBF 神經網路的結構含 10 個輸入神經元，25 個隱含層神經元，以及 2 個輸出神經元。Gaussian 函數

的中心矢量為 $\boldsymbol{\mu}_j=[-6,-5.5,-5,\cdots,0,\cdots,5,5.5,6]^{\mathrm{T}}(j=1,2,\cdots,25)$ 寬度參數均設為 1，神經網路的權值隨機初始化。

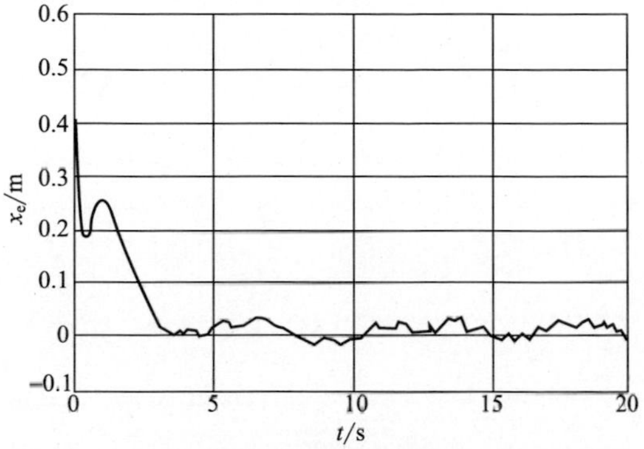

(a) x變數追蹤誤差

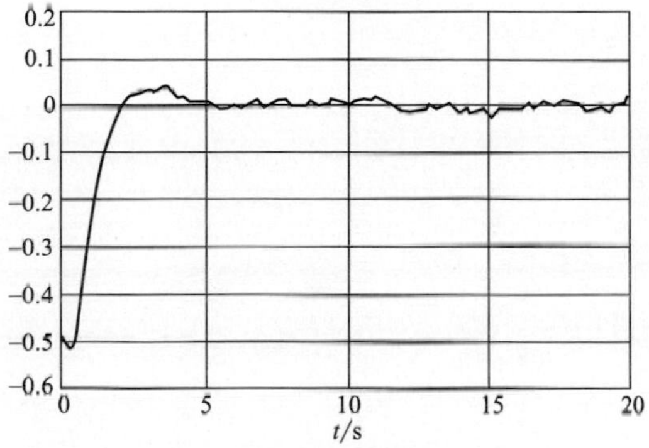

(b) y變數追蹤誤差

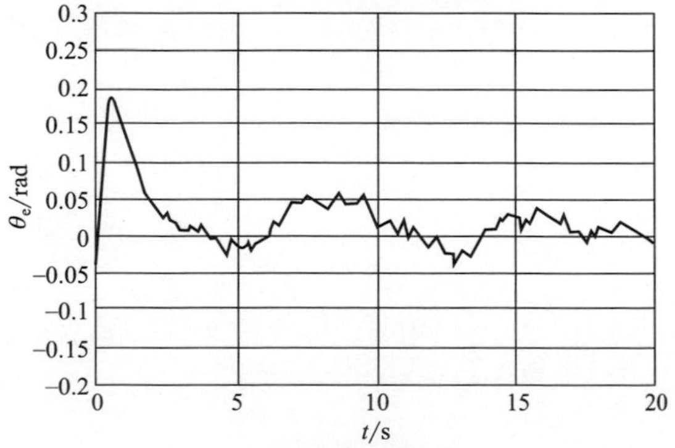

(c) θ變數追蹤誤差

圖 5-28

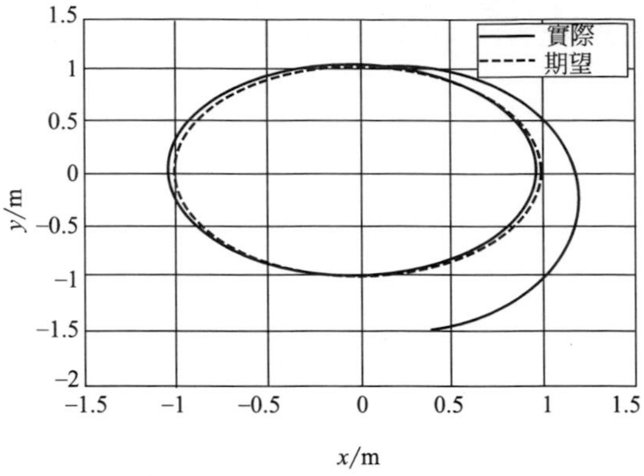

(d) 機器人在X-Y平面的軌跡

圖 5-28 自適應神經網路控制器實驗結果

參考文獻

[1] LeeT C, Song K T, Lee C H, et al. Tracking control of unicycle-modeled mobile robots using a saturation feedback controller [J]. IEEE Transactions on Control Systems Technology, 2001, 9 (2): 305-318.

[2] Do K D, Jiang Z P, Pan J. A global output-feedback controller for simultaneous tracking and stabilization of unicycle-type mobile robots[J]. IEEE Transactions on Robotics and Automation, 2004, 20 (3): 589-594.

第6章

環境感知與控制技術在無人機系統的應用

6.1 概述

無人機是無人空中飛行器（unmanned aerial vehicle，UAV）的簡稱，它是一種不搭載操作人員、由動力驅動、可重複使用的航空器。從技術角度可以將無人機分為無人直升機、固定翼無人機、多旋翼無人機、無人飛艇和無人傘翼機幾大類。從 1913 年出現自動駕駛儀以來，越來越多的國家開始重視無人機，並投入了大量精力進行相關研究，無人機發展勢頭迅猛。

近年來，多旋翼無人機因具有三維空間中機動性強、具備懸停能力等特點，已不再是一種單純的玩具，而正在逐步轉型成為用於偵察和探測的三維攝影機和移動操作平臺，可以代替人完成高危環境資訊獲取與作業等任務，近年來得到了越來越多的關注。

旋翼飛行機器人目前的發展階段與地面、水下、深空等行動機器人早期發展階段類似，尚處於移動平臺自身自主控制的研究期，目前已取得了火災探測、地震現場勘測、廣域環境建模等資訊獲取型任務的成功示範，可以在災難現場有效地監控整體環境，如圖 6-1 所示，無人機在四川汶川大地震、玉樹地震等災難現場已經得到了很好的運用，給災害救援提供了一種新穎有效的手段。此外，最近無人機在電力架線和電力巡線上也得到了廣泛的運用，在山區、峽谷等險要環境下避免了人身事故的發生，同時節省大量的人力成本，提高了電力巡線的工作效率。在娛樂生活中，小型無人機的市場化，比如深圳大疆創新科技有限公司（DJI）的無人機，給人們的生活帶來了新的視野，並且已經開始用在電影拍攝等方面，取得了很好的效果和體驗。無人機雖然已被廣泛地投入到多個領域的應用中，但主要還是限制在拍攝和監控層面，即對環境只是「看」和「查」，還不能和環境進行主動「接觸」，對環境中的物體進行操作。

圖 6-1　旋翼飛行機械臂示意圖

地面行動機器人透過機械臂來實現對環境中物體的操作，結合了機械臂等主動式作業機構組成的作業型地面行動機器人系統，在反恐防暴、救災救援等多種場合已經得到了充分的驗證應用和廣泛的認可。作業型地面行動機器人系統的巨大成功，說明將傳統機械臂（主動作業機構）的強大作業能力與行動機器人的自由移動能力相結合，以擴展機器人技術應用範圍的做法是非常有吸引力的。這一思路引起了研究人員和用戶的極大興趣，並在水下、深空以及其他行動機器人上得到了成功推廣。水下行動機器人與機械臂的結合，可以完成深海採樣、水下作業等任務；深空行動機器人與機械臂結合成為空間機械臂，可以替代太空人完成空間站的組裝、維修等任務。這些應用均展現出了行動機器人驚人的前景，並極大拓展了行動機器人的應用領域。因此，從完全單純觀測型到具有一定作業能力的主動作業型轉變，是當前行動機器人系統發展的一個總的趨勢。

隨著機器人應用領域的擴展，人們更加期望旋翼飛行機器人能夠對其所處的環境施加主動影響，在飛行機器人平臺上加裝作業機構，即機械臂，使其在三維複雜工作環境中具有主動作業的能力，這成為了一種很有實際意義的應用需求。

目前，美國航空太空研究機構已經在無人直升機平臺上加裝了6自由度高精度機械臂，實現了對放置在地面上物體的準確抓取，並且對執行抓取任務時直升機重心的變化情況進行了討論。美國的史丹佛大學採用預測控制的方法對直升機執行抓取任務時的不確定影響參數進行了分析。德國慕尼黑大學控制系統研究室採用固定平臺對旋翼飛行機械臂的操作過程進行了模擬，透過加裝2個3自由度機械臂在可移動的實驗平臺，同時把電腦預測控制和力回饋感測技術應用到操作過程。另外，還有許多研究是針對旋翼直升機加裝多自由度機械臂完成抓取等操作任務。在這些研究中，所進行的對物體的「接觸」，是把機械臂直接安裝在直升機機身上，在懸停狀態下完成簡單的自主抓取任務。但是當面對相對複雜的操作任務時，比如定點準確抓取或是裝配任務，無人直升機的運動狀態會受到機械臂帶來的衝擊載荷的影響，產生姿態和位置的變化，這些擾動不能得到調節或補償，對無人機的姿態和飛行軌跡會帶來不利影響。為了解決擾動問題，目前提出了更為新穎的概念，即由旋翼無人機及多自由度機械臂共同構成的移動操作型旋翼飛行機械臂系統。

旋翼飛行機械臂（rotorcraft aerial manipulator，RAM）系統是面向空中自主作業需求，將旋翼飛行器與多自由度機械臂相結合所提出的新型機器人，如圖6-1所示，其中包含旋翼飛行器和一個多自由度的飛行機械臂。RAM系統的作用是實現旋翼飛行器在懸停狀態下透過機械臂對目標物體的自主操作，可將懸停狀態下的無人機工作區域由平面拓展到三維空間，使得無人機可以與周圍的環境產生互動，也可以很大程度上拓展無人飛行器的應用範圍。

旋翼飛行機器人機械臂將人類手臂的能力延伸到了空中，具有廣闊的應用前景，主要展現在：

① 在廣域無人科考（如南北極科考）及環境監測中，實現極端環境、極端條件下對感興趣樣品的採集或作業，提供一種不可替代的無人化裝備，大大提升科考的效率和深度；

② 在特殊環境中輔助/代替人完成目前只能由人來完成的危險任務，如艦船補給過程中的船間物資空中調運或高壓輸電線路強帶電環境中的鋪設、檢修等，從而提高工作效率，極大降低人員傷亡。

加拿大 MRRobbotic 公司開發了用於空間操作的旋翼飛行機械臂系統，它是世界上第一個開發成功的飛行機械臂系統，所採用的無人機平臺為 T-Rex600。平臺上加裝的機械臂具有 6 個旋轉關節，每一個關節都由一個單自由度的驅動模組 JRD 組成。機械臂總長度為 120cm，總質量約 1.02kg，該系統可以操縱最大質量 5kg 的有效載荷。機械臂結構使用碳纖維複合材料製作，驅動部分採用的是數位式舵機，使機械臂具備前後、升降以及橫向平移幾個自由度，並且透過手動操作控制器使機械臂可以進行收放、轉向以及開閉運動，以完成空間操作任務。該旋翼飛行機械臂系統在無人機底座前後兩端都可以加裝操縱機械臂，可以把任意一端作為固定點，在飛行時可以透過對基座的驅動把機械臂移動到另一端，從而很大程度上擴展了機械臂系統的工作範圍。系統的關鍵技術為無人機控制系統的設計以及 6 自由度的機械臂操縱機構。耶魯大學研發的小型旋翼飛行機械臂系統 ROTEX 是一套具有地面遙控及程控兩種控制模式的飛行機械臂系統，可選擇的工作模式有自主模式和操作員遙控模式兩種。機械臂機構具有 6 個自由度，在飛行過程中可以收起在直升機下方，執行任務時再放下機械臂以完成抓取或其他操作任務。其手爪部分採用的是一個多感測器相融合的智慧手爪，共裝設 1 臺小型精密相機、4 個力感測器、3 個速度感測器、2 個超音波測距感測器以及 4 個力矩感測器。整個系統透過 ARM 晶片進行控制，系統操縱精度可以達到 2cm。

6.2 無人機系統關鍵技術概述

旋翼飛行機器人具有巨大的應用前景，但在空中非結構環境自主作業過程中，多自由度機械臂自身的複合自由度以及其所處的複雜擾動環境使旋翼飛行機器人同現有的具有作業能力的行動機器人系統相比，具有特殊的技術難點。針對這些難點，旋翼無人機要準確地完成作業任務，必須在準確獲取位姿資訊的基礎上進行精確的位姿控制。在研發和設計製造旋翼無人機的過程中，面臨著以下諸多關鍵技術的挑戰。

（1）旋翼飛行機械臂系統的精確建模

系統建模是從系統概念出發的關於現實世界中某一部分或某些方面進行抽象的「映像」。系統數學模型的建立需要將輸入、輸出、狀態變數及其間的函數關係抽象化，其中描述變數起著非常重要的作用。對於四旋翼無人機的建模方式主要分為機理建模和系統辨識兩種。機理建模是在了解被控對象的運動規律的基礎上，透過數理知識建立系統內部的輸入與系統狀態的關係。系統辨識建模是利用實驗數據擬合法獲得解析模型的過程，屬於黑箱建模方式。而既採用了機理建模，又結合了系統辨識原理來辨識其某些結構或參數，這種方式屬於灰箱建模。

建立旋翼飛行機械臂在各種飛行狀態下的精確數學模型，是設計高性能控制器的前提，它可以為無人機的控制系統設計提供強有力的理論依據，還可以方便系統進行仿真，縮短無人機的研發週期。然而，旋翼飛行機械臂系統在實際作業過程中，飛行器會同時受到空氣動力、重力和陀螺效應等多種物理效應的作用和氣流等外部環境的干擾。而且所使用的旋翼重量輕、易變形，很難獲得準確的氣動性能參數，難以建立有效、準確的動力學模型。同時，機械臂的規劃運動也會對飛行平臺產生未知干擾。因此，對於具有複合多自由度、強耦合、強非線性等特點的旋翼飛行機械臂系統，欲建立其精確數學模型，低雷諾數條件下的空氣動力學問題、柔性旋翼氣動性能參數的測量技術和飛行器、機械臂之間的強耦合等問題還需要進一步解決，實際應用中，使用的都是簡化的旋翼無人機近似動力學模型。

目前，對於旋翼飛行機械臂系統，大部分的研究都是把旋翼無人機和機械臂拆分開，只透過機理建模的方式對無人機的運動學和動力學進行分析和建模。但多關節機械臂的規劃運動對飛行平臺的干擾會導致系統動力學模型的時變，這會嚴重影響到系統的穩定控制。因此，在對旋翼飛行機械臂進行建模時，要從整體上建立系統運動學和動力學模型，即要考慮到機械臂運動對飛行平臺的影響，主要是系統重心位置的偏移。下面簡單介紹一種飛行器與機械臂的聯合建模方式。

旋翼飛行機械臂系統由飛行平臺和機械臂組成，完整的動力學模型需要考慮二者之間的耦合作用，並對其整體進行建模分析，所建立的動力學方程較為複雜。由於旋翼飛行機械臂系統在實際作業過程中機械臂大部分時間處於靜態狀態（作業前和作業後），只有在對目標進行作業時才是動態的，其機械臂運動速度緩慢，對系統而言可看成變化的靜態狀態，因此可對系統靜態情況下的動力學進行建模分析。

相較於普通飛行器平臺，加載了機械臂的建模分析，其主要區別在於整體的重心是動態變化的，並且一般不在飛行平臺的幾何中心點上。針對這一問題，我們提出了動態重心補償算法。圖 6-2 所示為系統重心偏移結構示意圖。目前，動力學建模方法主要是牛頓-歐拉疊代動力學方程法和拉格朗日動力學公式法，由於後者是一種基於能量的動力學方法，需要對各部分的動能和勢能分別依次計算，得到的方程形式複雜，因此，我們在各關節之間的約束力和力矩分析的基礎上，運用牛頓-歐拉方程的建模方法。

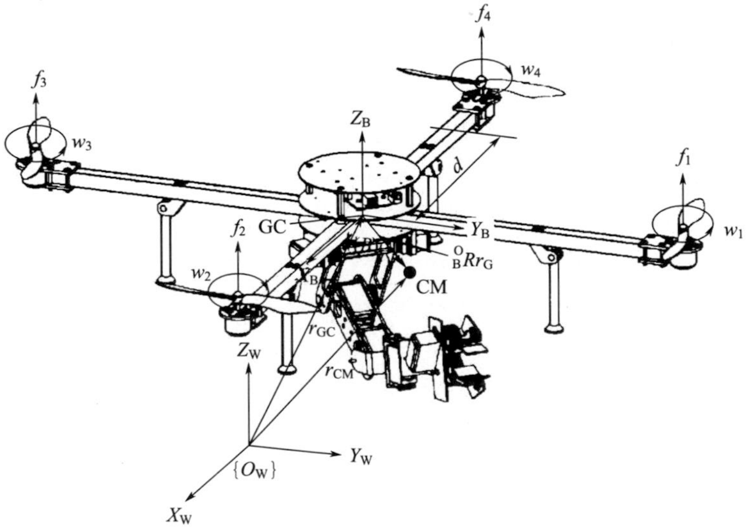

圖 6-2 系統重心偏移結構示意圖

該系統的動力學方程主要由牛頓方程和歐拉方程兩個部分組成，分別為：

$$\begin{cases} \boldsymbol{F}=m\dot{\boldsymbol{r}}_{\mathrm{G}}+m\ddot{\boldsymbol{r}}_{\mathrm{GC}}+m\dot{\boldsymbol{\Omega}}r_{\mathrm{G}}+2m\boldsymbol{\Omega}\dot{\boldsymbol{r}}_{\mathrm{G}}+m\boldsymbol{\Omega}(\boldsymbol{\Omega}r_{\mathrm{G}}) \\ \boldsymbol{M}=\boldsymbol{I}\dot{\boldsymbol{\Omega}}+\boldsymbol{\Omega}\times\boldsymbol{I}\boldsymbol{\Omega}+\dot{\boldsymbol{r}}_{\mathrm{G}}\boldsymbol{B}+\boldsymbol{r}_{\mathrm{G}}\dot{\boldsymbol{B}}+(\boldsymbol{\Omega}\boldsymbol{r}_{\mathrm{G}})\boldsymbol{B}+\boldsymbol{r}_{\mathrm{G}}(\boldsymbol{\Omega}\boldsymbol{B}) \end{cases} \tag{6-1}$$

式中，m 表示該系統整體質量；$\boldsymbol{F}$ 是作用在該系統上面的外力；$\boldsymbol{\Omega}$ 是飛行器的角速度矢量，且 $\boldsymbol{\Omega}=[p,q,r]^{\mathrm{T}}$；$\boldsymbol{M}$ 是外部轉矩；$\boldsymbol{I}$ 是系統慣性張量；$\boldsymbol{B}$ 是由系統重心偏移引起的額外推動力。

電機的轉動方向如圖 6-2 所示，1 號和 3 號電機逆時針轉動，2 號和 4 號電機順時針轉動，都產生向上的升力 f_i 和反作用力 g_i，其計算公式分別是：

$$\begin{cases} f_i = b\omega_i^2 \\ g_i = k\omega_i^2 \end{cases} (i=1,2,3,4) \tag{6-2}$$

式中，ω_i 表示第 i 個電機的轉速；b 和 k 是旋翼葉的特定係數，與螺旋槳幾何參數、阻力係數、空氣密度和氣壓等客觀因素有關。整個系統的外力由這四個電機提供。綜上所述，可知整個系統所受外力和轉矩分別是：

$$\boldsymbol{F} = {}_B^W R\,[0,0,u_1]^{\mathrm{T}} \tag{6-3}$$

$$\boldsymbol{M} = [u_2, u_3, u_4]^{\mathrm{T}} \tag{6-4}$$

$$\begin{bmatrix} u_1 \\ u_2 \\ u_3 \\ u_4 \end{bmatrix} = \begin{bmatrix} b & b & b & b \\ db & 0 & -db & 0 \\ 0 & -db & 0 & db \\ -k & k & -k & k \end{bmatrix} \begin{bmatrix} \omega_1^2 \\ \omega_2^2 \\ \omega_3^2 \\ \omega_4^2 \end{bmatrix} \tag{6-5}$$

式中，b 是升力常數；d 是電機升力力臂長度。

聯立所有方程可得該系統動力學方程為：

$$\begin{cases} \dot{u} = \dfrac{u_1}{m}(\cos\varphi\sin\theta\cos\phi + \sin\varphi\sin\phi) + a_1 \\ \dot{v} = \dfrac{u_1}{m}(\sin\varphi\sin\theta\cos\phi - \cos\varphi\sin\phi) + a_2 \\ \dot{w} = \dfrac{u_1}{m}(\cos\varphi\cos\theta) - g + a_3 \\ \dot{p} = \dfrac{u_2}{I_{xx}} - \dfrac{I_{zz} - I_{yy}}{I_{xx}} qr - \dfrac{b_1}{I_{xx}} - \dfrac{mc_1}{I_{xx}} \\ \dot{q} = \dfrac{u_3}{I_{yy}} - \dfrac{I_{xx} - I_{zz}}{I_{yy}} pr - \dfrac{b_2}{I_{yy}} - \dfrac{mc_2}{I_{yy}} \\ \dot{r} = \dfrac{u_4}{I_{zz}} - \dfrac{I_{yy} - I_{xx}}{I_{zz}} pq - \dfrac{b_3}{I_{zz}} - \dfrac{mc_3}{I_{zz}} \end{cases} \tag{6-6}$$

其中：$a_1 = -2(wq - vr) + x_G(q^2 + r^2) - y_G(pq - \dot{r}) - z_G(pr + \dot{q})$

$a_2 = -2(ur - wp) - x_G(pq + \dot{r}) + y_G(r^2 + p^2) - z_G(qr - \dot{p})$

$a_3 = -2(vp - uq) - x_G(pr - \dot{q}) - y_G(qr + \dot{p}) + z_G(p^2 + q^2)$

$$
\begin{aligned}
b_1 &= -I_{xx}(pq+\dot{r})+I_{yz}(r^2-q^2)+I_{xy}(pr-\dot{q}) \\
b_2 &= -I_{xy}(qr+\dot{p})+I_{xz}(p^2-r^2)+I_{yz}(pq-\dot{r}) \\
b_3 &= -I_{yz}(pr+\dot{q})+I_{xy}(q^2-p^2)+I_{xz}(qr-\dot{p}) \\
c_1 &= x_G(wr+vq)+y_G(\dot{w}-uq)-z_G(\dot{v}+ur) \\
c_2 &= -x_G(\dot{w}+vp)+y_G(up+wv)+z_G(\dot{u}-vr) \\
c_3 &= x_G(\dot{v}-wp)-y_G(\dot{u}-wq)+z_G(vq+up)
\end{aligned}
\tag{6-7}
$$

式中，餘項 a_1、a_2、a_3、b_1、b_2、b_3、c_1、c_2、c_3 是由於重心時變漂移而產生的額外作用項，由重心動態位置和姿態角決定。

（2）旋翼無人機姿態資訊的測量與融合

測量與回饋訊號是控制系統裡的關鍵環節，測量誤差直接影響控制的精度。旋翼飛行器裡的姿態控制環所獲得的回饋資訊即是姿態角以及角速度。所以，姿態資訊獲取是無人機實現姿態控制的前提，它不僅為無人機飛控系統提供三維姿態資訊，也為攝影機等機載設備提供三維姿態基準。而且位置控制需要在姿態控制的基礎上來實現，所以姿態解算的精度和速度不僅直接影響姿態控制的穩定性、可靠性，還會對後續的慣性導航（INS）精度以及位置控制性能產生嚴重影響。因此無人機姿態資訊的準確獲取至關重要。如何為無人機提供高性能、小型化、低成本、低功耗的姿態測量系統，成為無人機研究的一個關鍵技術。

目前，姿態角一般是透過融合三維陀螺儀和三維加速度計的數據並進行姿態解算獲得的。目前在四旋翼飛行器上應用廣泛且效果較好的姿態解算技術有基於 MAHONY 的互補濾波算法和卡爾曼濾波算法，透過選擇合適的參數，利用陀螺儀對加速度計進行濾波，從而解算出精確的姿態角。

① 互補濾波算法　互補濾波器是根據測量同一個訊號的不同感測器相反的噪音特性，從頻域來分辨和消除測量噪音的。如圖 6-3 所示，$Y_1=X+u_1$ 和 $Y_2=X+u_2$ 分別表示不同感測器的測量值，其中 Y_1 含有高頻噪音 u_1，Y_2 含有低頻噪音 u_2。透過互補濾波器的高、低通濾波器可分別濾除 Y_2 和 Y_1 中的低頻和高頻噪音，得到其高頻和低頻有效分量。當濾波器傳遞函數滿足 $F_1(s)+F_2(s)=1$ 時，高低頻分量相加可重構出原訊號 $\hat{X}$，用 Laplace 形式表示：

$$
\hat{X}(s)=F_1(s)Y_1+F_2(s)Y_2=X(s)+F_1(s)u_1(s)+F_2(s)u_2(s) \tag{6-8}
$$

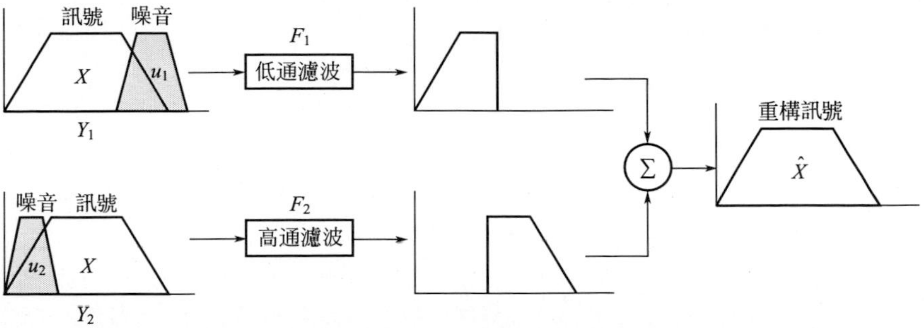

圖 6-3 互補濾波示意圖

② 卡爾曼濾波算法　最佳線性濾波理論也稱為維納濾波理論，起源於 1940 年代美國科學家 Wiener 和蘇聯科學家 Колмогоров 等的研究工作。它的最大缺陷是必須用到無限過去的數據，故不適用於即時運算。1960 年代 R. E. Kalman 把狀態空間模型引入濾波理論，在維納濾波的基礎上推導出一套遞推估計算法，即著名的卡爾曼濾波算法。

卡爾曼濾波以最小均方誤差為估計的最佳準則，尋求一套遞推估計算法，遞歸推算是卡爾曼濾波器最吸引人的特性之一，因為它比其他濾波器更容易實現。濾波器的直觀理解如圖 6-4 所示，由前一時刻的最佳估計值得到現在時刻的預測值（有噪音），然後已知現在時刻的觀測值（有噪音），透過濾波算法，得到現在時刻的最佳估計值，卡爾曼濾波理論證明，此估計的誤差均方差是最小的。

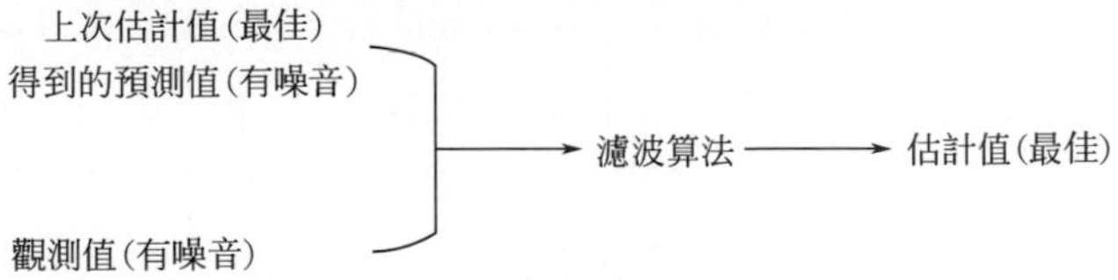

圖 6-4 卡爾曼濾波的直觀理解

卡爾曼濾波過程適合於即時處理和電腦運算，且隨著電腦技術的快速發展，尤其是數位運算技術的不斷進步，卡爾曼濾波已被推廣到各個領域並且得到了成功的應用，其在自主導航領域更是成為研究和應用的重點。

卡爾曼濾波器估計系統狀態的過程如圖 6-4 所示。類似於一個回饋控制系統，首先透過狀態方程預測某一時刻系統的狀態，然後透過觀測值獲得回饋進行狀態校正。所以整個估計過程可以分為兩個部分：預測和修正，最後的估計算法是一種具有數值解的預估-校正算法，相應的遞推過程如下。

a. 狀態預測：

$$X_k(-)=AX_{k-1}(+)+BU_k \tag{6-9}$$

b. 協方差預測：

$$P_k(-)=A_kP_{k-1}(+)A_k^{\mathrm{T}}+W_kQW_k^{\mathrm{T}} \tag{6-10}$$

c. 卡爾曼增益：

$$Kg=P_k(-)H_k^{\mathrm{T}}[H_kP_k(-)H_k^{\mathrm{T}}+V_kRV_k^{\mathrm{T}}]^{-1} \tag{6-11}$$

d. 狀態修正：

$$X_k(+)=X_k(-)+Kg[Z_k-HX_k(-)] \tag{6-12}$$

e. 協方差修正：

$$P_k(+)=(1-KgH_k)P_k(-) \tag{6-13}$$

「（－）」表示對應量的預測值，「（＋）」表示對應量的估計值或者修正值，下同。其中式(6-9)和式(6-10)稱為預測器（時間更新），式(6-11)～式(6-12)稱為修正器（測量更新）。$W_kQW_k^{\mathrm{T}}$ 表示狀態向量擾動噪音協方差陣，與狀態向量 X 同維數。$V_kRV_k^{\mathrm{T}}$ 表示觀測向量擾動噪音協方差陣，與觀測向量 Z 同維數。$r_k=[Z_k-HX_k(-)]$稱為殘餘，反映了預測值和真實值之間的不一致程度。

無人機的位置資訊包括三維速度和三維空間座標共 6 個導航參數。位置資訊獲取為旋翼無人機提供精確的位置、速度、航向等資訊，引導無人機按照指定航線飛行。導航系統測量並解算出運載體的瞬時運動狀態和位置，提供給駕駛員或自動駕駛儀表來實現對運載體的準確操縱或控制，它相當於有人機系統中的領航員。未來無人機的發展要求障礙迴避、物資或武器投放、自動進場著陸等功能，需要高精度、高可靠性、高抗干擾性能。所以位置資訊的獲取至關重要，它直接決定了旋翼無人機完成作業任務的精準度和作業效率。本書研究的面向任務的旋翼飛行機械臂自主作業與控制系統也需要準確的位置資訊，以實現無人機懸停模式下準確的空中抓取作業。其定位技術通常分為室內與室外兩類。室外飛行器更多地依靠 GPS 定位技術，透過地圖上給定的始末位置資訊，可以實現無障礙物的自主導航飛行。在室內或者其他 GPS 訊號差的環境中，飛行器的位置資訊獲取需要依靠機載感測器如鏡頭，或者透過無線訊號的強弱辨識出飛行器在室內的位置。另外，VICON 光學運動捕捉系統是基於圖像的室內定位系統，有公釐級別的定位精度，被廣泛地用於實現和驗證飛行控制算法。位置資訊通常結合飛行器的姿態感測器數據，進一步優化位置資訊，提高定位精度。圖 6-5 為旋翼無人機位置資訊的獲取。下面介紹幾種常見的導航定位方法。

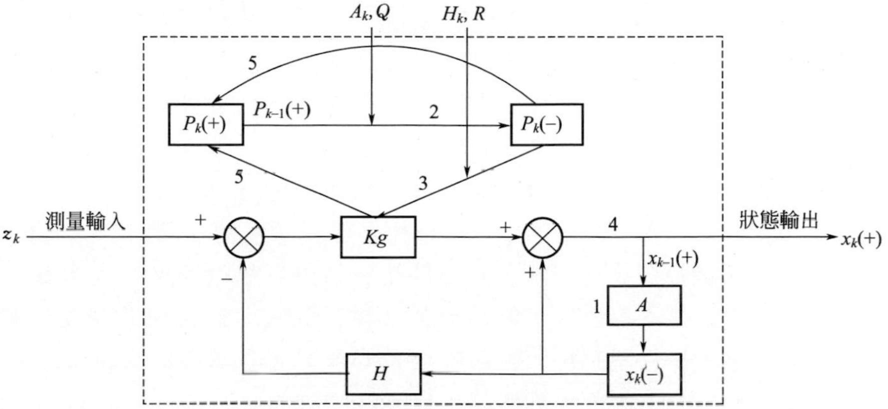

圖 6-5 旋翼無人機位置資訊的獲取

① GPS 導航　GPS 可以直接輸出三維速度和三維空間座標共六個導航參數，雖然不會有導航誤差，但導航精度和更新頻率較低，並不適用於即時性和精度要求較高的系統。

② 慣性導航　在已知三個姿態角的前提下，採用三軸加速度計可以解算出三維位置和速度資訊，此過程又稱為慣性導航，它雖然更新頻率較快，但是積分誤差較大，不能單獨用於自主飛行。

③ 組合導航算法　組合導航是指用衛星導航、GPS、無線電導航等系統中一個或多個與慣性導航組合在一起而形成的綜合導航系統。組合導航的基本實現方法目前主要有兩種：一種是採用經典負回饋控制的思想，對多種導航系統測量值求差，透過差值不斷地修正系統的誤差。但由於各導航系統的測量誤差源都是隨機的，因此誤差抑制的效果不理想；另一種是採用現代控制理論中的最佳估計算法，如卡爾曼濾波算法、最小方差法和最小二乘法等，對多種導航資訊進行融合，得到最佳估計值。

目前，較常用的組合導航算法是基於卡爾曼濾波器的組合導航算法，其研究熱點主要集中在針對系統模型非線性或系統噪音統計特性不明確引起的濾波器精度降低甚至發散這一問題的改進上。具體改進措施有：針對系統非線性模型的擴展卡爾曼濾波（EKF）算法、粒子濾波（PF）算法和無跡卡爾曼濾波（UKF）算法等；針對系統噪音不確定性的自適應衰減記憶法卡爾曼濾波算法、Sage-Husa 自適應卡爾曼濾波算法、模糊邏輯自適應卡爾曼濾波算法等。EKF 算法將非線性函數直接忽略高階項進行線性化，勢必存在高階項截斷誤差，而且雅可比矩陣求解的計算量比較大。PF 算法大量粒子的隨機產生，很難滿足導航系統即時性需求。UKF 算法對初始值的取值比較敏感，系統噪音不確定性會對濾波精度產生較大的影響，目前對於記憶衰減因子的選擇沒有完善的理論，只能根據經驗進行確定。Sage-Husa 自適應算法可以在一定程度上降低模型誤差、提高濾波精度，但是計算量大，且對於階次較高的系統可靠性不高。模糊邏輯的思想和其他自適應方法是一致的，都是用權值調整噪音參數，但是模糊邏輯將調整過程根據經驗分為幾個模糊空間，而其他方法可以在每一點上調整，所以模糊邏輯調整的精確性不如其他方法好，而且模糊控制作為一種人工智慧技術，對系統硬體要求比較高。以上方法雖在精度上都達到了較理想的效果，但是一個共同的缺點就是算法複雜導致即時性不理想，對系統硬體要求高，嚴重限制了其中一些算法在實際中的應用，部分算法甚至只能停留在仿真階段。

由於旋翼無人機在飛行過程中會受到振動以及 MEMS 慣性感測器本身所存在的缺點，單獨依靠 MEMS 慣性感測器來完成長時間的導航是非常困難的，必須選擇合適的姿態和導航解算算法，融合多種導航資訊，揚長補短才能獲得比較精確的位姿資訊。因此多種導航技術結合的「慣導＋GPS＋視覺＋光學＋聲學＋雷達＋地形匹配定位導航等」將是未來發展的重要方向。

(3) 旋翼無人機的視覺環境感知技術

獲得飛行器的姿態和位置數據後，可以透過回饋控制完成飛行器的平衡以及自主導航等功能。然而，針對未知環境中大量的建築物、樹木以及飛行機群，智慧的環境感知技術和防碰撞控制算法是飛行器能否安全飛行的關鍵因素。目前較為熱門的研究有機載 SLAM（即時定位與地圖構建）、雷射雷達以及深度圖像資料處理等。利用上述感測器返回的環境資訊設計避障控制算法，可以有效地減少飛行器的碰撞事故，提升無人飛行器自主飛行的安全性。

(4) 旋翼飛行機械臂系統控制器的設計

在旋翼飛行機械臂系統中，無人機自身是一個典型的欠驅動系統，具有六個輸出（三維位置和三維姿態角）、四個輸入（總拉力和三軸力矩）。而且無人機的位置與姿態存在直接的耦合關係，具有多變數、強耦合和非線性等特點，這使得飛行控制系統的設計變得非常困難。此外，控制器性能還受到模型準確性和感測器精度的影響，而且通常導航測量系統以及執行機構性能都隨著尺度減小而下降，與此同時，機械臂與作業對象接觸過程中兩者之間的作用力/力矩及隨機的外力/力矩擾動，將使系統動力學模型呈現較多不確定結構和參數，因此也對旋翼飛行機器人控制系統的魯棒性提出了極大的挑戰。因此，要保證旋翼飛行機械臂系統在各種作業條件下都具有良好的性能，控制算法極為重要。

姿態控制是多旋翼無人機控制系統的核心，目前對於旋翼無人機飛行控制的研究，也主要針對姿態穩定控制，且大都加入了許多約束條件，比如 PID 控制、PD 控制、LQ 控制、反演控制、滑模控制、神經網路控制、魯棒控制等。當前研究表明，先進姿態控制算法由於模型不確定性等因素，其控制效果反而不如傳統的 PID 控制器，或者只在特定的環境下具有較好的控制效果。因此，研究一種適宜的旋翼無人機飛行控制算法是十分重要的，比如傳統 PID 控制器與先進智慧控制算法的結合。

① PID 控制　在模擬控制系統中，控制器最常用的控制規律是 PID 控制。PID 控制又稱比例、積分、微分控制，以結構簡單、穩定性好、工作可靠、調整方便的優點成為工業控制中的主要技術之一，得到了廣泛的應用。模擬 PID 控制系統原理框圖如圖 6-6 所示。

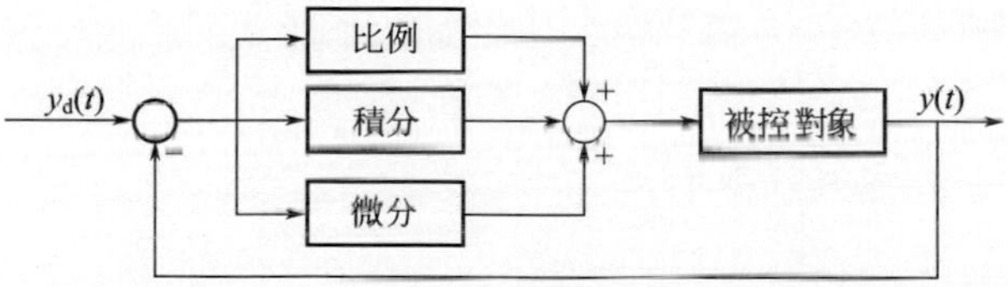

圖 6-6　模擬 PID 控制系統原理框圖

PID 控制器根據給定值 $y_d(t)$ 與實際輸出值 $y(t)$ 構成控制偏差：

$$e(t)=y_d(t)-y(t)$$

PID 控制率為：

$$u(t)=K_p e(t)+K_i\int e(t)\mathrm{d}t+K_d\frac{\mathrm{d}e(t)}{\mathrm{d}t}$$

比例 P、積分 I、微分 D 三部分的作用如下。

a. 減小偏差以得到期望軌跡。加大比例係數可以減小靜態誤差，但是不能消除，而且過大時，可能會破壞系統的穩定性。

b. 累積誤差，對消除靜差有良好的作用。一旦誤差存在，積分控制就會產生作用使誤差消除，即使變化非常小，透過長時間的積分作用也能使之表現出來。然而積分控制具有滯後性，過大的積分控制會降低系統的動態性，甚至使系統不穩定。

c. 相對積分控制的滯後性來說，微分控制具有超前性，能夠預測到系統的變化趨勢，透過控制使在誤差產生之前就得到消除，同時能改善系統的動態性能。

② 模糊控制　模糊控制屬於一種人工智慧控制的方法。由於模糊計算方法可以表現事物本身性質的內在不確定性，因此它可以模擬人腦認識客觀世界的非精確、非線性的資訊處理能力。模糊控制是一種基於規則的控制，一般是從對工業過程的定性認識出發，容易建立語言規則。模糊計算的應用範圍非常廣泛，在家電產品中的應用已被人們所接受，例如模糊洗衣機、模糊冰箱、模糊相機等。另外，在專家系統、智慧控制等許多系統中，模糊計算也都大顯身手。究其原因，就在於它的工作方式與人類的認知過程是極為相似的。模糊控制系統的魯棒性較強。

模糊智慧 PID 控制系統原理框圖如圖 6-7 所示，主要由模糊化、利用知識庫解決邏輯決策和去模糊化三個部分組成。其中由精確量轉化為模糊集合的主要步驟如下：

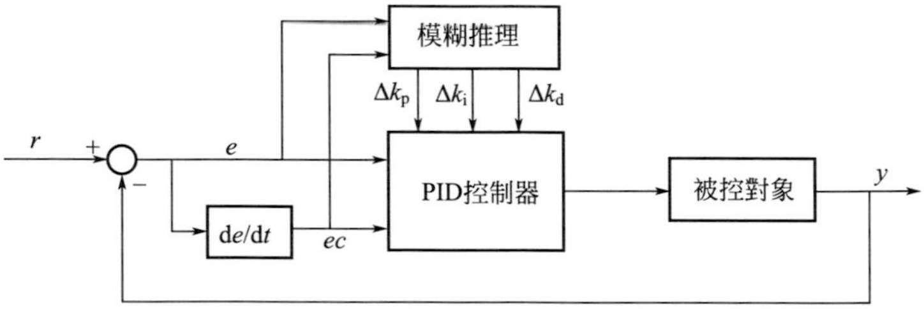

圖 6-7　模糊智慧 PID 控制系統原理框圖 [1]

a. 確定語言變數模糊集合論域元素和模糊子集數，計算量化因子；

b. 確定語言變數模糊子集隸屬度函數；

c. 由語言變數的測量值和量化因子求模糊集合論域元素。

知識庫也就是模糊控制規則，主要是根據 PID 整定的要求和個人經驗而確定的模糊條件語句。去模糊化的方法很多，其中包括最大隸屬度法、加權平均法（重心法）和中位數法。

模糊控制器設計的主要步驟如下：

a. 選定模糊控制器的輸入輸出量；

b. 確定各變數的模糊語言取值及相應的隸屬度函數，即模糊化；

c. 建立模糊規則庫，即控制算法，是從實際控制經驗過渡到模糊控制器的中心環節；

d. 確定模糊推理和去模糊化的方法。

③ 反演控制　反演法設計過程清晰，系統化、結構化，易於實現，對於高階非線性系統有優越性，它可以保留系統中有用的非線性，而且

容易與魯棒或自適應控制結合應用於不確定系統（內部特性變化或外部擾動），尤其在四旋翼無人機控制領域研究中是一種普遍應用的方法。反演法適用於像四旋翼無人機控制系統這類的欠驅動系統。但它也存在潛在的問題，如對系統結構有嚴格的要求、推導出的控制量的控制參數多且數學表達式複雜等。

現在很多非線性控制方法在四旋翼無人機系統中引入穩定性的概念，建立起以 Lyapunov 穩定性理論為基本思想（即能量的觀點）的方法來研究其穩定性。利用反演法和 Lyapunov 穩定性理論相結合的方法，設計四旋翼無人機系統的魯棒控制律，其中反演法可以採用將系統轉化為不高於系統本身階次的子系統的這種降階方式處理。反演法針對每個子系統都進行了 Lyapunov 函數的選取，均採用了最常見的正定二次型的形式。另外，設計出每個子系統所對應的虛擬控制律用於鎮定效果。然後透過一步步疊代的方式，最終獲得系統的實際控制輸入。這種控制器設計的方式，可以相對簡單地推導出最終控制輸入，同時可以保證閉環系統的穩定性。下面以參數嚴格回饋的單輸入單輸出（SISO）非線性系統為例，說明反演法的設計控制律的原理：

$$
\begin{cases}
\dot{x}_1 = x_2 + f_1(x_1) \\
\dot{x}_2 = x_3 + f_2(x_1, x_2) \\
\qquad \vdots \\
\dot{x}_i = x_{i+1} + f_i(x_1, x_2, \cdots, x_i) \\
\qquad \vdots \\
\dot{x}_{n-1} = x_n + f_{n-1}(x_1, x_2, \cdots, x_{n-1}) \\
\dot{x}_n = f_1(x_1, x_2, \cdots, x_k) + u
\end{cases}
$$

系統結構示意圖如圖 6-8 所示。

④ 魯棒控制　魯棒性即系統的健壯性，它是在異常和危險情況下系統生存的關鍵。所謂「魯棒性」是指控制系統在一定（結構、大小）的參數擾動下，維持某些性能的特性。根據對性能的不同定義，可分為穩定魯棒性和性能魯棒性。以閉環系統的魯棒性為目標設計得到的控制器，稱為魯棒控制器。

魯棒控制問題為：給定一個受控對象的集合（族），設計（線性定長）控制器，使得對該集合中的任意受控對象，閉環系統均滿足要求的性能指標。造成系統不確定性的原因是多方面的，主要有以下幾個原因。

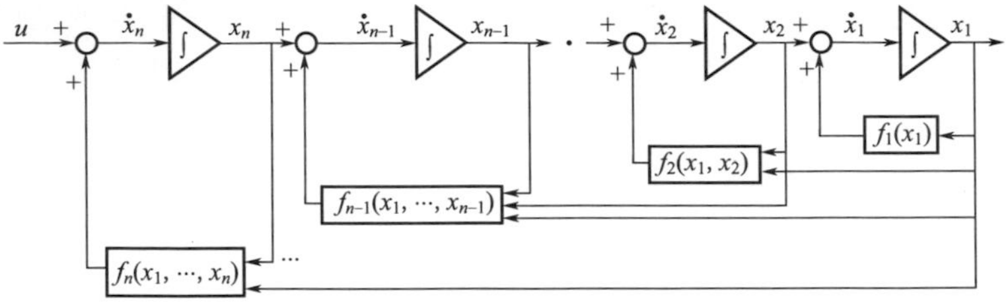

圖 6-8 反演法系統結構框圖 [2]

a. 外部因素：運行條件、環境和時間的變化；

b. 內部因素：元器部件的老化、損壞或性能漂移；

c. 人為因素：用簡單模型近似複雜模型。

魯棒控制方法是對時間域或頻率域而言的。一般假設過程動態特性的資訊和它的變化範圍，一些算法不需要精確的過程模型，但需要一些離線辨識。魯棒控制方法適用於穩定性和可靠性作為首要目標的應用，同時系統過程的動態特性已知且不確定因素的變化範圍可以預估。魯棒控制是一個著重控制算法可靠性研究的控制設計方法，一般定義為在實際環境中為保證安全要求控制系統最小必須滿足的要求。一旦設計好這個控制器，它的參數不能改變而且控制性能有所保證。

針對不確定性系統有兩種基本控制策略：自適應控制和魯棒控制。當受控系統參數發生變化時，自適應控制透過及時的辨識、學習和調整控制規律，可以達到一定的性能指標，但即時性要求嚴格，實現比較複雜，特別是存在非參數不確定性時，自適應控制難以保證系統的穩定性；而魯棒控制可以在不確定因素一定變化範圍內應對變化而進行控制，保證系統的穩定，同時維持一定的控制性能。魯棒控制是一種固定控制，從實現方面來說，相比自適應控制更加容易，尤其是在自適應控制對系統不確定性變化來不及進行辨識而無法校正控制律的情況下，魯棒控制方法對於四旋翼無人機飛行控制就顯得尤為有效。

⑤ 人工神經網路控制　人工神經網路（artificial neural network，ANN）是 1980 年代以來人工智慧領域興起的研究熱點。它從資訊處理角度對人腦神經元網路進行抽象，建立某種簡單模型，按不同的連接方式組成不同的網路。在工程與學術界也常直接簡稱為神經網路或類神經網路。神經網路是一種運算模型，由大量的節點（或稱神經元）之間相互連接構成。每個節點代表一種特定的輸出函數，稱為激勵函數（activation function）。每兩個節點間的連接都代表一個透過該連接訊號的加權

值，稱之為權重，這相當於人工神經網路的記憶。網路的輸出則依網路的連接方式、權重值和激勵函數的不同而不同。而網路自身通常都是對自然界某種算法或者函數的逼近，也可能是對一種邏輯策略的表達。

人工神經網路由於具備良好的線上學習與自適應能力，能夠透過訓練過程，即透過預先提供的樣本數據，分析輸入－輸出兩者之間潛在的規律，並以此作為依據對內部的權值進行調整，達到根據輸入數據對輸出結果進行推算的目的。在保證神經元數量以及完善的線上學習算法的情況下，神經網路控制器可以以極高的精度對任意非線性函數進行逼近，所以，神經網路對於非線性系統可以產生良好的控制效果，已經被應用在耦合程度高、模型難以線性化以及外部變數較多的複雜系統的控制中。

在近 30 年的時間裡，全世界飛行控制領域的專家和設計人員已經對神經網路控制方法有了深入的研究，而且已經在實際的飛行環境中對神經網路控制器進行了測試。在當前針對非線性系統開發的神經網路控制器中，應用最為普遍的神經網路結構主要包括 Hopfireld 神經網路、ART 網路、BP 神經網路、支持向量機神經網路等。

(5) 無人機的能源與通訊

旋翼無人機的升力完全依靠發動機帶動旋翼旋轉時產生的升力提供，機載能源是旋翼無人機的唯一動力來源。而旋翼無人機一般以鋰電池作為動力，續航時間一般只有 20～30min，載重量從幾百克到幾公斤，故飛行時間和載重量是制約旋翼無人機發展和應用的重要因素，所以研製高容量、輕重量和小體積的動力和能源裝置是旋翼無人機發展中亟待解決的問題。

旋翼無人機的飛行環境複雜，干擾源多，若要實現通訊鏈的可靠性、安全性和抗干擾性則需要增加通訊鏈路的功率，這樣勢必會增加通訊系統的重量。因此，研製體積小、重量輕、功耗低、穩定可靠和抗干擾的通訊設備，對微小型旋翼無人機技術（尤其是多無人機協同飛行技術）的發展而言是十分關鍵的。

6.3 無人機視覺感知與導航

無人機、無人車等移動平臺使用多種感測器採集周圍環境數據，然後處理環境數據，可以得到自身位置以及識別出目標、障礙物等，這些位置和目標資訊就是環境感知資訊。從採集數據到獲得目標資訊的這個過程稱為環境感知，環境感知是所有行動機器人自主運動的前提。

對於無人車來說，環境感知的目的，是在行駛過程中，透過即時、準確識別出周圍的障礙物等目標，規劃出安全、最短的路徑，保證無人駕駛車輛平穩、高效地行駛。對於無人機來說，實現對空間障礙物的有效規避是建立在對障礙物位置狀態準確感知的基礎之上的，根據感測器感知障礙物的方式及其獲得的狀態資訊，採用與其對應的行之有效的規避方法，從而保證無人機安全飛行。

環境感知的方法包括視覺感知、雷射感知、微波感知等。視覺感知是基於鏡頭採集的圖像資訊，使用視覺相關算法進行處理，認知周圍環境；雷射感知是基於雷射雷達採集的點雲數據，透過濾波、聚類等技術，對環境進行感知；微波感知是基於微波雷達採集的距離資訊，使用距離相關算法進行處理，認知周圍環境。三種環境感知方法的比較，如表 6-1 所示。

表 6-1　感知方法比較

方法	優點	缺點
視覺感知	資訊量豐富、即時性好、體積小、能耗低	易受光照環境影響三維資訊測量精度較低
雷射感知	直接獲取物體三維距離資訊、測量精度高、對光照變化不敏感	體積較大、價格昂貴、無法感知無距離差異的平面內目標資訊
微波感知	對光照環境變化不敏感、直接獲取物體三維距離資訊、數據精度高、即時性好、體積較小	無法感知無距離差異的平面內目標資訊

由於本書針對的是微小型旋翼無人機，旋翼無人機體積較小、載荷小的特點，無法攜帶如雷射測距儀等地面感知器，無法透過大型高功率感測器對空域環境進行環境感知，因此，電腦視覺提供了一個可行的感測解決方案，在體積、重量、功耗上完全滿足輕小型無人機系統需求，因此本書主要介紹基於雙目立體技術的視覺感知方法。

小型無人機的導航系統是保證其本身能夠進行自主廣域搜索、目標識別和避險避障的關鍵。對於小型無人飛行器，由於其體積小，必須選取微小型的導航方案，因此微小型導航系統和制導技術的發展對小型無人飛行器的發展產生了重要的推動作用。目前，最常見的無人機導航是利用 IMU（inertial measurement unit）和 GPS（global positioning system）的組合導航系統來實現的。但由於 GPS 的低空飛行缺陷和 IMU 的累積誤差，導致該組合導航系統也很難實現無人機在複雜環境下的自主飛行，因此更多類型的環境感知感測器被引入到導航系統的研究中。

6.3.1 基於雙目立體視覺的環境感知

雙目立體視覺作為電腦視覺研究領域的熱點課題，模仿人類雙眼感知立體空間，經過雙目圖像採集、圖像校正、立體匹配等步驟得到了視差圖，並根據映射關係計算出場景的深度資訊，進而重建出空間景物的三維資訊。相較於現有的主動測距方法，用雙目立體視覺方式做障礙物的識別與測距，具備不易被發現、結構簡單、資訊量全面、測量結果準確且能獲取場景三維深度資訊等多種優勢，是機器人導航、醫學成像、虛擬現實等領域發展的必然方向。同時雙目立體視覺技術還可以應用到小型無人飛行器的自主導航中，利用圖像識別技術檢測障礙物，結合雙目視覺技術計算出障礙物的距離資訊，為無人機的自主飛行提供技術支持和決策依據。

一個完整的雙目立體視覺系統通常由攝影機安裝、鏡頭標定、立體校正、圖像預處理、立體匹配和深度資訊計算這幾個部分組成。

(1) 圖像獲取

考慮到左右圖像的對應關係，雙目立體視覺平臺的設計需要滿足兩點要求：確保圖像在包含盡可能多的公共景物資訊的同時，同一景物在兩幅圖像中有相似的縮放比例和亮度。此外，需要確保左右圖像中匹配點的搜索盡可能簡單。第一點要求左右攝影機盡可能保持相近的內部參數，第二點要求兩臺攝影機的共面且極線平行。雙目立體視覺的模型最早由 Marr、Poggi 和 Grimson 提出，兩臺攝影機的光軸嚴格平行，像平面精準地處在同一個平面上。攝影機間距離不變，焦距一致，主點已經校準，使得在左右視圖上有一樣的座標，並且攝影機前向平行排列，即極線平行極點處於無窮遠，如圖 6-9 所示。

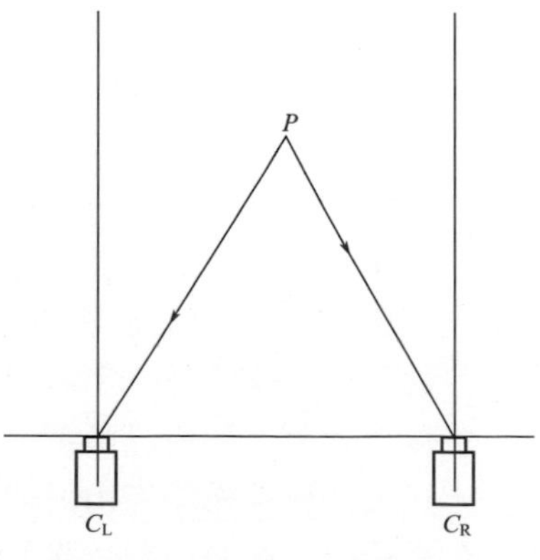

圖 6-9　攝影機立體視覺平臺

攝影機標定：攝影機標定的目的是透過某種方式獲得鏡頭的內外參數，其中內參數表徵攝影機的焦距及偏移參數，外參數代表攝影機在世界座標系的位置。標定方法有直接線性變換（DLT）的相機定標方法、兩步標定法以及著名的張正友標定法。

雙目立體視覺系統中的單個攝影機的成像採用針孔攝影機數學模型來描述，即任何點 Q 在圖像中的投影位置 q，為光心與 Q 點的連線與圖像平面的交點，如圖 6-10 所示。

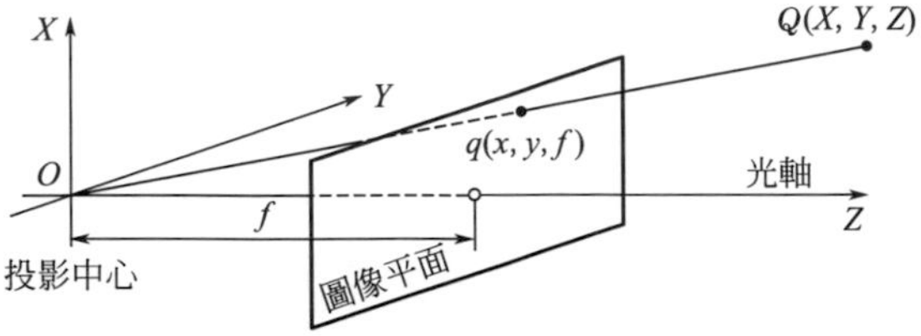

圖 6-10 針孔攝影機模型

物理世界中的點 Q，其座標為（X，Y，Z），投影為點 q（x，y，f），如式(6-14) 所示：

$$\left.\begin{aligned} x &= f_{\mathrm{x}}\left(\frac{X}{Z}\right)+c_{\mathrm{x}} \\ y &= f_{\mathrm{y}}\left(\frac{Y}{Z}\right)+c_{\mathrm{y}} \end{aligned}\right\} \tag{6-14}$$

式中，c_{x} 和 c_{y} 分別為成像晶片的中心與光軸的偏移；f_{x} 和 f_{y} 分別為透鏡的物理焦距長度與成像儀各單元尺寸 s_{x} 和 s_{y} 的乘積。式(6-15) 寫成矩陣形式：

$$\boldsymbol{q}=\boldsymbol{M}\boldsymbol{Q} \tag{6-15}$$

其中

$$\boldsymbol{q}=\begin{bmatrix} x \\ y \\ f \end{bmatrix},\boldsymbol{M}=\begin{bmatrix} f_{\mathrm{x}} & 0 & c_{\mathrm{x}} \\ 0 & f_{\mathrm{y}} & c_{\mathrm{y}} \\ 0 & 0 & 1 \end{bmatrix},\boldsymbol{Q}=\begin{bmatrix} X \\ Y \\ Z \end{bmatrix} \tag{6-16}$$

矩陣 $\boldsymbol{M}$ 稱為攝影機的內參數矩陣。

在攝影機標定過程中可以同時求出鏡頭畸變向量，對鏡頭畸變進行校正。而立體標定是計算空間上兩臺攝影機幾何關係的過程，即尋找兩臺攝影機之間的旋轉矩陣 $\boldsymbol{R}$ 和平移矩陣 $\boldsymbol{T}$。一般標定圖像選取 9 行 6 列的黑白棋盤圖，標定過程中在鏡頭前平移和旋轉棋盤圖，在不同角度獲取棋盤圖上的角點位置，求解鏡頭的焦距和偏移、畸變參數，並透過立體校正使兩攝影機拍攝的圖像中的對應匹配點分別在兩圖像的同名像素行中，從而將匹配搜索範圍限制在一個像素行內。

(2) 立體匹配

立體匹配技術是立體視覺中的核心問題，目的是尋找左右視圖內重疊區域像素間的一一對照關係，其算法中的關鍵部分是先建立一個有效的基於能量的代價評估函數，緊接著透過對該函數做最小化處理來計算圖像對在成像過程中的匹配像素點的視差值。從數學方法上講，立體匹配算法等同於一個最佳化問題，恰當的能量代價評估方式的選擇是立體匹配的基礎。一般來說，立體匹配算法的有效性主要依賴三個因素：選擇合適的匹配基元、構造準確的匹配規則和設計可以準確匹配所選基元的魯棒算法。

(3) 匹配基元的選擇

立體匹配算法按照匹配基元可以分為三類：基於特徵的匹配、基於相位的匹配和基於區域的匹配。基於特徵的匹配算法首先抽取圖像的特徵，透過特徵值的相似度測量來實現立體匹配。按照特徵描述的方法，主要可以分為點、邊緣和區域特徵。

點特徵描述圖像中灰度變化劇烈的點，它具有旋轉不變性，對光照變化也不是很敏感，因此往往能實現快速穩定的匹配。主要有 SUSAN 算子、Harris 算子以及 SIFT 算子。

SUSAN 算子沒有梯度運算，運算速度快，且有著很好的抗噪性，對紋理豐富的圖像提取效果好。

Harris 算子計算與自相關函數關聯的矩陣 $\boldsymbol{M}$ 的特徵值，該特徵值表示自相關函數的一階導數，如果兩個導數值都比較高，則認為該點是一個角點。

$$\boldsymbol{M}=G(s)\otimes\begin{bmatrix} g_{x}^{2} & g_{x}g_{y} \\ g_{x}g_{y} & g_{y}^{2} \end{bmatrix} \tag{6-17}$$

式中，$G(s)$ 為高斯函數；g_{x} 和 g_{y} 分別為 x 和 y 方向的梯度。Harris 方法計算簡單，沒有閾值，對灰度波動、噪音和旋轉都有較好的魯棒性。

SIFT 算子是基於生物視覺模型提出的，是一種對目標縮放、旋轉變化、仿射變化都不敏感的圖像局部特徵提取算子。SIFT 算子記錄特徵點鄰域像素的梯度方向，並將其用直方圖來描述。這種描述考慮了特徵點為中心的小區域，因此對噪音和畸變有一定的抵抗能力，而以梯度方向為描述內容，則使其對空間和尺度無關。此外，SIFT 算子可以提供位置、尺度和方向等多個資訊。

邊緣特徵的提取方法一般有 Canny 算子和 Sobel 算子；區域特徵提取方法一般有 LC 算法、HC 算法、AC 算法和 FT 算法。但這些高級特徵描述方式結構太複雜，且不適合立體匹配的算法流程，因此目前基於特徵的立體匹配算法主要還是選擇點特徵。

基於區域的匹配算法考慮單個像素點灰度值的不穩定性，以當前點為中心劃定一個區域，然後考察區域內像素的灰度分布情況，以此來表徵該點（圖 6-11)。基於區域的匹配算法直接使用了圖像像素灰度值，基本上不需要複雜的二次加工，易於理解和實現，因此提出後很快就成了成熟與通用的算法。此外基於區域的思路還有一個優勢：由於它是對每個像素點進行代價計算，因此生成的視差結果是均勻分布的，即其視差圖是稠密的。而稠密的視差圖能完成的功能就不只是測距了，在精度把控達標的情況下，它甚至能直接進行場景三維模型重構。

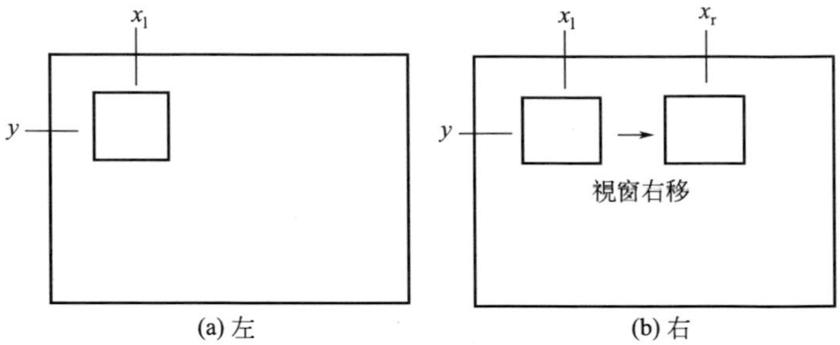

圖 6-11 基於區域的立體匹配

以圖 6-11 為基礎，令左視圖中待求點座標為 (x, y)，該點在右視圖的移動距離為 d，基於區域的測量準則主要有如下幾種表示形式。

像素灰度值平方和（SSD)：

$$\sum_{i,j \in W} [I_l(x+i, y+j) - I_r(x+d+i, y+j)]^2 \tag{6-18}$$

像素灰度差絕對值和（SAD)：

$$\sum_{i,j \in W} | I_l(x+i, y+j) - I_r(x+d+i, y+j) | \tag{6-19}$$

歸一化交叉互相關（NCC)：

$$\frac{\sum_{i,j \in W} I_l(x+i, y+j) I_r(x+d+i, y+j)}{\sum_{i,j \in W} I_l(x+i, y+j)^2 \sum_{i,j \in W} I_r(x+d+i, y+j)^2} \tag{6-20}$$

零均值灰度值平方和（ZSSD)：

$$\sum_{i,j \in W} \{[I_l(x+i, y+j) - \overline{I_r(x, y)}] - [I_r(x+d+i, y+j) -$$

$$\overline{I_r(x+d,y)}]\}^2 \quad (6\text{-}21)$$

零均值灰度差絕對值和（ZSAD）：

$$\sum_{i,j\in W}|[I_l(x+i,y+j)-\overline{I_r(x,y)}]-[I_r(x+d+i,y+j)-\overline{I_r(x+d,y)}]| \quad (6\text{-}22)$$

Rank 相似度測量：

$$\sum_{i,j\in W}|R_l(x+i,y+j)-R_r(x+d+i,y+j)| \quad (6\text{-}23)$$

其中 $R(x,y)$ 表示以（x,y）為中心的視窗內像素灰度值小於該中心的像素個數。

(4) 匹配準則

立體匹配是根據選定特徵的相似度來尋找圖像對中的匹配點，為了消除環境複雜難測等因素帶來的干擾，引入合適的約束和假設也是至關重要的。表 6-2 列舉了立體匹配過程中常用的幾條約束機制。

表 6-2 立體匹配約束列表

唯一性約束	兩幅圖像中任意一點只能有唯一一種匹配關係，這也保證了圖像的點具有唯一的視差
極線約束	空間中任意一點在圖像平面上對應的投影點必然位於左右兩個攝影機光軸中心點和該點所組成的平面上
連續性約束	認定除了遮擋和視差不連續的區域之外，其他像素點的視差值符合平滑變動，不會出現明顯突變
順序約束	兩幅圖像在極線上的一系列對應匹配點順序是相同的
左右一致性約束	選擇左圖或右圖作為參考圖像不會影響匹配結果，該約束用於檢測遮擋區域的匹配結果

(5) 算法結構

立體匹配階段使用經過預處理的左右圖像對，一般透過計算初始匹配代價、累積匹配代價、視差計算以及視差優化四個階段得到最終的視差圖，流程如圖 6-12 所示。局部立體匹配算法和全局立體匹配算法是立體匹配算法研究領域很推崇的一種分類方法。

局部立體匹配算法：該類算法以局部優化的方式做匹配運算，透過最小化能量估算函數方法來完成視差值的估計，也可稱為基於視窗的方法。該方法選擇圖像的局部特徵作為能量最佳化、匹配代價最小化估算的依據。在能量計算函數中，僅僅包含資料項，沒有平滑項，所以該算法得到的視差值準確度不高。但同時也因為它是局部優化，所以運算量相對較少，運算速度比較快，相對於全局立體匹配算法，更能滿足即時性要求。

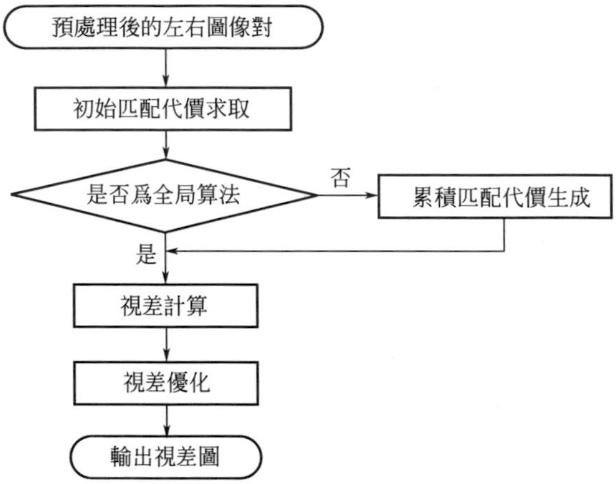

圖 6-12 立體匹配算法流程

全局立體匹配算法：採用全局優化理論進行匹配運算，獲得的匹配點對不局限於圖像的局部區域。在應用該類算法時，首先根據全局算法的特點建立基於全局分析的能量評估體系，並明確評估函數。根據全局匹配算法的思想得到的能量函數中，同時包含有資料項與平滑項。相對於局部立體匹配算法，全局立體匹配算法會得到更加準確的結果。但是，其劣勢也相當突出，較差的即時性難以滿足匹配的即時性要求。比較有代表意義的全局立體匹配算法有基於動態規劃（dynamic programming）的立體匹配、基於圖割法（graph cuts）的立體匹配等。

為了全面地對立體匹配算法做性能分析，用錯誤匹配率 RMS 與均方根誤差兩項評判依據。均方根誤差計算方法如下式所示：

$$\mathrm{RMS}=\left[\frac{1}{N}\sum_{(x,y)}\left|d_{\mathrm{c}}(x,y)-d_{\mathrm{T}}(x,y)\right|^{2}\right]^{\frac{1}{2}} \tag{6-24}$$

式中，$d_{\mathrm{T}}(x,y)$ 表示資料集標準視差圖；$d_{\mathrm{c}}(x,y)$ 表示待評估算法所計算出的視差圖。

錯誤匹配率 B 計算方式如下：

$$B=\frac{1}{N}\sum_{(x,y)}\left[\left|d_{\mathrm{c}}(x,y)-d_{\mathrm{T}}(x,y)\right|>\delta_{\mathrm{d}}\right] \tag{6-25}$$

式中，δ_{d}（一般情況下 $\delta_{\mathrm{d}}=1$ 或 $\delta_{\mathrm{d}}=2$）為視差誤差的容差。

由於均方根誤差 RMS 與錯誤匹配率 B 難以評估不同算法在性質不同的區域內的匹配效果，因此 Scharstein 等將標準資料集圖像分成 nonocc（非遮擋區域）、disc（視差不連續區域）、all（所有區域）三個區域分別進行評估，該劃分使得針對立體匹配算法的評估更加準確全面。

局部匹配結果可以作為初級匹配資訊輸出給無人機決策系統指導其避障，另一方面又可作為初始匹配代價應用到動態規劃算法進行全局優化，優化得到的高精度資訊可以提供給上層單元進行三維建模。

(6) 基於雙目立體視覺的目標深度恢復

深度恢復又稱為三維重建，它是人類視覺的主要功能，因此也是雙目立體視覺的一個主要應用方向。深度恢復是根據立體匹配得到的視差資訊，結合攝影機參數還原出像素點在世界座標系下的距離。深度恢復的精度依賴於攝影機標定和立體匹配的準確度。

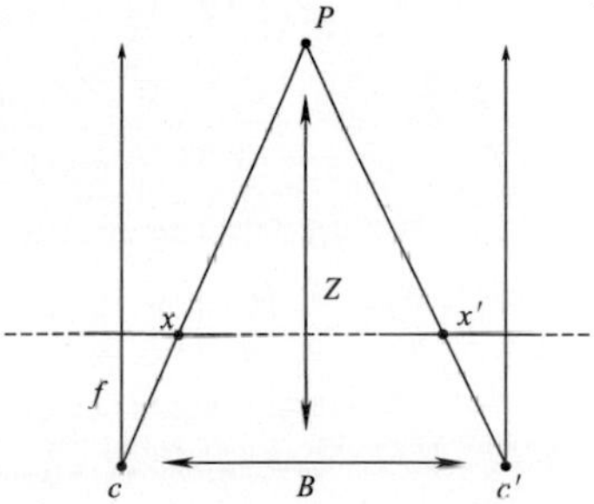

圖 6-13　標準立體視覺模型

經過極線校正技術，現實場景中的雙目攝影機模型可以用圖 6-13 描述，圖中 x 和 x' 為世界座標系中點 P 在左右圖像上的橫座標，c 和 c' 分別為左右攝影機的主點，f 為攝影機的焦距，B 為主點間距離。視差被定義為 $d=x-x'$，利用相似三角形原理即可求得點 P 的深度 Z：

$$\frac{B-d}{Z-f}=\frac{B}{Z}\Rightarrow Z=\frac{fB}{d} \tag{6-26}$$

點 P 分別在左右攝影機座標系下的 Z 值，Z_1，Z_2：

$$Z_1\begin{bmatrix}u_1\\v_1\\1\end{bmatrix}=\begin{bmatrix}m_{11}^1 & m_{12}^1 & m_{13}^1 & m_{14}^1\\m_{21}^1 & m_{22}^1 & m_{23}^1 & m_{24}^1\\m_{31}^1 & m_{32}^1 & m_{33}^1 & m_{34}^1\end{bmatrix}\begin{bmatrix}X\\Y\\Z\\1\end{bmatrix}$$

$$Z_2\begin{bmatrix}u_2\\v_2\\1\end{bmatrix}=\begin{bmatrix}m_{11}^2 & m_{12}^2 & m_{13}^2 & m_{14}^2\\m_{21}^2 & m_{22}^2 & m_{23}^2 & m_{24}^2\\m_{31}^2 & m_{32}^2 & m_{33}^2 & m_{34}^2\end{bmatrix}\begin{bmatrix}X\\Y\\Z\\1\end{bmatrix} \tag{6-27}$$

根據式(6-27)，消去 Z_1、Z_2，可以得到關於 X、Y、Z 的兩組線性方程：

$$\begin{cases}(u_1 m_{31}^1 - m_{11}^1)X + (u_1 m_{32}^1 - m_{12}^1)Y + (u_1 m_{33}^1 - m_{13}^1)Z = m_{14}^1 - u_1 m_{34}^1 \\ (v_1 m_{31}^1 - m_{21}^1)X + (v_1 m_{32}^1 - m_{22}^1)Y + (v_1 m_{33}^1 - m_{23}^1)Z = m_{24}^1 - v_1 m_{34}^1\end{cases}$$
$$\begin{cases}(u_2 m_{31}^2 - m_{11}^2)X + (u_2 m_{32}^2 - m_{12}^2)Y + (u_2 m_{33}^2 - m_{13}^2)Z = m_{14}^2 - u_2 m_{34}^2 \\ (v_2 m_{31}^2 - m_{21}^2)X + (v_2 m_{32}^2 - m_{22}^2)Y + (v_2 m_{33}^2 - m_{23}^2)Z = m_{24}^2 - v_2 m_{34}^2\end{cases} \quad (6\text{-}28)$$

以上每組方程分別表示三維空間中的兩個平面方程，其聯立的結果為兩平面相交的直線。在這裡，兩組直線分別為圖 6-13 表示的 cx 和 $c'x'$，因此兩組直線方程聯立的結果即為 cx 和 $c'x'$ 的交點，即點 P。

雙目立體平臺上，透過極線校正可以使得左右攝影機的光軸平行，這樣，空間中點 $\boldsymbol{P}$ 在兩個攝影機座標系中的 v 值和 z 值相等。假設點 P 在左側攝影機座標系的座標為（x_1，y_1，z_1），令基線長度為（x_1-b，y_1，z_1），那麼該點在右側攝影機座標系下的座標可以表示為（x_1-b，y_1，z_1），又假設（u_1，v_1）和（u_2，v_2）分別為其圖像座標系的座標，於是有：

$$u_1 - u_d = f_x \frac{x_1}{z_1}$$
$$v_1 - v_d = f_y \frac{y_1}{z_1}$$
$$u_2 - u_d = f_x \frac{x_1 - b}{z_1}$$
$$v_2 - v_d = f_y \frac{y_1}{z_1} \quad (6\text{-}29)$$

其中，u_d、v_d、f_x 和 f_y 分別是式中表示的攝影機內參。根據式(6-29)，很容易得出左側攝影機下點 $\boldsymbol{P}$ 的座標：

$$\begin{cases} x_1 = \dfrac{b(u_1 - u_d)}{u_1 - u_2} \\ y_1 = \dfrac{bf_x(v_1 - v_d)}{f_y(u_1 - u_2)} \\ z_1 = \dfrac{bf_x}{u_1 - u_2} \end{cases} \quad (6\text{-}30)$$

式中，u_1-u_2 即為視差。可以看到，視差越大目標距離越近，在視差圖上該點也就越亮。

6.3.2 基於視覺感測器的導航方式

現有無人飛行器的導航系統種類較多，根據採用的感測器類型和使用方式可以劃分為以下三類。

① 非視覺系統感測器導航系統：這類方法的優勢是受天氣和外界環境影響較小，能夠滿足全天候工作要求，且在正常運行情況下，能夠獲得高精度的運動狀態與位置資訊；缺點是由於這類感測器自身質量偏大、額定功耗甚至超過機載系統的承受能力，難以保證無人機的長時間飛行。該系統可以採用如三維雷射測距儀作為導航系統核心模組，實現對障礙物的檢測與測距。

② 依託視覺感測器的導航系統：視覺感測器具有隱蔽性好、功耗低、資訊量大等優點，在導航系統研究與應用領域中具有獨特的定位和作用。目前常見的幾種依託視覺感測器的導航方法有：採用光流法對視場內的障礙物進行檢測；基於單目視覺方法來估計障礙物的相對位置；基於雙目立體視覺的方法來導航無人機；基於光流法和立體視覺結合的方法得出一種適用於城市上空和峽谷間隙自主飛行的導航技術；以及 2008 年 Hrabar 提出的一種融合雙目立體視覺技術和機率論的導航方法，其利用立體視覺技術實現障礙物的檢測，機率論則用來協助確定障礙物資訊。

③ 多感測器融合（視覺和非視覺感測器結合）的組合導航系統：2009 年，麻省理工學院設計了一套多感測器融合的導航系統方案（包括雷射測距儀、雙目立體視覺系統、IMU）幫助四旋翼無人機在室內環境中實現自主飛行定位與避險避障，立體視覺技術不僅具備全面的環境感知能力、能夠給出障礙物資訊等多種難以被替代的優勢，而且在無人機導航系統研究中扮演關鍵角色。

如圖 6-14 所示，在視覺導航模組，利用雙目立體視覺技術來檢測識別正前方的障礙物，給出具體距離資訊，從而為無人飛行器避險避撞的控制決策提供依據。此外，還可以利用光流法來檢測兩側的障礙物，擴大視覺導航資訊的全面性。該做法對無人機在低空飛行下不能保證持續穩定地獲得 GPS 訊號以校正 IMU 的累積誤差的情況進行了有效改善。

在障礙物存在的前提下，無人飛行器的即時導航需要一個複雜的障礙物檢測系統，能夠及時更新障礙物的相對位置資訊，供相應的路徑規劃算法使用。首先基於雙目視覺系統構造觀測場景的視差圖，從視差圖上分離出障礙物，然後透過像素點的高度判斷，從視差圖中去除地面像素點，剩下的點被認為是障礙物或者使用區域生長算法分離視差圖上相近視差區域，並判斷該區域中像素的多少以決定是否是障礙物。最後在存在碰撞危險的障礙物的周圍生成一系列處於安全區域的軌跡控制點，控制飛行器透過這些航跡點，如圖 6-15 所示為在室內走廊飛行時躲避障礙物的導航示意圖。

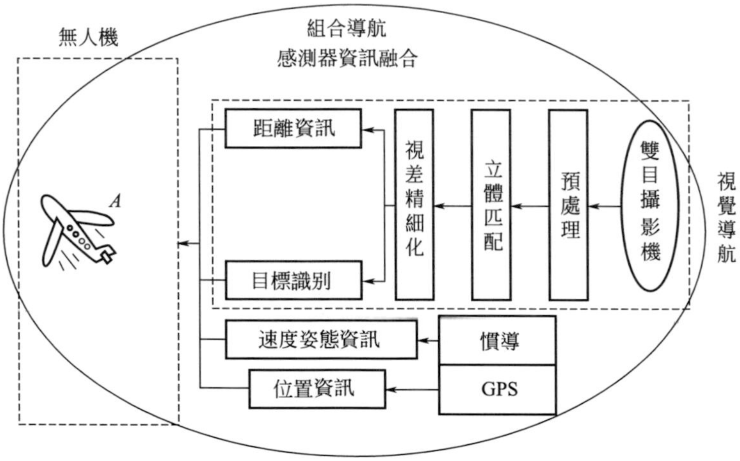

圖 6-14　無人機組合導航系統框架 [3]

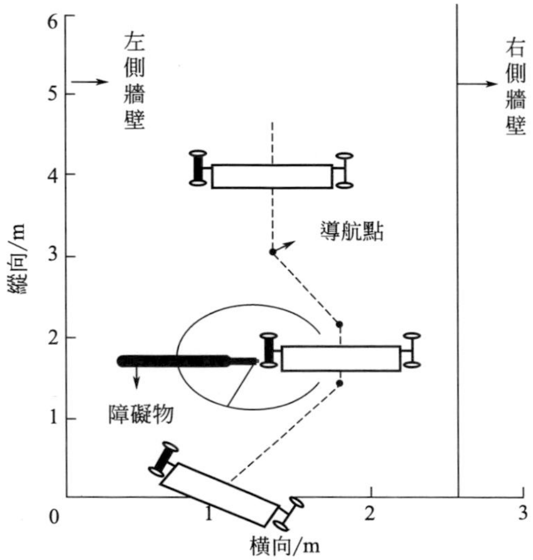

圖 6-15　躲避障礙物導航點示意圖

圖中黑色粗線為障礙物，其右側線段分別為加入的輪廓和位置不確定，構成碰撞危險區域，可以看出，當飛行器的飛行軌跡位於圓內時存在碰撞危險。以危險區域最右側點為圓心、飛行器寬度的一半為半徑畫圓，則虛線為生成的避障軌跡。

基於雙目立體視覺技術實現無人機飛行情況下的環境感知，利用圖像處理技術從視差圖上提取障礙物區域或者追蹤目標，結合旋翼飛行器的特點規劃航跡，可以在未知的複雜環境中實現飛行器的自主飛行。

6.4 無人機在電力系統中的應用

隨著中國經濟社會的快速發展，對於電力系統的建設要求也在不斷提升。由於中國地域遼闊，而且地形變化較為複雜，在實際的電力工程施工過程中會遇到很大的阻礙，很大程度上減緩了中國電力工程的施工進度。隨著近幾年來無人機技術以及導航技術和無線通訊技術的快速發展和不斷成熟，許多電力企業開始嘗試採用無人機輔助進行電力系統建設。由於無人機在進行線路巡檢以及地形勘測時不受地形的影響，因此其實現難度相對較低，成本也易於進行控制。在目前的無人機應用過程中，通常會在無人機上搭載相關的光學檢測儀器，從而可以實現對電網工作狀態的檢測，以便及時發現潛在的安全隱患。目前無人機在電力系統中的應用主要包括以下方面。

（1）電力線路規劃

在目前的電力線路規劃過程中，通常情況下還是採用傳統的人工測繪的方法。而無人機的應用可以實現對特定區域的詳細測繪，同時根據電力線路架設要求獲取相關的數據資訊，有效地降低由於地形變化因素導致的電力線路架設問題。透過對無人機相關測繪數據的分析，並且結合電力工程的實際情況進行協調處理，實現對通道資源的高效、充分的利用，使得電力線路的規劃更加趨於合理，進一步降低了電力工程的投入成本，實現了對電力輸變電線路的優化。

（2）地形區域測繪

無人機由於其不受地形區域的限制，同時還可以搭載先進的光學設備，因此透過無人機對地形區域進行測繪具有廣泛的應用前景，為電力系統站址的部署及其優化提供高精度的數據資料，同時降低區域測繪工作的強度和工作量。在中南電力設計院的超低空無人機測繪實驗中，成功地實現了透過無人機對作業區域的高精度測量。同時為了更好地保證無人機測量的精確度，該院首次提出了採用高程面狀擬合的方法對相關的測繪數據進行處理，以更好地滿足電力工程測量中大比例尺的實際要求。

(3) 常規電力巡檢

目前電力線路巡檢已經引起了世界各國的重視。相比於歐美國家，中國的電力線路巡檢處於較落後的狀態。中國的直升機電力巡檢開始於1980年代。在電力巡線領域，裝配有高畫質數位攝影機和照相機以及GPS定位系統的無人機，可沿電網進行定位，自主巡航，即時傳送拍攝影像，根據對無人機電力巡檢的圖像進行分析，可以對相關檢測目標的缺陷進行判斷，及時發現電力線路中存在的隱患。監控人員在電腦上同步收看與操控，實現了資訊化巡檢，提高了巡檢效率，避免了人工巡檢時可能發生的安全事故。無人機電力巡檢作業如圖 6-16 所示。

圖 6-16　無人機電力巡檢作業

(4) 電力線路架設

無人機還可以承擔在特殊地形條件下的電力線路架設工作。透過為無人機配置引線裝置，無人機可以成功為高空線路的架設提供引線。以遼寧電力公司的無人機引線實驗為例，透過無人機可以實現單次1500m引線過塔，並且實現連續穿越三條河流的引線任務，成功地將電力引線放置於鐵塔上。

(5) 自然災害應急處理

根據對中國近幾年的自然災害情況分析發現，洪水、冰凍以及泥石流等自然災害對電力系統基礎工程具有十分嚴重的影響，甚至會導致電力系統的崩潰，因此關於自然災害的檢測及其預防就顯得十分關鍵。在山洪暴發、地震災害等緊急情況下，無人機可對線路的潛在危險（諸如塔基陷落等問題）進行勘測與緊急排查，絲毫不受路面狀況影響，既免去攀爬桿塔之苦，對於迅速恢復供電也很有幫助。例如在中國南方出現的大範圍冰凍災害中，大量的基礎電力設施被嚴重損壞，為了獲取第一時間的災情資訊以及制定減災措施，中國電網公司派出無人機進行勘察，並拍攝大量的現場照片，以幫助技術專家制定搶險救援計劃。

參考文獻

[1] 馬琳，王建華. 基於 Matlab 的模糊 PID 控制研究 [J]. 現代電子技術，2013，36（3）：165-167.

[2] 譚建豪，王耀南，王媛媛，等. 旋翼飛行機器人研究進展[J]. 控制理論與應用，2015（10）：1278-1286.

[3] 譚建豪，顧強，方文程，等. Two-mode polarized traveling wave deflecting structure [J]. Nuclear Science and Techniques，2015，26（4）：040102-1-040102-2.

機器人環境感知與控制技術

編　　著：王耀南，梁橋康，朱江 等
發 行 人：黃振庭
出 版 者：崧燁文化事業有限公司
發 行 者：崧燁文化事業有限公司

E-mail：sonbookservice@gmail.com
粉 絲 頁：https://www.facebook.com/sonbookss/
網　　址：https://sonbook.net/
地　　址：台北市中正區重慶南路一段六十一號八樓 815 室
Rm. 815, 8F., No.61, Sec. 1, Chongqing S. Rd., Zhongzheng Dist., Taipei City 100, Taiwan
電　　話：(02) 2370-3310
傳　　真：(02) 2388-1990

印　　刷：京峯彩色印刷有限公司（京峰數位）
律師顧問：廣華律師事務所 張珮琦律師

定　　價：450 元
發行日期：2022 年 03 月第一版
◎本書以 POD 印製

國家圖書館出版品預行編目資料

機器人環境感知與控制技術 / 王耀南, 梁橋康, 朱江等編著 . -- 第一版 . -- 臺北市 : 崧燁文化事業有限公司, 2022.03
　面；　公分
POD 版
ISBN 978-626-332-128-1(平裝)
1.CST: 機器人 2.CST: 系統設計
448.992　111001513

電子書購買

臉書